"十四五"职业教育国家规划教材

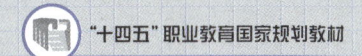

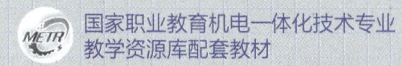

国家职业教育机电一体化技术专业
教学资源库配套教材

# 运动控制系统安装与调试

## （第2版）

▶ 主 编 甄久军

中国教育出版传媒集团

高等教育出版社·北京

## 内容简介

本书是"十四五"职业教育国家规划教材,采用项目驱动式的学习情境编写模式,校企合作,以企业所要求的职业素养、职业能力和职业知识为内涵,把理论知识、技术技能和岗位能力融入 5 个项目 15 个教学任务中。通过典型运动控制系统的认知与装调、直流电动机运动控制系统的调试、交流电动机运动控制系统的调试、步进电动机运动控制系统的调试、伺服电动机运动控制系统的调试 5 个项目的学习情境,阐述运动控制系统常用设备原理、设备控制、设备装调等不同层面的内容,展现运动控制系统装调方面的主流知识与技术技能。

本书可作为高等职业本科教育、高等职业专科教育、成人教育机电及自动化等相关专业的课程教材,也可作为相关技术人员的参考用书。

授课教师如需要本书配套教学课件资源,请登录"高等教育出版社产品信息检索系统"(http://xuanshu.hep.com.cn/)免费下载。

### 图书在版编目(CIP)数据

运动控制系统安装与调试 / 甄久军主编. -- 2 版. -- 北京:高等教育出版社,2024.9(2025.1重印).
ISBN 978-7-04-062371-0

Ⅰ. TP273

中国国家版本馆 CIP 数据核字第 2024RY0115 号

Yundong Kongzhi Xitong Anzhuang yu Tiaoshi

| 策划编辑 | 吴睿韬 | 责任编辑 | 吴睿韬 | 封面设计 | 赵 阳 马天驰 | 版式设计 | 马 云 |
| 责任绘图 | 杨伟露 | 责任校对 | 王 雨 | 责任印制 | 赵 佳 | | |

| 出版发行 | 高等教育出版社 | 网 址 | http://www.hep.edu.cn |
| 社 址 | 北京市西城区德外大街4号 | | http://www.hep.com.cn |
| 邮政编码 | 100120 | 网上订购 | http://www.hepmall.com.cn |
| 印 刷 | 辽宁虎驰科技传媒有限公司 | | http://www.hepmall.com |
| 开 本 | 850mm×1168mm 1/16 | | http://www.hepmall.cn |
| 印 张 | 16.25 | 版 次 | 2019 年 10 月第 1 版 |
| 字 数 | 350 千字 | | 2024 年 9 月第 2 版 |
| 购书热线 | 010-58581118 | 印 次 | 2025 年 1 月第 2 次印刷 |
| 咨询电话 | 400-810-0598 | 定 价 | 45.80 元 |

本书如有缺页、倒页、脱页等质量问题,请到所购图书销售部门联系调换
版权所有 侵权必究
物 料 号 62371-00

# "智慧职教"服务指南

"智慧职教"(www.icve.com.cn)是由高等教育出版社建设和运营的职业教育数字教学资源共建共享平台和在线课程教学服务平台,与教材配套课程相关的部分包括资源库平台、职教云平台和App等。用户通过平台注册,登录即可使用该平台。

- 资源库平台:为学习者提供本教材配套课程及资源的浏览服务。

登录"智慧职教"平台,在首页搜索框中搜索对应课程名称,找到"运动控制系统安装与调试"课程,加入课程参加学习,即可浏览课程资源。

- 职教云平台:帮助任课教师对本教材配套课程进行引用、修改,再发布为个性化课程(SPOC)。

1. 登录职教云平台,在首页单击"新增课程"按钮,根据提示设置要构建的个性化课程的基本信息。

2. 进入课程编辑页面设置教学班级后,在"教学管理"的"教学设计"中"导入"教材配套课程,可根据教学需要进行修改,再发布为个性化课程。

- App:帮助任课教师和学生基于新构建的个性化课程开展线上线下混合式、智能化教与学。

1. 在应用市场搜索"智慧职教 icve"App,下载安装。

2. 登录 App,任课教师指导学生加入个性化课程,并利用 App 提供的各类功能,开展课前、课中、课后的教学互动,构建智慧课堂。

"智慧职教"使用帮助及常见问题解答请访问 help.icve.com.cn。

# 第2版前言

本书结合国家职业教育机电专业教学资源库,校企合作,项目驱动,以党的二十大精神为指导,以企业所要求的职业素养、职业能力和职业知识为内涵,贯彻新发展理念,深入浅出地把知识、技能和岗位能力融入5个项目15个教学任务中。

本书第1版于2019年出版后,得到了很多院校的大力支持,收到了很多宝贵的意见和建议。

编者在总结近5年实践经验的基础上,汲取了使用院校提出的建设性意见,根据《高等学校课程思政建设指导纲要》等教材建设指导文件,按照高等职业教育机电类专业教学标准、电气设备相关最新国家标准等的要求,及时反映运动控制行业升级和技术发展动态,吸收专业和课程建设成果,对全书进行了修订。

本次修订注重以下几个方面:

(1) 在结构体系上进行了调整,明确了项目中的模块化结构。每个项目包括若干任务,每个任务又包括任务分析、教学目标、任务实施、相关知识、拓展知识(任务)等模块,技术技能训练可以依次参照各任务实施模块展开,专业知识可以通过阅读相关知识模块获得。对于职业本科的教学,可进一步深入学习相关知识与拓展知识模块。讲授层次和学时可根据使用对象的不同进行调整。

(2) 优化了思政元素,融入有关课程思政的相关内容,包括职业素养、工匠精神等小案例、小故事,更好地培养学生的爱国主义精神、职业道德和工匠精神。

(3) 增加了项目的整体性与实际应用性。项目以机械设备装调与控制技术大赛设备为基础进行了重新设计,对运动控制系统认知、直流运动控制系统、步进运动控制系统、伺服运动控制系统都进行了调整。

(4) 根据设备特点与运动控制技术的发展,重新设计了项目四和项目五的结构,并重新编写了两个项目的控制方案设计、元器件的选型、程序设计与调试部分的内容。

(5) 更新了相关微课、教学课件。对全书的总结与测试部分进行了重新规划与编写。

本书由南京工业职业技术大学甄久军担任主编,南京工业职业技术大学芮红艳、南京康尼电气技术有限公司马涛担任副主编,南京康尼电气技术有限公司刘蔚钊、王新参与编写。其中甄久军编写项目一、项目二及项目三的任务1、2;芮红艳编写项目四及项目五的任务1、2;马涛编写项目三的任务3、项目五的任务3;刘蔚钊编写项目一、项目二、项目三的实践文档;王新编写项目四、项目五的实践文档。

本书在修订过程中参阅了大量文献资料,在此向相关作者表示衷心的感谢。如有因疏漏而未在参考文献中列出的作者,也请与编者取得联系。

由于作者水平有限,书中难免存在不足之处,恳请广大读者批评指正。

编 者
2024 年 5 月

# 第1版前言

本书根据国家高等职业学校机电专业标准进行编写。在编写中,结合国家职业教育"机电一体化"专业资源库,校企合作,按照项目驱动式的学习情境编写模式,以党的二十大最新思想为指导,以爱国主义精神、职业素养、职业能力和职业知识为内涵,贯彻新发展理念,深入浅出地把素养、能力和知识融入 5 个项目 15 个教学任务中。

本书为立体化教材,包括学习任务、练习测验、交流互动、任务拓展等,力争激发学生的学习兴趣,提高学生的参与度。学生通过扫描教材正文右侧的二维码可以学习全部的 PPT、重点内容的实践文档和微课。

本书具有如下特点。

① 以企业典型项目和国家职业技能大赛设备为载体,展现主流技术和行业应用。通过简单运动控制系统的认知与装调、直流电动机运动控制系统的调试项目、交流电动机运动控制系统的调试、步进电动机运动控制系统的调试、伺服电动机运动控制系统的调试项目 5 个学习情境,展现运动控制系统装调方面的主流知识与技术技能。

② 结合所选学习情境和应用特点,组织多层面内容。本书针对应用需求和不同的运动控制系统项目,运动控制系统设备原理、设备控制、设备装调等不同层面,按岗位应用需求组织内容。

③ 遵循认知规律,循序渐进展开内容。通过设备运行展示、系统认知、系统分析、知识学习、技术技能训练等由浅入深、由整体到局部再到整体,按认知规律安排内容。

④ 培养扎实的知识基础与培养综合能力并重。书中内容涉及知识原理、安全规范、专业规范、单项训练、综合应用等,符合机电类专业人才对基础扎实、知识系统、能力综合的要求。

本书结合党的二十大精神,坚定历史自信、文化自信,坚持创新是第一动力,融入最新技术,适当增加了职业素养、工匠精神等思政小案例,以期更好地培养学生的爱国主义精神、历史责任感、职业道德和工匠精神。

本书由南京工业职业技术大学甄久军担任主编,南京工业职业技术学院陈涛、南京康尼科技实业有限公司马涛担任副主编,南京康尼科技实业有限公司刘蔚钊、王新参与编写。其中,甄久军编写了项目一、项目二及项目三的任务 1、任务 2,陈涛编写了项目四及项目五的任务 1、任务 2,马涛编写了项目三的任务 3、项目五的任务 3,刘蔚钊编写了项目一、二、三的实践文档,王新编写了项目四、五的实践文档。

在编写过程中,参阅了大量文献资料,在此向这些文献资料、资源的作者表示衷心的感谢。因疏漏参考文献中没有列出的作者也恳请与本人联系。

由于作者水平有限,书中难免存在不足之处,恳请广大读者批评指正。

编 者

2022 年 11 月

# 目　录

## 项目一　典型运动控制系统的认知与装调 …… 1

### 任务1　运动控制系统认知 …… 1
1.1.1　初识运动控制系统 …… 2
1.1.2　运动控制系统的基本概念 …… 2
1.1.3　运动控制系统的发展 …… 7
1.1.4　运动控制系统的开环控制 …… 8
1.1.5　运动控制系统的闭环控制 …… 9

### 任务2　典型运动控制系统分析与装调 …… 10
1.2.1　典型运动控制系统分析 …… 11
1.2.2　电气控制线路图分析 …… 12
1.2.3　工程图册与电气制图标准 …… 19
1.2.4　装调实施的工具与材料 …… 26
1.2.5　装调实施的安全操作技术规程 …… 26
1.2.6　变频调速系统装调 …… 31

### 任务3　电动机的装调及维护 …… 33
1.3.1　电动机的选配与搬运 …… 34
1.3.2　电动机的安装 …… 35
1.3.3　电动机的启动检查 …… 37
1.3.4　电动机的运行维护 …… 38
1.3.5　电动机的拆卸检修 …… 39
1.3.6　电动机运行故障及维修 …… 44

总结与测试 …… 46

## 项目二　直流电动机运动控制系统的调试 …… 49

### 任务1　控制方案分析与电动机选择 …… 50
2.1.1　控制方案分析 …… 50
2.1.2　直流电机的应用及特点 …… 52
2.1.3　直流电动机的铭牌分析与选型 …… 53
2.1.4　常用的物理概念与定律 …… 56
2.1.5　直流电动机工作原理 …… 58
2.1.6　直流电动机的结构及分类 …… 59

### 任务2　驱动电路设计 …… 62
2.2.1　直流电动机驱动电路设计 …… 63
2.2.2　直流电动机的启动 …… 65
2.2.3　直流电动机的制动 …… 67
2.2.4　直流电动机的调速方法 …… 71
2.2.5　直流电动机的调速性能指标 …… 74
2.2.6　PWM装置 …… 76
2.2.7　直流驱动器原理 …… 77
2.2.8　直流驱动器构成 …… 78

### 任务3　直流电动机的闭环控制与实施 …… 79
2.3.1　闭环控制方案设计 …… 80
2.3.2　直流电动机的接线、运行与分析 …… 80
2.3.3　速度检测模块简介 …… 83
2.3.4　直流调速系统的数学模型认知 …… 87
2.3.5　系统微分方程的建立 …… 88
2.3.6　拉普拉斯变换的数学方法 …… 91
2.3.7　线性系统的传递函数 …… 94
2.3.8　系统框图 …… 98
2.3.9　直流调速系统的数学模型建立 …… 100
2.3.10　直流调速系统的PID控制 …… 102

总结与测试 …… 105

## 项目三　交流电动机运动控制系统的调试 …… 109

### 任务1　控制方案与电路设计 …… 109
3.1.1　控制方案设计 …… 110
3.1.2　电源电路设计 …… 111
3.1.3　主轴电动机驱动电路设计 …… 112
3.1.4　冷却电动机控制电路设计 …… 112
3.1.5　强电控制电路设计 …… 113
3.1.6　PLC输入电路设计 …… 113

## 目录

3.1.7　PLC输出电路设计 …………… 115
任务2　元器件的选型 ………………… 115
　3.2.1　交流电动机的分类及应用 …… 116
　3.2.2　三相异步电动机的结构及工作
　　　　原理 ………………………… 117
　3.2.3　三相异步电动机的转矩与机械
　　　　特性 ………………………… 124
　3.2.4　三相异步电动机的启动与制动 … 126
　3.2.5　三相异步电动机的调速 ……… 129
　3.2.6　三相异步电动机的铭牌分析与
　　　　选型 ………………………… 134
　3.2.7　变频器的分类与现状 ………… 138
　3.2.8　变频器的基本原理 …………… 141
　3.2.9　变频器的选型 ………………… 145
　3.2.10　其他元器件的选型 …………… 146
任务3　程序设计与调试 ………………… 149
　3.3.1　PLC的I/O地址分配 ………… 149
　3.3.2　程序设计 ……………………… 150
　3.3.3　编程与调试 …………………… 150
　3.3.4　变频器的设置与调试 ………… 153
　3.3.5　变频器的维护与检修 ………… 159
总结与测试 ……………………………… 161

## 项目四　步进电动机运动控制系统的调试 …………… 164

任务1　整体控制方案设计 ……………… 164
　4.1.1　整体控制方案设计 …………… 165
　4.1.2　步进电动机驱动电路设计 …… 166
　4.1.3　中间控制电路设计 …………… 167
　4.1.4　PLC输入电路设计 …………… 167
　4.1.5　PLC输出电路设计 …………… 168
任务2　元器件的选型 ………………… 169
　4.2.1　步进电动机的基本概念 ……… 170
　4.2.2　步进电动机的工作原理及结构 … 172
　4.2.3　步进电动机及控制系统技术参数 … 176
　4.2.4　步进电动机运行特性及性能指标 … 178
　4.2.5　步进电动机的铭牌分析与选型 … 182
　4.2.6　步进驱动器的选型 …………… 186

4.2.7　步进驱动器基本原理 ………… 188
4.2.8　其他元器件的选型 …………… 190
任务3　程序设计与调试 ………………… 191
　4.3.1　PLC的I/O地址分配 ………… 192
　4.3.2　梯形图设计 …………………… 193
　4.3.3　组态与程序编译 ……………… 195
　4.3.4　步进驱动器的参数设置 ……… 198
　4.3.5　步进电动机使用中应注意的问题 … 202
总结与测试 ……………………………… 203

## 项目五　伺服电动机运动控制系统的调试 …………… 207

任务1　整体控制方案设计 ……………… 207
　5.1.1　总体控制方案设计 …………… 208
　5.1.2　伺服电动机驱动电路设计 …… 209
　5.1.3　强电控制电路设计 …………… 210
　5.1.4　PLC输入电路设计 …………… 210
　5.1.5　PLC输出电路设计 …………… 211
任务2　元器件的选型 ………………… 212
　5.2.1　伺服电动机结构与分类 ……… 213
　5.2.2　伺服电动机原理与特点 ……… 214
　5.2.3　伺服电动机的应用 …………… 222
　5.2.4　伺服电动机的主要性能指标与
　　　　技术指标 …………………… 223
　5.2.5　交流伺服电动机与步进电动机的
　　　　性能比较 …………………… 224
　5.2.6　伺服电动机的铭牌分析与选型 … 225
　5.2.7　伺服驱动器的选型 …………… 231
　5.2.8　其他元器件的选型 …………… 235
任务3　程序设计与调试 ………………… 235
　5.3.1　PLC的I/O地址分配 ………… 236
　5.3.2　梯形图设计 …………………… 237
　5.3.3　组态与程序调试 ……………… 239
　5.3.4　伺服驱动器的参数设置 ……… 240
　5.3.5　伺服电动机控制系统安装及维护 … 242
总结与测试 ……………………………… 243

## 参考文献 …………………………………… 247

# 项目一 典型运动控制系统的认知与装调

本项目以典型运动控制系统——冲压机床运动控制系统作为知识、技术技能学习的载体,通过三个任务,展开运动控制系统的概念、组成、转矩控制、分类、特点等的学习及整体认识,并实施项目中PLC部分电气原理图的分析,完成电工材料及工具的选用和简单系统的装调,完成电动机装调与维护的相关知识学习与技能训练。同时,本项目着重培养读者遵守电气制图规范、机电设备安装规范、生产安全规范的职业素质。

## 任务1 运动控制系统认知

### ■ 任务分析

通过分析冲压机床的工作过程,观察冲压机床各零部件的运动,观看相关视频、图片,认识运动控制系统,掌握运动控制系统的概念、组成、转矩控制、分类及特点,了解运动控制系统的应用及发展情况,掌握运动控制系统的开环控制与闭环控制。

### ■ 教学目标

1. 知识目标
① 了解运动控制系统的应用、概念、分类与特点。
② 掌握运动控制系统的转矩控制方法。
③ 掌握运动控制系统的开环与闭环控制。
2. 技能目标
① 能够分析运动控制系统的工作过程。
② 能够分辨运动控制系统的各个组成部件。
3. 素养目标
① 具有严谨、全面、高效、负责的职业素质。

② 具有查阅资料、勤于思考、勇于探索的良好作风。
③ 具有善于自学及归纳分析的学习能力。

## 任务实施

### 1.1.1 初识运动控制系统

如图 1-1 所示的冲压机床运动控制系统是一个典型的运动控制系统,多组运动组合完成板料的冲压。

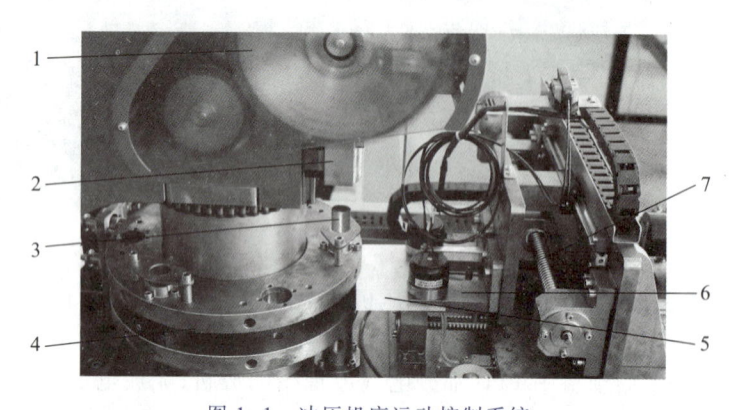

图 1-1 冲压机床运动控制系统

1—传动齿轮;2—冲压头;3—冲压模具;4—转盘;5—板料;6—夹紧进给系统;7—滚珠丝杠

其工作过程如下:夹紧进给系统 6 夹住板料 5,由滚珠丝杠 7 及另一个方向的丝杠带动,进行 X、Y 方向的进给运动,到达所要求的冲孔坐标停止。由于坐标精度要求高,所以滚珠丝杠采用伺服电动机驱动。传动齿轮 1 带动曲柄滑块机构,使冲压头 2 做上下冲压运动。传动齿轮 1 的动力来自左下方的小齿轮,小齿轮采用三相交流异步电动机作为动力源。冲压模具 3 均匀地安装在转盘 4 上,当转盘 4 转过 60°的整数倍时,所需的冲压模具 3 正好在冲压头 2 下方,夹紧进给系统 6 已带动板料 5 到达预设坐标,此时就可以进行冲压工作了。因为转盘需要精确的转动角度,所以选用步进电动机,通过链传动提供动力。

## 相关知识

### 1.1.2 运动控制系统的基本概念

自动控制系统包含运动控制系统(motion control system)和过程控制系统(process control system)等。例如,轧钢控制、数控机床控制、高速电钻控制、现代交通控制等为运动控制,而啤酒发酵控制、化工提炼控制、锅炉控制等为过程控制。

现阶段,运动控制与过程控制的主要区别是被控量及控制目标不同,运动控制主要解决"电能↔机械能"中的控制问题,但许多应用同时具有这两种控制,相互融合。

本书主要介绍运动控制系统。

1. 定义

以机械运动的驱动设备——电动机为控制对象，以控制器为核心，以电力电子功率变换装置为执行机构，在自动控制理论的指导下组成的电气传动自动控制系统称为运动控制系统。这类系统通过控制电动机的转矩、转速和转角，将电能转换为机械能，实现机械设备的运动要求。下面举例说明。

各种轧钢控制（冷轧、热轧、连轧连铸）、印制电路板生产线控制（表面贴焊、快速打孔、放置器

图 1-2　轧钢控制

件）、全自动丝网印刷等都属于自动生产线上的运动控制，如图 1-2、图 1-3 所示。

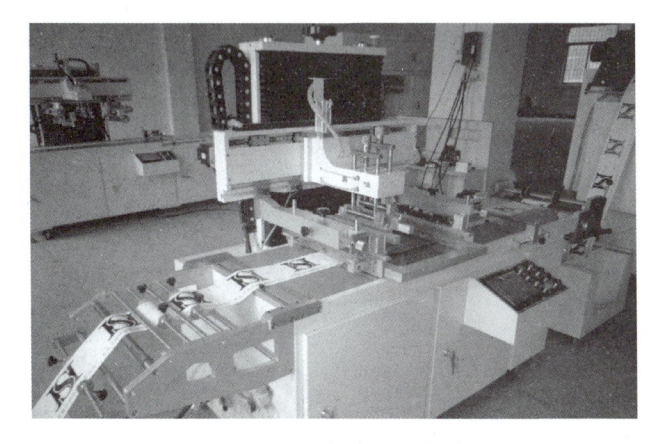

图 1-3　全自动丝网印刷

机器人的控制，包括工业机器人、仿人机器人等，如图 1-4、图 1-5 所示。机器人各个关节的运动需要高精度的伺服控制，ASIMO 2003 仿人机器人走、跑自如，行走速度能达到 3.2 km/h。

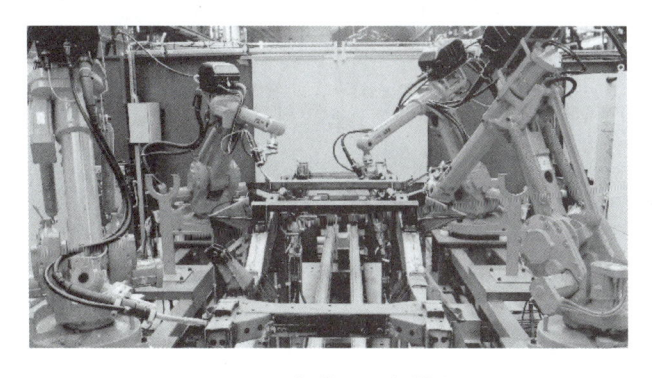

图 1-4　焊接工业机器人

军事装备控制包括雷达跟踪、自动武器、飞行器控制等，如图 1-6、图 1-7 所示。民用（冰箱、空调、洗衣机等）与现代交通（电气牵引、电动汽车、电动自行车、磁悬

浮等)控制,如图1-8、图1-9所示。

**拓展阅读**

现代交通运动控制,我国高铁成就

我国全面掌握速度200～350 km/h的动车组制造技术,构建了涵盖不同速度等级、成熟完备的高铁技术体系,是世界领先高铁系统。我国发布的《高速铁路设计规范》成为中国高铁建设技术标准体系。中国标准动车组所采用的254项重要标准中,中国标准占84%,国际兼容标准占16%,不同列车可以重联运行。

图1-5 舞蹈机器人

图1-6 雷达跟踪

图1-7 飞行器控制

图1-8 电气牵引

2. 构成

运动控制系统根据运动需求,通过运动控制器、驱动器、执行器,辅助以速度或位置反馈单元(闭环控制系统中才有)来完成运动控制任务,其构成如图1-10所示。

图 1-9 电动汽车

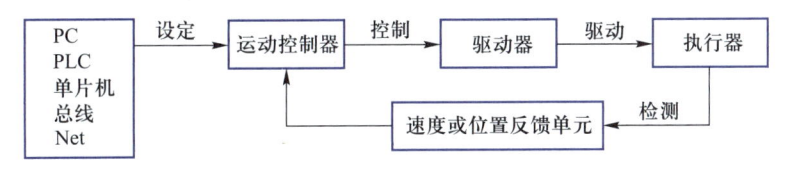

图 1-10 运动控制系统构成

（1）运动控制器

运动控制器按照给定值和实际运行的反馈值之差，调节控制量。运动控制器作为运动控制系统的核心，对运动控制系统的性能起着关键的作用。由于实际运动系统的种类和被控对象要求千变万化，为了适应实际系统的需要，运动控制器必须做到通用性和专用性兼顾，功能系统化，使用简单化。

常见的控制算法主要为：PID 控制（单环、多环）、自适应控制、模糊控制、智能控制、矢量控制、直接转矩控制等。

（2）驱动器

运动控制器与驱动器之间的连接通道是"控制"通道，它把运动控制器的指令转换为对驱动器的控制信号。驱动器部分主要包括开关器件、可控整流电路、直流斩波电路、逆变电路等。

（3）执行器

执行器在运动控制系统中主要是指电动机，包括直流电动机、交流电动机、步进电动机等。驱动器与执行器之间是"驱动"通道，驱动器是功率放大单元，它通过"驱动"通道完成机电控制转换。

（4）速度或位置反馈单元

速度或位置反馈单元由"检测"通道把执行器的执行结果送回运动控制器，从而实现闭环运动控制过程。在开环控制系统中没有此部分。

3. 转矩控制规律

运动控制系统的任务就是控制电动机的转速或转角，对于直线电动机则是控制速度或位移。根据牛顿力学定律，运动控制系统的旋转运动基本方程式为：

$$T_e - T_L - D\omega_m - K\theta_m = J\frac{d\omega_m}{dt} \tag{1-1}$$

式中，$T_e$——电磁转矩（N·m）；

$T_L$——负载转矩（N·m）；

$D$——阻尼系数；

$K$——扭转弹性转矩系数；

$\omega_\mathrm{m}$——转子的机械角速度（rad/s）；

$\theta_\mathrm{m}$——转子的机械转角（rad）；

$J$——机械转动惯量（kg·m²）。

若忽略阻尼转矩和扭转弹性转矩，则此运动方程式可简化为：

$$T_\mathrm{e}-T_\mathrm{L}=J\frac{\mathrm{d}\omega_\mathrm{m}}{\mathrm{d}t} \qquad (1-2)$$

式 1-2 表明，运动控制系统的转速变化（即加速度）由电动机的电磁转矩与生产机械的负载转矩之间的关系决定。

① 当 $T_\mathrm{e}=T_\mathrm{L}$ 时，$\frac{\mathrm{d}\omega_\mathrm{m}}{\mathrm{d}t}=0$，电动机以恒定转速旋转或静止不动，即系统处于静态或稳态。

② 当 $T_\mathrm{e}>T_\mathrm{L}$ 时，$\frac{\mathrm{d}\omega_\mathrm{m}}{\mathrm{d}t}>0$，系统处于加速状态。

③ 当 $T_\mathrm{e}<T_\mathrm{L}$ 时，$\frac{\mathrm{d}\omega_\mathrm{m}}{\mathrm{d}t}<0$，系统处于减速状态。

可见，要控制转速和转角，唯一的途径就是控制电动机的电磁转矩 $T_\mathrm{e}$，转矩控制是运动控制的根本问题。

为了有效地控制电动机的电磁转矩，应充分利用铁心，在一定的电流作用下尽可能产生最大的电磁转矩，以加快系统的过渡过程，必须在控制转矩的同时也控制磁通（或磁链）。

**4. 分类**

（1）按被控制量分

① 调速系统，指以转速为被控制量的系统。

② 位置随动（伺服）系统，指以角位移或直线位移为被控制量的系统。位置随动系统可实现执行机构对位置指令（给定量）的准确跟踪，被控制量（输出量）一般是负载的空间位移，当给定量变化时，系统能使被控制量准确无误地跟随并复现给定量。

（2）按驱动电动机的类型分

① 直流传动系统，指采用直流电动机带动生产机械的控制系统。直流传动系统以直流电动机为动力，直流电动机虽不像交流电动机那样结构简单、制造方便、维修容易、价格便宜等，但具有良好的调速性能，可在很宽的范围内平滑调速。但直流电动机具有电刷和换相器，必须经常检查维修，换向火花使直流电动机的应用环境受到限制，换向能力限制了直流电动机的容量和速度。

② 交流传动系统，指采用交流电动机带动生产机械的控制系统。到 20 世纪 60~70 年代，随着电力电子技术、大规模集成电路和计算机控制技术的发展，高性能交流调速系统应运而生。交流调速系统已经成为当前电力拖动控制的主要发展方向。

（3）按控制器的类型分

① 模拟控制系统，指采用模拟电路构成的控制系统。模拟控制系统用于对有关模拟量参数进行连续闭环控制，使被控模拟量参数值维持在设定范围或按预期目标变化。

② 数字控制系统,指采用数字电路构成的控制系统。数字控制系统采用数字技术实现各种控制功能,以计算机为核心。主要类型包括计算机监控系统、直接数字控制系统、计算机多级控制系统和分散控制系统。

(4) 按有无反馈分

① 开环系统,指系统无反馈单元。系统的输出量不被引回,不对系统的控制部分产生影响,信号由给定量向被控制量单向传递。

② 闭环系统,指系统具有反馈单元。系统的输出量沿反馈通道又回到系统的输入端,构成闭合通道。

5. 特点

① 传动功率范围大。传动功率小至几毫瓦,大到几百兆瓦。

② 调速范围宽。传动比能达到 1∶10 000;转速小至每小时几转,大到每分钟几十万转;调速的过渡过程快,能达到秒级甚至毫秒级。

③ 具有较高的动、静态特性。静态特性(响应)也称为稳态特性(响应),指控制系统在受到激励(偏差、给定、指令等变化)后时间趋于无穷大(实际上可以是达到规定状态的时间)时的系统状态。动态特性(响应)指控制系统在受到激励(偏差、给定、指令等变化)后时间趋于无穷大前(实际上可以是达到规定状态的时间)的系统状态。

在定值或随动自动控制的阶跃响应分析中,静态特性指标有稳态误差等,动态特性指标有延迟(滞后)时间、上升时间、峰值时间、调节时间等。上述参数在阶跃响应函数 $h(t)$ 曲线中的含义如图 1-11 所示,具体说明详见项目二的任务 2。

④ 四象限运行,具有能量回馈、方便多机协调的优点。电动机除电动转矩($T_e$、转速 $n$ 同向)外,还须产生制动转矩($T_e$、$n$ 反向),实现生产机械的快速减速、停车与正、反向运行等功能。在转速和电磁转矩坐标系上,就是四象限运行的功能,这样的调速系统能正、反转,故也称为可逆调速系统,四象限图如图 1-12 所示。

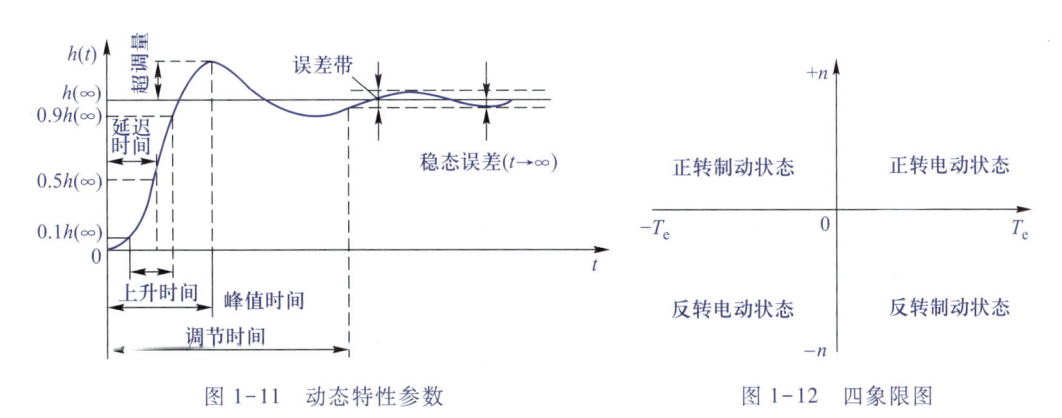

图 1-11　动态特性参数

图 1-12　四象限图

## 1.1.3　运动控制系统的发展

1. 发展历史

运动控制系统是在电动机发明之后发展起来的。从 1832 年斯特金发明直流电动机到 1886 年特斯拉发明两相交流电动机、1888 年多里沃·多勃罗沃尔斯基制成三相感应电动机,运动控制系统在不断发展。由于直流电动机出现较早,所以 19 世纪 80

年代以前，直流电动机是作为执行器唯一的电气传动方式。此后，直流电动机的运动控制系统不断发展，直到现在发展成常用的全控开关型 PWM 数字控制系统。整个系统性能也不断得到提高。

20 世纪 70 年代，出现了矢量控制的基本设想。1980 年，德国 W. Leonhard 教授用微机实现矢量控制系统的数字化，大大简化了系统的硬件结构，经过不断改进和完善，形成了现在的高性能矢量控制系统。1985 年，德国鲁尔大学 Depenbrock 教授提出直接转矩控制，并于 1987 年把它应用于弱磁调速系统，其控制结构简单，是一种高动态响应的交流调速系统。

随着电力电子技术、交流电动机理论和控制理论的快速发展，交流电动机运动控制系统的成本逐步降低，性能逐步提高，直流调速系统正在被其取代。

另外，其他类型的电气传动运动控制系统也崭露头角，步进电动机和开关磁阻电动机的运动控制系统在中小功率场合占有一定的份额，同步电动机运动控制系统在大中功率场合也有相当的优势，这些都已成为引人注目的新技术。

2. 发展趋势

① 驱动的交流化、超高速和超大型化。例如，以节能环保为目的，把交流不调速变为交流调速；以减少维护为目的，把直流调速变为交流调速等。目前，在直流调速达不到的领域，如大功率、高压、高速等场合，多应用交流调速系统。

② 系统实现集成化。已经在芯片级别上实现了智能运动控制系统。

③ 控制的数字化、智能化和网络化。在数字化控制过程中，应用了新型控制理论和智能控制方法，包括非线性控制理论、鲁棒控制、混合控制等各种运动控制系统。网络化得到了进一步发展，总线技术、工业以太网技术得到了广泛的应用。

## 1.1.4 运动控制系统的开环控制

首先，看一下古希腊的一种自动门，如图 1-13 所示。

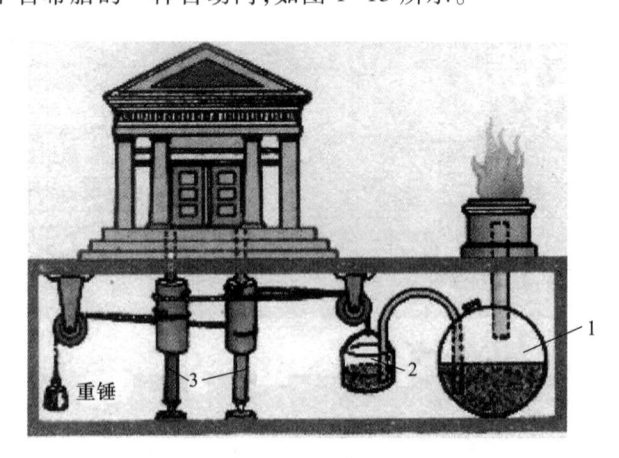

图 1-13 古希腊自动门

当祭坛点火时，容器 1 中的空气受热膨胀，向下压缩水，水通过管道流入容器 2 中。容器 2 的质量增加，当达到一定值时，克服重锤的拉力，容器 2 下降拉动链条，链条带动转动轴 3 旋转，门打开。

当祭坛火熄灭时,容器1中的空气冷却收缩,产生负压力,容器2中的水通过管道被吸入容器1中。容器2的质量减小,当重锤的拉力大于容器2的质量时,容器2上升,转动轴反转,门关闭。

分析自动门开合的控制是开环控制方式还是闭环控制方式。

开环控制方式是指控制装置与被控对象之间只有顺向作用而没有反向联系的控制过程,按这种方式组成的系统称为开环控制系统,其特点是系统的输出量不会对系统的控制作用发生影响。开环控制系统可以按给定量控制方式组成,也可以按扰动控制方式组成。

按给定量控制的开环控制系统,其控制作用直接由系统的输入量产生,给定一个输入量,就有一个输出量与之对应,控制精度完全取决于所用的元器件及校准的精度。

因此,这种开环控制方式没有自动修正偏差的能力,抗扰动性较差,但由于其结构简单、调整方便、成本低,在精度要求不高或扰动影响较小的情况下有一定的实用价值。

例如数控系统中,按给定值控制的开环控制系统框图如图1-14所示。

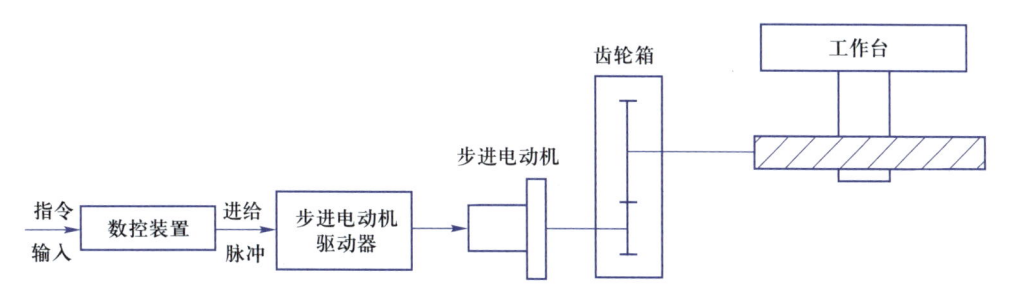

图1-14 按给定值控制的开环控制系统框图

数控装置根据信息载体上的指令信号,经过控制运算发出指令脉冲,使伺服驱动元器件转过一定的角度,并通过传动齿轮、滚珠丝杠螺母副,使执行机构(如工作台)移动或转动。这种控制方式没有来自位置的反馈信号,对执行机构的动作情况不进行检查,指令流向为单向,因此为典型的开环控制系统。

## 1.1.5 运动控制系统的闭环控制

闭环控制系统又称为反馈控制系统,反馈控制是运动控制系统中最基本的控制方式,也是应用最广泛的一种控制方式。在反馈控制系统中,控制装置对被控对象施加的控制作用取自被控制量的反馈信息,其用来不断修正被控制量的偏差,从而实现对被控对象进行控制的任务。

例如数控系统中的闭环控制,其系统框图如图1-15所示。这是一种典型的闭环运动控制系统,其中包括功率放大和反馈。数控装置发出位置脉冲后,当指令值送到位置比较电路时,若此时工作台没有移动,即没有位置反馈信号时,指令值使伺服驱动电动机转动,经过齿轮、滚珠丝杠螺母副等传动元器件带动机床工作台移动。装在机床工作台上的位置测量元器件,测出工作台的实际位移量后,反馈到数控装置的比较器中与指令信号进行比较,并用比较后的差值进行控制。若两者存在差值,经放大器放大后,再控制伺服驱动电动机转动,直至差值为零,工作台才停止移动。所以,这种控制是典型的闭环控制方式。

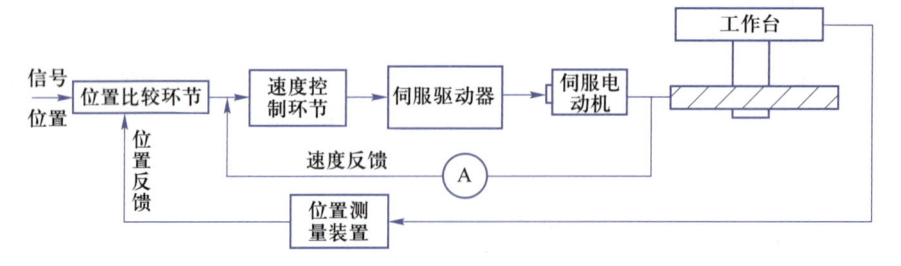

图 1-15 闭环控制系统框图

还有一种半闭环控制,其系统框图如图 1-16 所示。

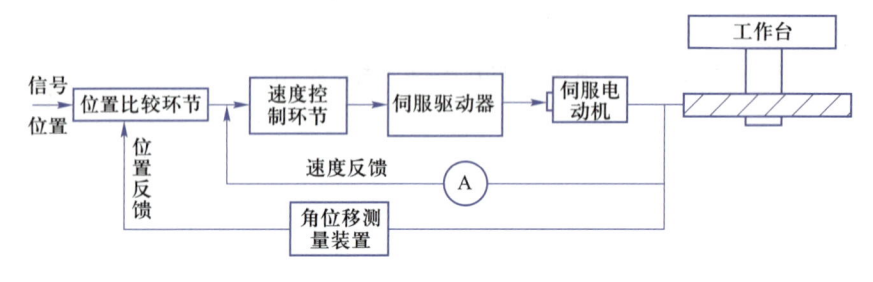

图 1-16 半闭环控制系统框图

这种控制系统不是直接测量工作台的位移量,而是通过旋转变压器、光电编码器等角位移测量元器件测量伺服机构中电动机或丝杠的转角,来间接测量工作台的位移。

这种系统中滚珠丝杠螺母副和工作台均在反馈环路之外,其传动误差等仍会影响工作台的位置精度,故称为半闭环控制方式。

## 任务 2　典型运动控制系统分析与装调

### ■ 任务分析

以典型运动控制系统——冲压机床运动控制系统项目为切入点,实施冲压运动部分和控制系统的电气原理图的分析,完成项目电工材料及工具的选用和简单系统的装调。在安装、调试技能训练的同时,培养遵守电气制图规范、机电设备安装规范、生产安全规范的职业素质。

### ■ 教学目标

1. 知识目标
① 掌握典型运动控制系统组成。
② 掌握项目所用的电工材料与工具。

2. 技能目标
① 掌握电气原理图的识图。
② 掌握电气原理图的标准制图。
③ 掌握工具、材料选用与接线等基本装调技能。
3. 素养目标
① 具有规范、安全生产的职业素质。
② 具有规范进行机电设备安装的职业素质。
③ 具有严谨、高效、负责的团队合作精神。
④ 具有查阅资料、勤于思考、勇于探索的良好作风。
⑤ 具有善于自学及归纳分析的学习能力。

## 任务实施

电子课件
1.2.1 典型运动控制系统分析

### 1.2.1 典型运动控制系统分析

#### 1. 设备介绍

前述冲压机床的冲压运动部分和控制系统如图1-17所示。电动机作为动力源，通过带传动带动小齿轮（小齿轮与大带轮同轴）转动，小齿轮与大齿轮啮合，大齿轮轴转动（曲柄以大齿轮轴为回转中心，并与之固定），使曲柄滑块机构的曲柄旋转，进而通过连杆带动滑块（冲压头）做上下冲压运动。

视频
冲压机床冲压原理

图1-17 冲压运动部分和控制系统

运动控制系统选用三相异步电动机作为执行器，采用变频器驱动，控制回路由PLC作为控制核心，电动机能正、反转；工作状态指示灯有故障灯、正常灯。

#### 2. 任务

冲压运动的动力源电动机规格为3相AC 380 V、50 Hz、3 kW、2 880 r/min，请确定并分析电气控制方案，分析数控机床电气控制线路图，并进行元器件计算选型，完成安装、调试、故障排除。

## 1.2.2 电气控制线路图分析

电气控制线路图是工程技术的通用语言,它由各种电气元器件的图形、文字符号要素组成。我国电气设备用图形符号的有关国家标准有:GB/T 4728.1—2018《电气简图用图形符号 第 1 部分:一般要求》、GB/T 4728.2—2018《电气简图用图形符号 第 2 部分:符号要素、限定符号和其他常用符号》等。

电气工程图中的图形和文字符号应符合最新的国家标准的规定。该图用来阐述电气工程的构成和功能,描述电气装置的工作原理,提供安装和维护使用信息。

常见的电气工程图主要有电气设备平面布置图、电气系统图、电气原理图。下面给出冲压机床冲压运动部分控制系统的部分电气原理图,如图 1-18~图 1-20 所示。

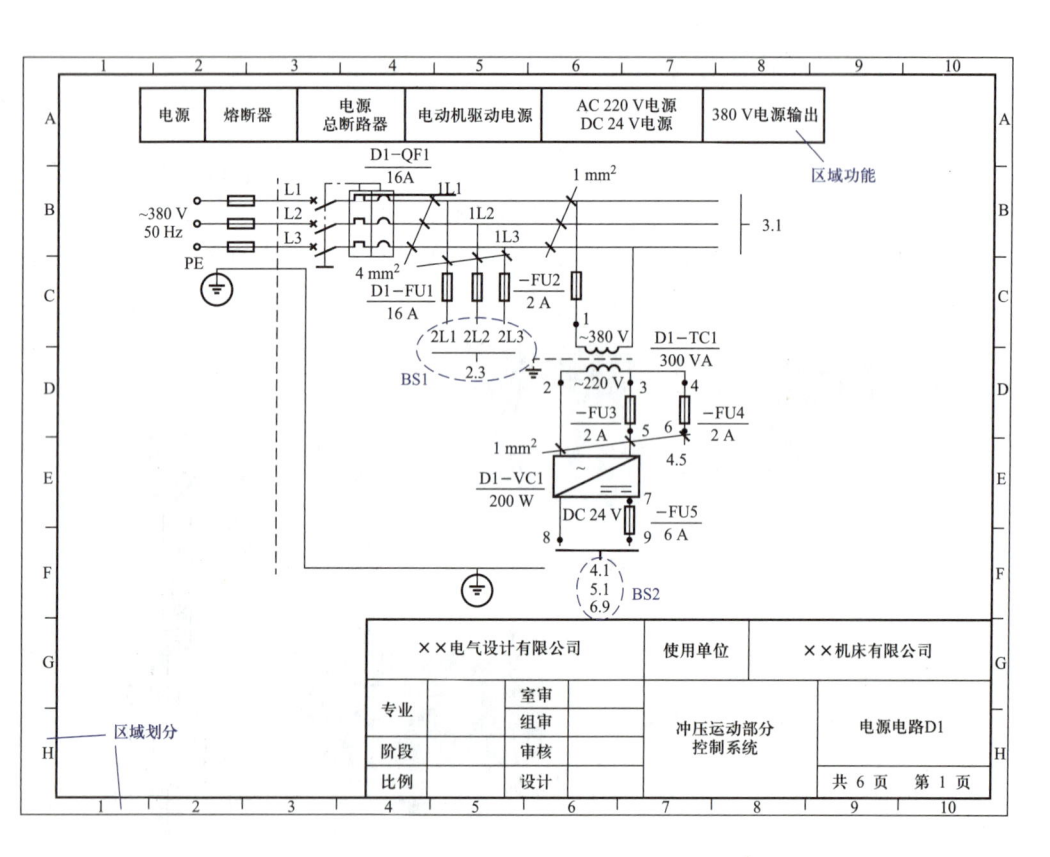

图 1-18 电源电路原理图

从图中可以看出,冲压运动部分控制系统的电气原理图有 6 页,此处给出了第 1 页(电源电路 D1)、第 2 页(电动机驱动主电路 H1)和第 6 页(PLC 输出电路 M3)三张电气原理图。

如图 1-18 所示为电源电路原理图,其作用是给整个运动控制系统供电。电路中具有断路器、熔断器等保护装置,变压器、开关电源等电压变换装置。左端输入部分为 380 V、50 Hz 的三相交流电。输出为:在 2.3 和 3.1 处的 380 V 三相交流电,在 4.5 处的 220 V 两相交流电,在 4.1、5.1 和 6.9 处的 24 V 直流电。

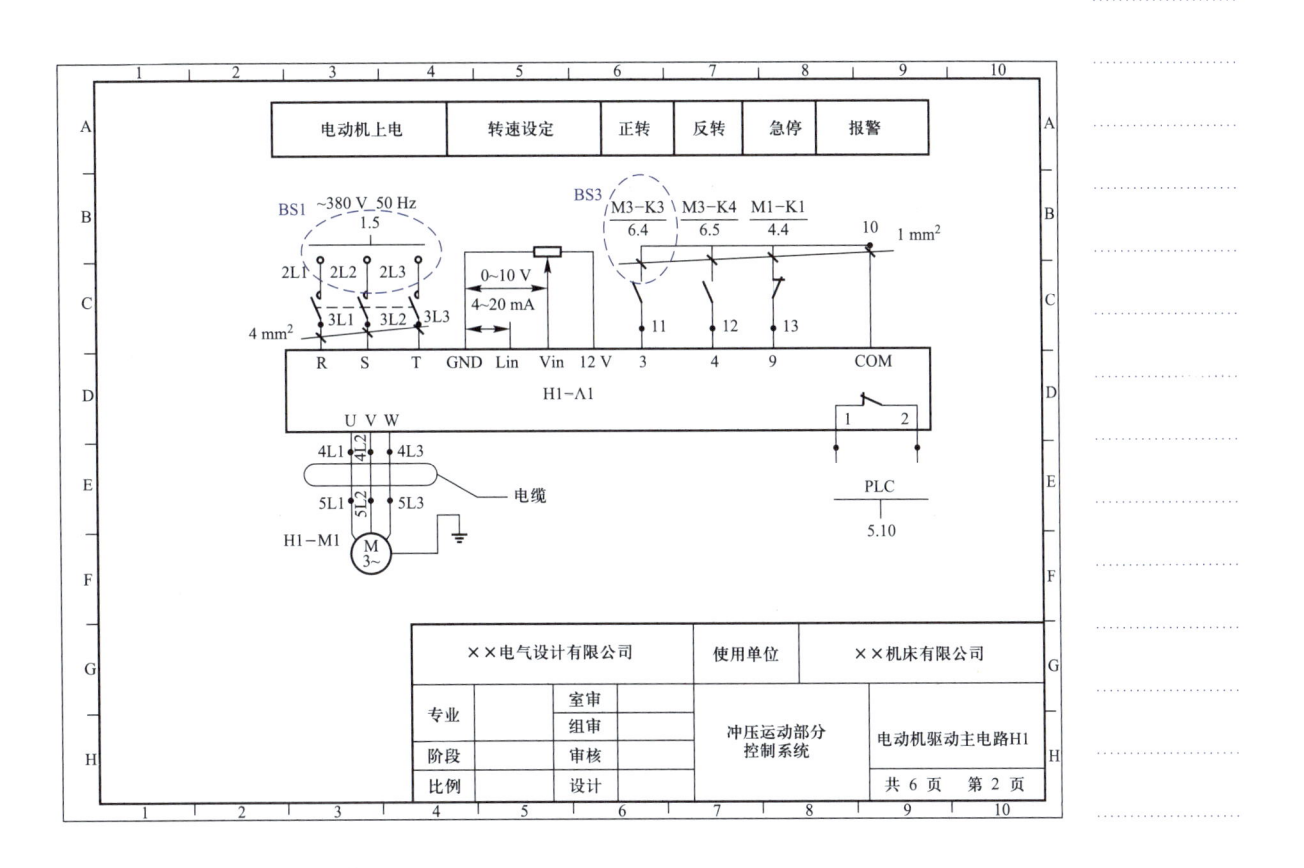

图 1-19 电动机驱动主电路原理图

如图 1-19 所示为电动机驱动主电路原理图,其作用是通过变频器给带动主轴旋转的三相异步电动机调速。R、S、T 端为 380 V、50 Hz 的三相交流电输入,U、V、W 端为频率已经变化的 380 V 三相交流电输出,控制三相异步电动机转速。

Lin 端和 Vin 端为速度设定端,工作时二者选用一个。Lin 端通过输入 4~20 mA 电流调速,Vin 端通过 0~10 V 电压调速。当设定一个值时,电动机就会按照相应的转速旋转。3 端和 COM 端接通,电动机正转;4 端和 COM 端接通,电动机反转;9 端和 COM 端接通,电动机急停。

如图 1-20 所示为 PLC 输出电路原理图,其作用是控制变频器正、反转,急停,指示灯亮、灭等。

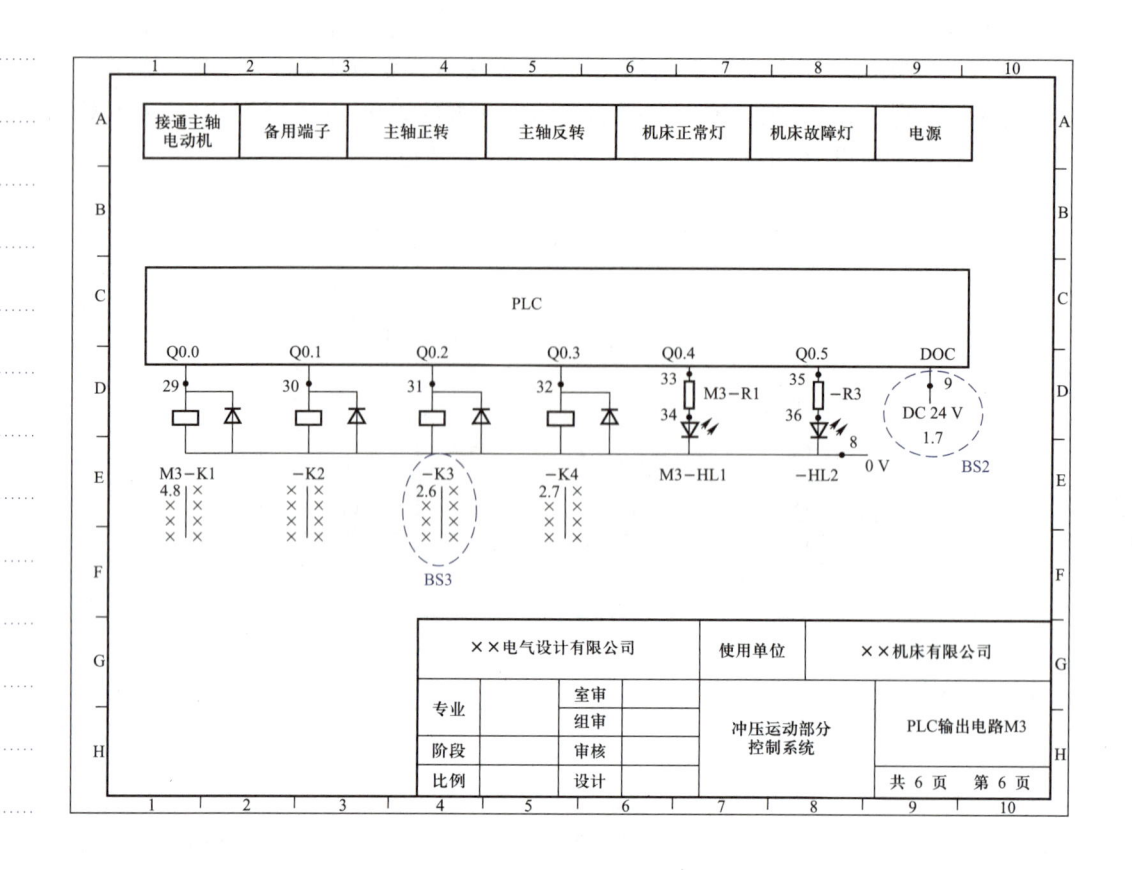

图 1-20　PLC 输出电路原理图

以上是三张电气原理图的简单分析。在识读一个实际控制系统的多张电气原理图时,应注意以下问题。

1. 主电路与辅助电路

电气原理图一般包括电源电路、主电路、控制电路、信号电路、照明电路等。

主电路:也称一次回路,是电气控制线路中大电流通过的部分,包括从电源到电动机之间相连的电气元器件(如:刀开关、热继电器、自动空气开关、接触器主触点、变频器等)所组成的线路。

辅助电路:也称二次回路,是信号的传输通道。包括:控制电路、信号电路、照明电路和保护电路。

主电路与辅助电路可以分开绘图。如果把主电路和控制电路画在一张图中时,应该遵循:上下排列(主电路在上,控制电路在下)或者左右排列(主电路在左,控制电路在右),主电路用粗线条画,控制电路用细线条画等原则。

2. 线路连接索引

现在设备的电气原理图比较少用一张 A0 图纸表示了,一般会用多张 A4 图纸表示。那么之间的线路如何连接呢?应该采用下面介绍的索引方式连接。

(1) 图面区域的划分

在图样的下方沿横坐标方向划分图区,并用数字编号。如图 1-18 中的"区域划分",包括 1~10 共 10 个区。同时,在图样的上方沿横坐标方向划区,分别标明该区电路的功能,如图 1-18 中的"区域功能"。

(2) 索引代码

上述冲压运动部分控制系统的电气原理图共 6 张,装订成 1 本。但是有的设备的电气原理图按照功能不同可能分为几本,这时需要使用索引代码进行指引,索引代码格式如图 1-21 所示。其中,图号就是每本的标号,一般用数字表示。页次说明电气图形符号在这本图号中的第几页。区号指当前页次中的图区号。当只有 1 本图纸时,图号可省略。

| 图号 | / | 页次 | · | 区号 |

图 1-21  索引代码格式

例如本冲压运动部分控制系统的电气原理图共 1 本,所以图 1-18 中的虚线椭圆 BS1 处标的是 2.3,即此处和第 2 页第 3 区相连;图 1-19 中的虚线椭圆 BS1 标的是 1.5,即此处和第 1 页第 5 区相连;所以,图 1-18 和图 1-19 中的虚线椭圆 BS1 处是相连的。

再如,图 1-18 中的虚线圆 BS2 处标的是 4.1、5.1、6.9,即此处同时接线到第 4 页第 1 区、第 5 页第 1 区和第 6 页第 9 区;图 1-20 中的虚线圆 BS2 标的是 1.7,即此处和第 1 页第 7 区(开关电源右侧的 DC 24 V)相连;所以,图 1-18 和图 1-20 中的虚线圆 BS2 处是相连的。

3. 元器件符号

在电气原理图中,元器件要采用国标符号。当电器元件的不同部件(如继电器的线圈和触点)分散在不同的位置时,为了表明是同一电器元件,要在电器元件的不同部件处标注统一的文字符号。对于同类电器元件,要在其文字符号后面加数字序号来区别。

例如,图 1-20 中的"M3-K1""-K2""-K3""-K4"("-K2""-K3""-K4"实际上是 M3-K2、M3-K3、M3-K4 的简写)都表示继电器线圈,所以用"M3-K"表示,但要表示 4 个不同的继电器线圈,所以用"M3-K1""-K2""-K3""-K4"表示。

图 1-20 中的竖长虚线椭圆 BS3 处和图 1-19 中的竖长虚线椭圆 BS3 处表示的是同一个继电器,只是线圈(在图 1-20 中)和触点(在图 1-19 中)分散在不同位置,所以都用符号"M3-K3"(图 1-20 中简写为"-K3")表示。

4. 元器件索引

元器件除了用符号表示,为了方便地找到元器件,还需要用索引方式指示。

(1) 继电器或接触器相应触点的索引

继电器触点索引画法如图 1-22 所示。

| 左栏 | 右栏 |
|---|---|
| 动合(常开)触点所在的图区号 | 动断(常闭)触点所在的图区号 |

图 1-22 继电器触点索引画法

接触器触点索引画法如图 1-23 所示。

| 左栏 | 中栏 | 右栏 |
|---|---|---|
| 主触点所在的图区号 | 辅助动合触点所在的图区号 | 辅助动断触点所在的图区号 |

图 1-23 接触器触点索引画法

索引代码标在继电器或接触器线圈符号的下方，要符合图 1-22、图 1-23 所示格式，例如图 1-20 中的竖长虚线椭圆 BS3 处，在线圈符号"-K3"的下方有"2.6"，表示动合触点在第 2 页图纸的第 6 区(图 1-19 中的竖长虚线椭圆 BS3 处)。

（2）接触器或继电器相应线圈的索引

在接触器或继电器触点旁的符号的下方标上索引代号，指出它所对应的线圈的位置。如图 1-19 中的竖长虚线椭圆 BS3 处，在继电器触点符号"M3-K3"的下方有"6.4"，表示控制触点的线圈在第 6 页的第 4 区(图 1-20 中的竖长虚线椭圆 BS3 处)。

5．可动元器件画法

电气原理图中所有元器件的可动部分均按没有通电或没有外力作用时的状态画出。对于接触器、继电器的触点，按其线圈不通电的状态画出。继电器画法如图 1-24 所示。

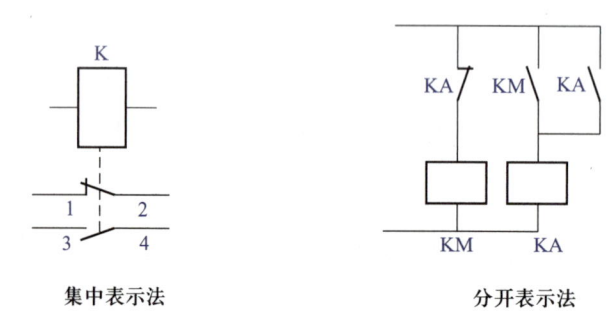

图 1-24 继电器画法

控制器手柄按处于零位时的状态画出；对于按钮、行程开关等触点，按未受外力作用时的状态画出。按钮画法如图 1-25 所示。

6．典型走线与画法

根据图面布置需要，可以将图形符号旋转绘制，一般逆时针旋转 90°，但文字符号不可以倒置。

（1）导线表示与说明

B 开头的是塑料线(后面的字母 V 代表聚氯乙烯，R 代表软导体，ZR 代表阻燃型，L 代表铝导体)，BV 线是聚氯乙烯绝缘硬铜导线；BVR 线的导体是软的，线的柔软度较好。

图 1-25 按钮画法

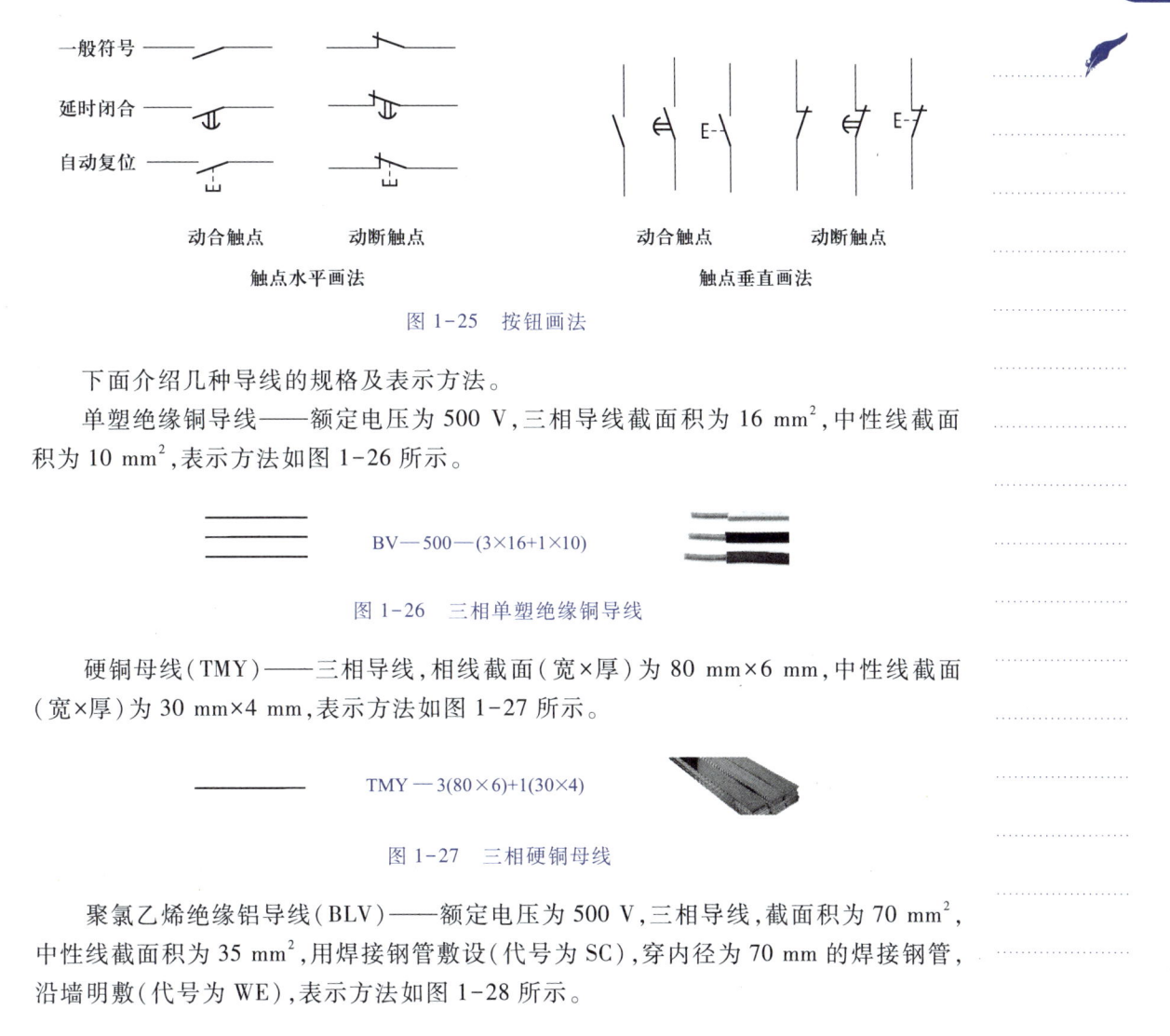

下面介绍几种导线的规格及表示方法。

单塑绝缘铜导线——额定电压为 500 V，三相导线截面积为 16 mm²，中性线截面积为 10 mm²，表示方法如图 1-26 所示。

BV—500—(3×16+1×10)

图 1-26 三相单塑绝缘铜导线

硬铜母线（TMY）——三相导线，相线截面（宽×厚）为 80 mm×6 mm，中性线截面（宽×厚）为 30 mm×4 mm，表示方法如图 1-27 所示。

TMY—3(80×6)+1(30×4)

图 1-27 三相硬铜母线

聚氯乙烯绝缘铝导线（BLV）——额定电压为 500 V，三相导线，截面积为 70 mm²，中性线截面积为 35 mm²，用焊接钢管敷设（代号为 SC），穿内径为 70 mm 的焊接钢管，沿墙明敷（代号为 WE），表示方法如图 1-28 所示。

BLV—500—(3×70+1×35)SC70—WE

图 1-28 三相聚氯乙烯绝缘铝导线

（2）单边连接与交叉

电气原理图中应尽量减少线条并避免交叉，各个导线之间有电的联系时，对单边连接（"T"形连接）的接点，在导线交叉处可以画实心圆点，也可以不画；"+"字交叉有连接和不连接之分，具体画法如图 1-29 所示。

图 1-29 单边与交叉

(3) 三根导线

可以直接画三根线,也可以在一根线上画三根斜线代表这部分是三根线(但不一定是三相),或者在一根线上画一根斜线并标上数字"3",如图 1-30 所示。以此类推,两根斜线代表是两根线。

(4) 三根导线单边连接与交叉

如图 1-31 所示,左图为水平三根线与竖直三根线分别连接引出,即三根导线单边连接("T"形连接),右图为水平三根线与竖直三根线交叉但不连接。

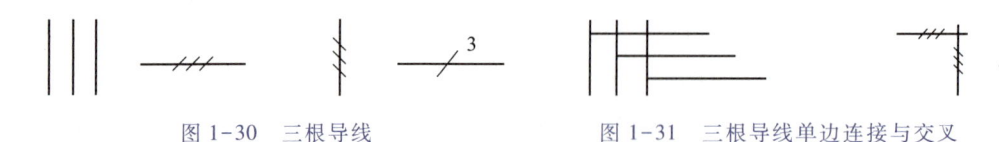

图 1-30 三根导线　　　　图 1-31 三根导线单边连接与交叉

7. 标号与标记

(1) 主电路标号

主电路标号由文字符号和数字组成。文字符号用以标明主电路中的元件或电路的主要特征;数字标号用以区别电路不同线段。

如图 1-18 和图 1-19 所示,三相交流电源引入线采用标号 L1、L2、L3,第二个接点标号为 2L1、2L2、2L3,第三个接点标号为 3L1、3L2、3L3 等;变频器输出的三相交流电源主电路分别标为 U、V、W。

(2) 控制电路标号

控制电路标号由 3 位或 3 位以下的数字组成,采用 1、2、3、…编接线图标号不易接漏,如图 1-18 中的标注 1~9 所示。

若是水平布图,数字标号按自上而下的顺序,垂直的电路图形通常标号的顺序是从上至下、由左至右依次进行编写。每一个电气接点有一个唯一的接线标号,标号可依次递增。

(3) 常用标记

在电路图中必须采用国标规定的标记,电线也必须采用国标规定中相应的颜色,不可随意标注符号与更换线色。常用标记如表 1-1~表 1-4 所示。

表 1-1　导线线端标记(1)

| 交流电源 || 直流电源 |||
|---|---|---|---|---|
| 相线 | 中性线 | 正极 | 负极 | 中间线 |
| L1、L2、L3 | N | L+ | L- | M |

表 1-2　导线线端标记(2)

| 保护接地线 | PE | 不接地保护导体 | PU |
|---|---|---|---|
| 保护接地线与中性线共用 | PEN | 低噪声(防干扰)接地导体 | TE |
| 机壳或机架接地 | MM | 等电位连接 | CC |

表 1-3 电气设备端子特定标记

| 三相交流电动机 || 直流电动机 |||
|---|---|---|---|---|
| 相线端子 | 中性线端子 | 正极端子 | 负极端子 | 中间端子 |
| U、V、W | N | C | D | M |

表 1-4 相位标记线色

| 交流三相系统 ||| 直流系统 ||
|---|---|---|---|---|
| 第 1 相 | 第 2 相 | 第 3 相 | 正极 | 负极 |
| L1、黄色 | L2、绿色 | L2、红色 | L+、褐色 | L-、蓝色 |
| N 线及 PEN 线 淡蓝色 | PE 线 黄绿双色 | | | |

# 相关知识

## 1.2.3 工程图册与电气制图标准

### 1. 工程图册说明

电气工程图通常包含以下内容，需装订成册。

（1）图纸总目录

根据整套电气工程图中表达功能的不同，列出每一部分的起始页码，便于根据使用情况的不同迅速查找到详图。编制时总目录最好占用一页。

（2）技术说明

指整套电气工程图所表达的控制系统的技术说明，这一部分应列出本系统的供电方式、电压等级、主要线路敷设方式、防雷、接地、用电功率要求、主要设备性能指标、系统控制精度、采用的先进技术等。

（3）电气设备平面布置图

电气设备平面布置图给出整个系统的每个设备、每个单元在用户现场的实际摆放位置，该图是指导现场设备安装具体位置的唯一依据，制作时可用简易框图的形式表示，每一部分定位必须准确。编制时必须使用一页图纸来完成。电气设备平面布置图如图 1-32 所示。

（4）电气系统图

电气系统图或框图常用来表示整个工程或其中某一项目的供电方式和电能输送关系，也可用来表示某一装置或设备各主要组成部分的关系。

电气系统图是用单线表示电能或信号按回路分配出去的图样。如图 1-33 所示为某车间配电系统图，它主要表示各个回路的名称、用途、容量，以及主要电气设备、开关元件及导线电缆的规格型号等。通过电气系统图可以知道该系统的回路个数及主要用电设备的容量、控制方式等。

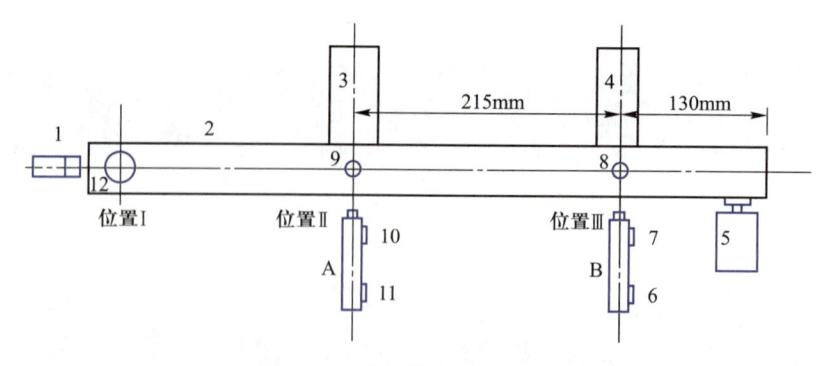

图 1-32 电气设备平面布置图

1—光电传感器;2—传送带;3、4—出口溜槽;5—交流异步电动机;6、7、10、11—磁性开关;
8—电容式接近开关;9—电感式接近开关;12—下料孔;A、B—气缸

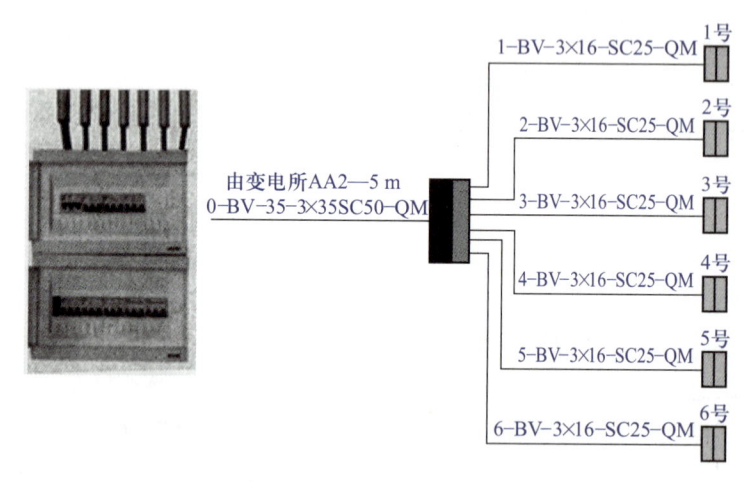

图 1-33 某车间配电系统图

(5) 电气原理图

① 电气控制柜(箱)外形尺寸图

电气控制柜(箱)外形尺寸图包括控制柜(箱)外形尺寸、散热风扇安装位置开孔尺寸、前面板元件开孔尺寸、柜(箱)体颜色、是否带底座及照明灯等。该图绘制时参照机械图绘图规则进行,为了表达清楚,每个柜(箱)子占用一张图,有几个柜(箱)子画几张。电气控制柜外形尺寸如图 1-34 所示。

② 电气原理图说明

电气原理图是整个图纸的核心,应按电源的走向或信号的走向以先后顺序绘出每张图,图纸的大小为 A4 纸横向使用,图纸标题框等内容应符合相关的标准。电气原理图参见图 1-18~图 1-20。

③ 电器元件布置图

电器元件布置图如图 1-35 所示。电器元件布置图给出电气控制柜(箱)内电器元件的安装位置,它是电气控制柜(箱)施工配线的依据。绘制时必须以每个电器元件的实际尺寸为依据,确保准确。为了表达清楚,每块安装板绘制一张图,有几个安装板画几张图。

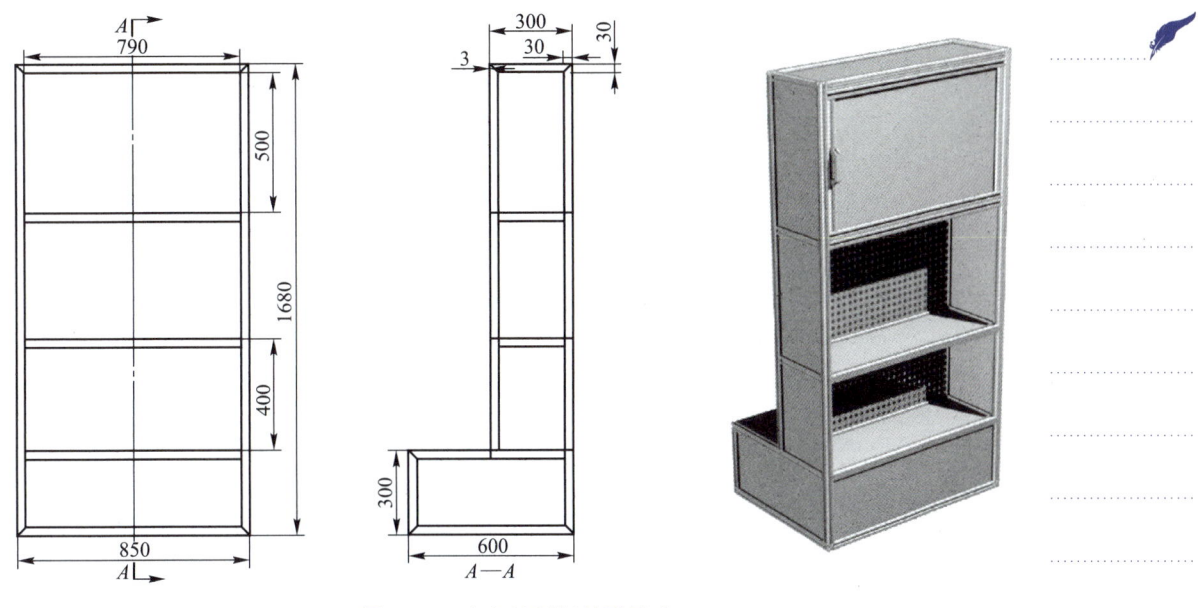

图 1-34 电气控制柜外形尺寸

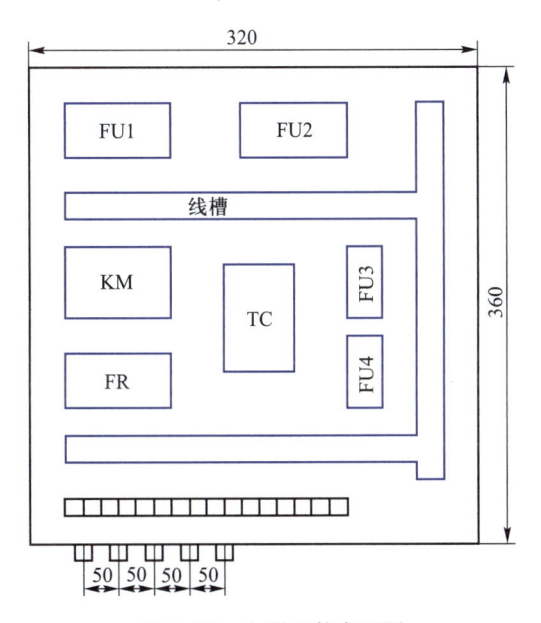

图 1-35 电器元件布置图

④ 接线端子排图

接线端子排图是组装电气控制柜(箱)的依据,绘制时端子排上必须有每个端子的位置编号、线号,导线的引入、引出位置等,需要跨接的端子位置也要标示出来,如图 1-36 所示。最好做到每个端子排用一张图。

⑤ 设备接线图

设备接线图是电气控制柜(箱)与现场分散设备之间接线的依据,绘制时要标清电缆的起始位置、电缆号、电缆每芯线号、电缆芯数、截面积和长度等,同时考虑维修的需要,电缆中应留出适当数量的备用线,如图 1-37 所示。

图 1-36　接线端子排图

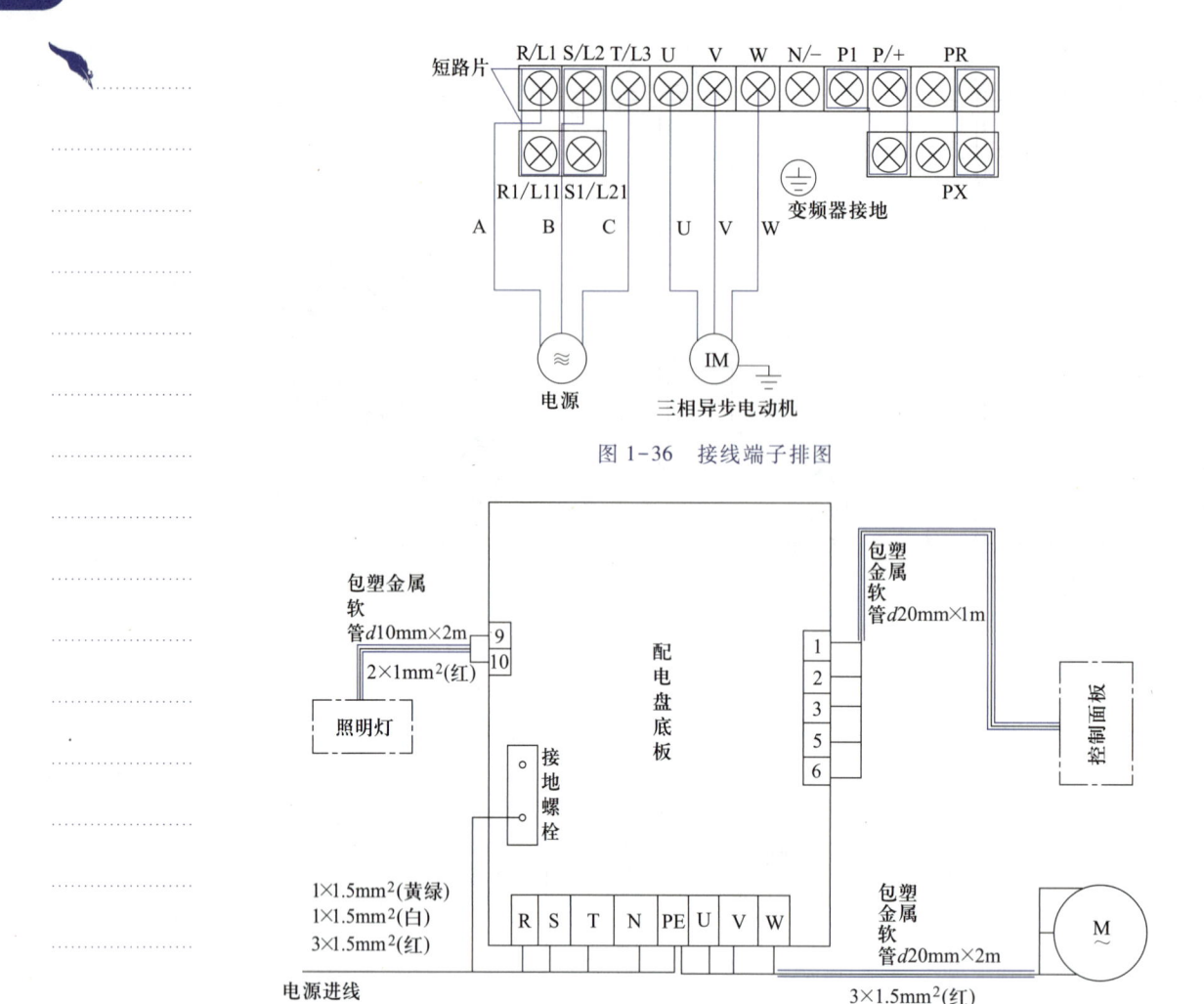

图 1-37　设备接线图

⑥ 元器件清单

元器件清单是设备采购及柜(箱)体装配的依据,清单中须包含元器件序号、代号、名称、规格型号、单位、数量、生产厂家等,如表 1-5 所示。

表 1-5　元器件清单

| 序号 | 代号 | 名称 | 规格型号 | 单位 | 数量 | 生产厂家 | 备注 |
| --- | --- | --- | --- | --- | --- | --- | --- |
| 1 | QS | 组合开关 | HZ10_10/1 | 只 | 2 | ×××××× | |
| 2 | PJ1 | 有功电度表 | DS2 达式 200/5A | 只 | 1 | ×××××× | |
| 3 | M | 储能电动机 | HDZ1_5~220 V 450 W | 只 | 1 | ×××××× | |
| 4 | Y0 | 合闸线圈 | ~220 V 5 A | 只 | 1 | ×××××× | |

(6)电气设备使用说明书

电气设备使用说明书一般包括序言、符号标记、安全指示、操作说明、故障维修等内容。

总之，电气原理图种类很多，但并不意味着所有的电气设备或装置都要具有上述所有种类的图纸。根据表达的对象、目的和用途不同，所需图的种类和数量也不一样。对于简单的装置，可把电气原理图和设备接线图二合一，PLC 控制接线图如图 1-38 所示。

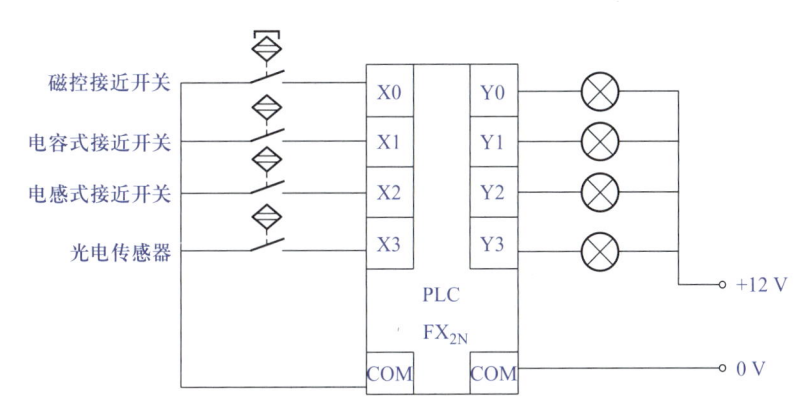

图 1-38  PLC 控制接线图

复杂的设备应分解为几个系统，每个系统也有以上各种类型图。总之，在能表达清楚的前提下，电气原理图越简单越好。

2. 电气制图标准

国家标准化管理委员会发布的国家标准对图样的有关内容作出了统一的规定，是绘制和阅读图样的准则和依据。国家标准《技术制图》是一项基础技术标准，在技术内容上具有统一性、通用性和通则性，在制图标准体系中处于最高层次。国家标准《机械制图》《建筑制图》《电气制图》是专业制图标准，其技术内容是专业性和具体的。下面主要介绍图样的一些基础标准。

如标准代号 GB/T 14689—1993 中，GB/T 为推荐性国家标准代号，G 是"国家"一词汉语拼音的第一个字母，B 是"标准"一词汉语拼音的第一个字母，T 是"推荐性"一词汉语拼音的第一个字母；14689 表示标准编号；1993 表示该标准的发布年。

（1）图纸幅面代号及尺寸

绘制工程图样时，应优先采用规定的图纸幅面尺寸，如表 1-6 所示，基本幅面共有五种，沿幅面的长边对裁即得下一号幅面的图纸，如图 1-39 所示。

表 1-6  基本幅面代号及尺寸                                   mm

| 幅面代号 | B×L | $e$ | $c$ | $a$ |
| --- | --- | --- | --- | --- |
| A0 | 841×1 189 | 20 | 10 | 25 |
| A1 | 594×841 | 20 | 10 | 25 |
| A2 | 420×594 | 10 | 10 | 25 |
| A3 | 297×420 | 10 | 5 | 25 |
| A4 | 210×297 | 10 | 5 | 25 |

绘图时，尽量选用较小幅面。目前一般采用 A4 幅面并多页装订的方式绘制设备

电气原理图。

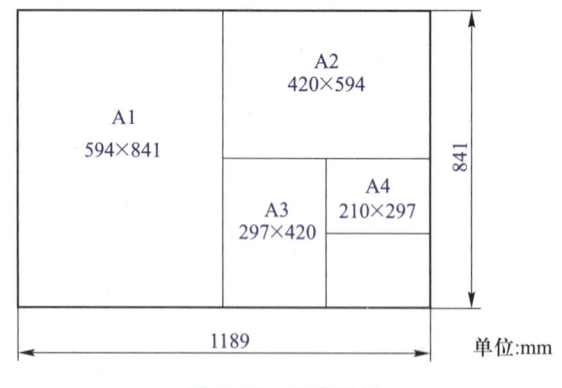

图 1-39 基本图幅

（2）图纸格式

一张完整图纸由边框线、图框线、标题栏、会签栏等组成。需要装订的图样，即留有装订边的图样，其图框格式如图 1-40 所示，尺寸符合表 1-6 的规定。不留装订边的图样，其图框格式如图 1-41 所示，尺寸符合表 1-6 的规定。

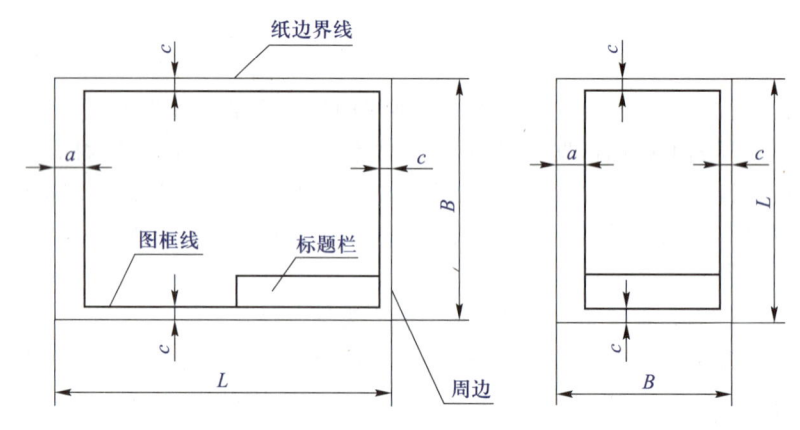

图 1-40 留有装订边图样的图框格式

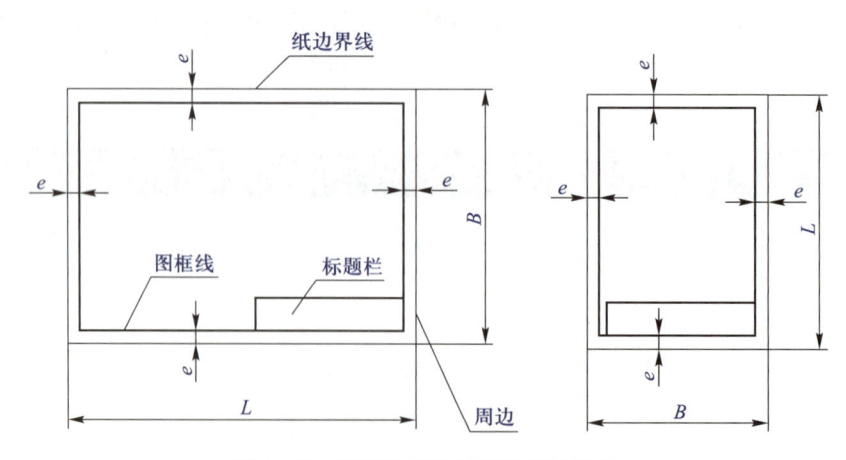

图 1-41 不留装订边图样的图框格式

在图的边框处,竖边方向用大写拉丁字母,横边方向用阿拉伯数字分区,从标题栏相对的左上角开始编号,分区应是偶数,每一分区长度为 25~75 mm,如图 1-42 所示。

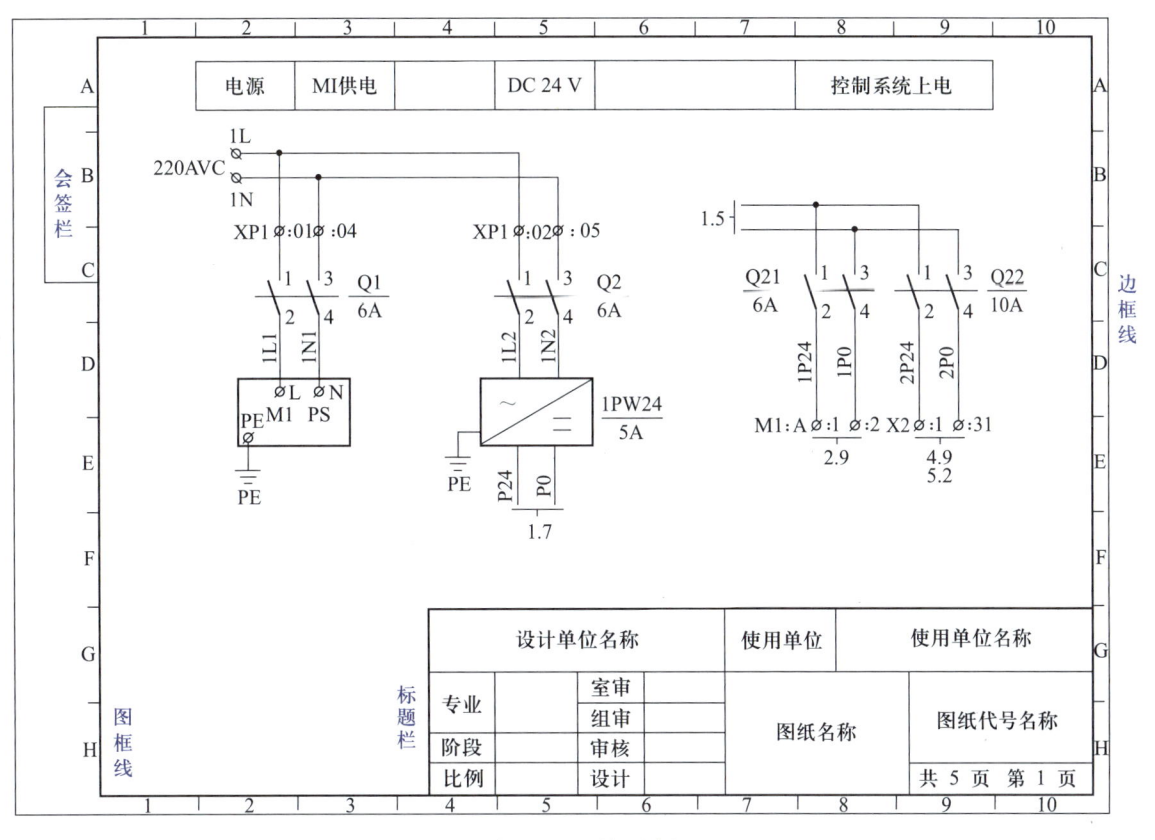

图 1-42 图纸示例

如图 1-42 所示为用 A4 图纸绘制的电源电路图,在相同图号的第 1 页图的 E5 区内,为 24V 直流电源输出,可标记为 1/E5。

（3）标题栏

标题栏用来确定图纸的名称、图号、张次和有关人员签署等内容,位于图纸的下方或右下方,也可放在其他位置。图纸的说明、符号均应以标题栏的文字方向为准。

我国没有统一规定标题栏的格式,通常标题栏格式包含设计单位、工程名称、项目名称、图名、图别、图号等。学校学生绘图时可以用如图 1-42 所示的标题栏,公司员工绘图时可以用如图 1-43 所示的标题栏。

（4）其他

会签栏:留给相关专业设计人员会审图纸时签名使用。

字体高度:A4 图纸的最小字体高度为 2.5 mm。

比例:图面上图形尺寸与实物尺寸的比值。通常采用的缩小比例系列有 1∶10、1∶20、1∶50、1∶100、1∶200、1∶500 等。

图 1-43 标题栏

### 1.2.4 装调实施的工具与材料

**1. 工具**

进行设备安装调试时,所需的工具一般包括:电工钳、剥线钳、圆嘴钳、斜口钳、压接钳、螺丝刀、电工刀、套筒扳手、内六角扳手、数字万用表等。"所用工具准备"的具体说明请扫边栏二维码阅读。

**2. 材料**

进行设备安装调试时,所需准备的线材包括导线 BV-0.75 和尼龙扎带等。"所用材料准备"的具体说明请扫边栏二维码阅读。

### 1.2.5 装调实施的安全操作技术规程

**1. 安全操作规范**

进行安装调试时,要严格遵守如下安全操作规范。

① 穿戴好安全防护用具,严禁穿凉鞋、背心、短裤、裙子等进入实训场地。

② 使用绝缘工具时,认真检查工具绝缘是否良好。

③ 停电作业时,必须先验电,确认无误后方可工作。带电作业时,必须在教师的监护下进行。

④ 仔细阅读每个部件的数据特性,注意器件安全规则。

⑤ 安装各个部件、组件时,要保证底板平齐,否则要加垫片,以避免零件被损坏。

⑥ 只有关闭电源后,才可拆除电气连线。

⑦ 通电试验时,要首先经过教师检查,正确操作,确保人身及设备安全。

⑧ 试运行时,不要再用手去触碰元器件,发现异常应立即停机,进行检查。

**2. 机电设备装调技术规程**

机电设备严格按照技术规程装调有利于保证设备质量,使设备质量统一、美观、维修方便。

机电设备装调技术规程见表 1-7。

表 1-7　机电设备装调技术规程

| 序号 | 技术规程说明 | 正确图例 | 错误图例 |
| --- | --- | --- | --- |
| 1 | 电缆和气管分开绑扎 | | |
| 2 | 当电缆、光纤电缆和气管都来自同一个移动模块时,允许它们绑扎在一起 | | |
| 3 | 切割绑扎带时避免留余太长,防止发生危险 | | |
| 4 | 两个绑扎带之间的距离不超过 40 mm | | |
| 5 | 两个线夹子之间的距离不超过 100 mm | | |

续表

| 序号 | 技术规程说明 | | 正确图例 | 错误图例 |
|---|---|---|---|---|
| 6 | 电缆/电线固定在线夹子上的情况 | 单根电缆固定时 | | |
| | | 两根电缆固定时 | | |
| | | 多根电缆固定时 | | |
| 7 | 第一根绑扎带离气管连接处距离为（60±5）mm | | | |
| 8 | 型材剖面要安装端盖<br>至少用2个螺丝钉和垫圈固定走线槽，使走线槽安装稳固 | | | |

续表

| 序号 | 技术规程说明 | 正确图例 | 错误图例 |
|---|---|---|---|
| 9 | 所有的东西都应被固定,包括光纤。允许把光纤和电缆一起放在型材板上 | | |
| 10 | 电缆线金属材料不能被看到 | | |
| 11 | 冷压端子金属部分长度不能太长,电缆连接时必须用冷压端子,并且是合适的冷压端子 | | |
| 12 | 电缆在走线槽里最少保留 10 cm,如果是一根短接线的话,在同一个走线槽里不要求 | | |
| 13 | 电缆绝缘部分应在走线槽里<br>走线槽要盖住,无翘起和未完全盖住现象,没有电缆露在走线槽外 | | |

续表

| 序号 | 技术规程说明 | 正确图例 | 错误图例 |
|---|---|---|---|
| 14 | 不允许单根导线穿过导轨或锋利的边角 | | |
| 15 | 没有多余的走线孔 | | |
| 16 | 电缆线直接从走线槽里出来时不歪斜 | | |
| 17 | 走线槽里不走气管<br>所有的气动连接处没有泄漏<br>走线槽里没有碎片 | | |
| 18 | 光纤半径要满足要求 | >25 mm | ≤25 mm |
| 19 | 所有的元件、模块被固定(没有螺钉松动现象) | | |

续表

| 序号 | 技术规程说明 | 正确图例 | 错误图例 |
|---|---|---|---|
| 20 | 所有不用的部件整齐地放在工作台上;系统上没有工具,没有配线和管状材料,工作区域地面上没有垃圾 | | |

## 拓展任务

### 1.2.6 变频调速系统装调

**1. 调试准备**

① 熟读电气回路图纸,明确线路连接关系。
② 选定技术资料要求的工具与元器件。
③ 确保安装平台及元器件洁净。

**2. 装调实施**

由于本任务的主要目标是运动控制系统装调认知,故装调的元器件和接线不宜太多,只进行入门与规范训练。

首先按照前面所讲知识和图 1-19、图 1-20,进行变频调速系统电路设计,绘制电气接线图。然后接线并安装走线槽。主要完成图 1-19、图 1-20 中控制部分的接线,强电部分已经安装并接好线缆部分,学生不必操作,这样可以控制项目实施时间并确保学生安全。

具体装调步骤如下:

(1) 变频器前盖板拆卸与安装

变频器前盖板拆卸如图 1-44 所示。

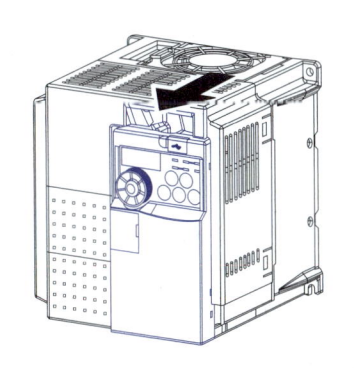

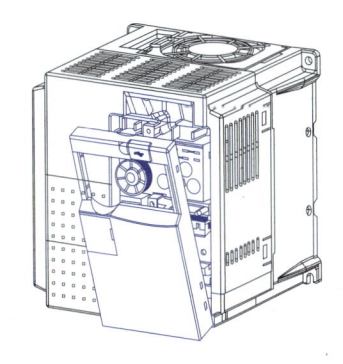

图 1-44 变频器前盖板拆卸

图示为三菱 E700 FR-E740-3.7K-CHT 变频器。将前盖板沿箭头所示方向向前面拉,将其卸下。

变频器前盖板安装如图 1-45 所示。

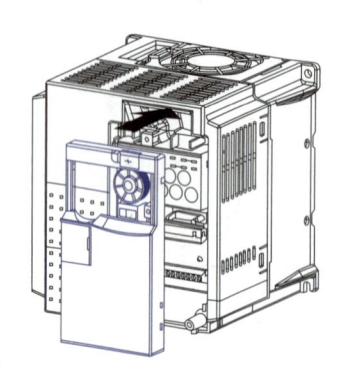

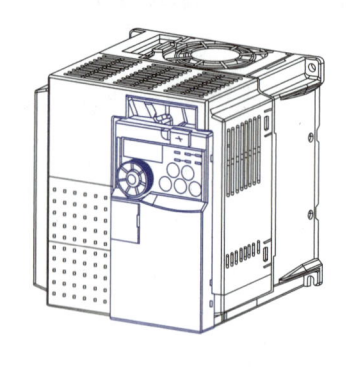

图 1-45 变频器前盖板安装

图示为三菱 E700 FR-E740-3.7K-CHT 变频器。安装时将前盖板对准主机正面笔直装入。请认真检查前盖板是否牢固安装好。前盖板贴有容量铭牌,机身上也贴有额定铭牌,两张铭牌上印有相同的制造编号,检查制造编号以确保将拆下的盖板安装在原来的变频器上。

(2) 变频器配线盖板拆卸与安装

将变频器配线盖板向前拉即可简单卸下,安装时请对准安装导槽将盖板装在主机上,如图 1-46 所示。

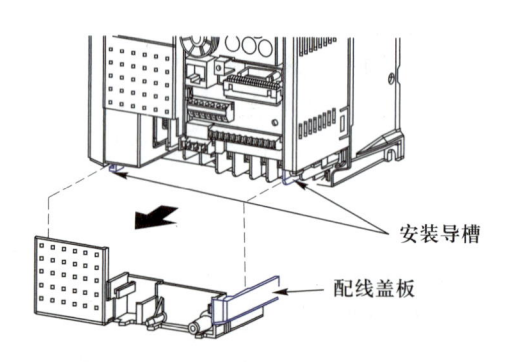

图 1-46 变频器配线盖板拆卸与安装

(3) 接线

变频器接线如图 1-47 所示。上边部分为动力线部分,"3 相交流电源"接"R、S、T"端子,"U、V、W"端子接电动机;中间部分为数字量控制与输出部分,左侧的"STF、STR、…、SD"为正反转与速度控制接线端子,右侧的"A、B、C、RUN"等为报警、运行状态等输出端子;下边部分为模拟量控制与输出部分,左侧"10、2、5、4"模拟量控制速度接线端子,右侧的"AM、5"表示变频器控制电动机的转速或电流的模拟量输出端子。接线要注意噪声干扰可能导致误动作发生,所以信号线要离动力线 10 cm 以上。接线时不要在变频器内留下电线切屑,它可能导致异常、故障、误动作发生,因此在电气控制柜(箱)等上钻安装孔时请务必注意不要使切屑粉掉进变频器内。

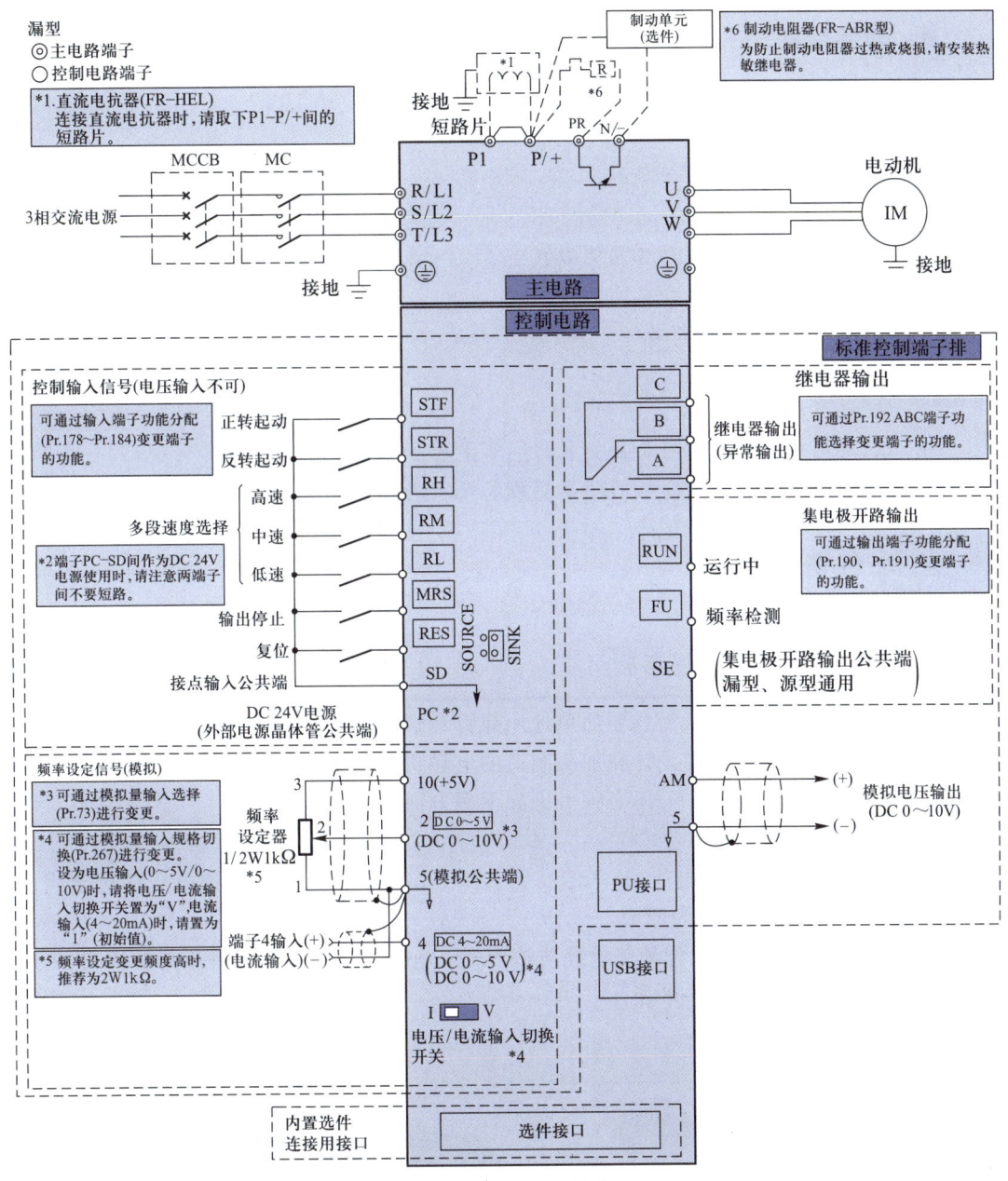

图 1-47 变频器接线

## 任务 3　电动机的装调及维护

■ **任务分析**

　　按照运动控制系统中常用的电动机安装、运行、拆卸检修、故障排除等过程，完成电动机装调及维护的学习训练，掌握电动机安装、启动、运行维护要点，掌握电动机拆卸检修技能，培养规范安装机电设备、执行生产安全规范的职业素质。

### 教学目标

1. 知识目标
① 掌握电动机选配知识。
② 了解电动机的防护等级。
2. 技能目标
① 具有正确安装电动机的能力。
② 具有运行维护电动机的能力。
③ 具有拆卸、检修电动机等基本装调的能力。
3. 素养目标
① 具有规范、安全生产的职业素质。
② 具有规范进行机电设备安装的职业素质。
③ 善于自学及归纳分析的学习能力。

### 任务实施

#### 1.3.1 电动机的选配与搬运

提到电动机,通常认为只要简单地用螺钉和螺母把电动机固定到安装孔上就可以使用了。当然,对于正确设计和加工制造的电动机,这样做应该是没有问题的。但是,在车间或其他特别条件下,还必须考虑如下多方面的因素。

1. 电动机的选配

① 根据电源种类,电压、频率的高低选择工作电压。电动机工作电压的选定应以不增加启动设备的投资为原则。

② 根据电动机的工作环境选择防护形式。电动机的防护形式可分为防护式、封闭式、密封式三种,如图1-48所示。

(a) 防护式　　(b) 封闭式　　(c) 密封式

图1-48　电动机的防护形式

防护式:电动机的外壳有通风孔,能防止水滴、铁屑等物从上面或与垂直方向45°角以内掉进电动机内部,然而潮气、灰尘还是能侵入的。这种电动机的结构通风好,电动机内部热量能直接扩散到外部。其价格便宜,适用于干燥、灰尘少、清洁的地方。

封闭式:电动机的定/转子绕组、铁心等,全部装在一个封闭的机壳中,能防止灰尘、铁屑或其他杂物侵入电动机内部。但其密封并不十分严密,不能浸在水中工作。对于广大农村到处是尘土飞扬、水花四溅的地方,如农副产品加工厂、打谷场、饲养场等,可以广泛地使用这种电动机。y 系列异步电动机就属于这种类型,它的防护等级通常用符号 IP44 标记。

IP 是防护等级的标志字母。IP 符号后的第一位数字表示第一种防护等级数,第二位数字表示第二种防护等级数。

第一种防护等级分 6 个等级(0~5,y 系列取 4),第二种防护等级分 9 个等级(0~8,y 系列也取 4)。

第一种防护等级内容为防止人体触及或接近机壳内部带电部分,及防止人体触及机壳内旋转部件,以及防止固体异物进入电动机等。第二种防护等级内容为防止电动机溅入水滴。IP44 防护等级可防止大于 1 mm 的固体物进入电动机和防溅等。

密封式:这种电动机的整个机体都被严密地密封起来,可以浸入水中工作,如各种型号的潜水电泵等。这种电动机价格较贵,它只能在水中工作,因为它是靠水冷却而不带风扇。

在一般情况下,农村以选择封闭式电动机较为适合,它能适应农村各种环境,尤其能满足农村一机多用的要求。

注意,对于煤矿以及含有危险易爆炸气体的场合,上述电动机都不能使用,只能使用专门生产的防爆式电动机。"电动机防护等级和绝缘等级"的说明详见右侧二维码。

③ 根据负载的匹配情况选择电动机的功率。
④ 根据电动机启动、负载情况和工作用途选择电动机类型。
⑤ 功率相同时,要选用电流小的电动机。

### 2. 电动机的搬运

电动机搬运时必须遵守如下规则,以免产生不必要的人身或设备损坏。
① 搬运途中不得打开包装箱,以免损坏电动机。
② 电动机要严禁受潮,应置于干燥房间或仓库中。
③ 不能用绳子等套在电动机的转轴、端盖孔等处搬运,只能利用吊环搬运。100 kg 上电动机可用滑轮组成或手拉葫芦吊装就位。
④ 在电动机搬运过程中,要水平搁置并严防震动。

## 1.3.2 电动机的安装

### 1. 安装前检查

① 应详细核对电动机铭牌上所载型号及各项数据,如额定功率、额定电压、额定频率、负载持续率等,必须与实际要求相符。
② 应详细对电动机的外壳进行检查,要逐一检查转子、接线盒、风机等零部件。
③ 要检查三相绕组是否完好。应测量电动机绕组之间和绕组对地的绝缘电阻。要求每 1 kV 工作电压(额定电压)绝缘电阻不得小于 1 MΩ。对绕线转子电动机,除检查定子绝缘外,还应检查转子绕组及滑环对地和滑环之间的绝缘电阻。额定电压

500 V 以下的电动机,用 500 V 兆欧表测量;500~3 000 V 的电动机,用 1 000 V 兆欧表测量;3 000 V 以上的电动机,用 2 500 V 兆欧表测量。

一般额定电压 500 V 以下的电动机,要求常温下绝缘电阻大于 0.5 MΩ。只有绝缘电阻满足要求才可使用。

④ 检查电动机厂家给出的质量保证期,超出期限又没有到使用寿命年限的电动机要进行电气试验、抽芯、干燥等。

**2. 电动机的安装**

(1) 安装地点的选择

在满足生产要求的前提下,要求通风散热条件好,便于操作、维护、检修。尽可能把电动机安装在干燥、防雨的地方,以防止雨淋、水泡。若附近生产机械产生不可去除的溅水现象,则应在电动机上面盖一张大小合适的胶皮,并在正中央开小口,以让电动机吊环穿过,起到固定胶皮的作用。

(2) 电动机的基础形式和做法

电动机需安装在基础上,基础要平整,尺寸要符合要求。电动机的基础有永久性、流动性和临时性三种。绝大多数的电动机采用永久性基础。

永久性基础用混凝土浇筑而成,基础的体积大小根据要安装的电动机大小确定,如图 1-49(a) 所示。基础应有保养期,混凝土一般为 15 天,砖砌一般为 7 天。

在浇筑电动机的基础时,要预埋电动机的地脚螺栓,地脚螺栓应与电动机地脚螺栓孔相一致。为便于安装,可预埋铸铁底座,如图 1-49(b) 所示。底座内有活动的地脚螺栓,如图 1-50 所示,图(a) 为人字形地脚螺栓,图(b) 为钩形地脚螺栓。

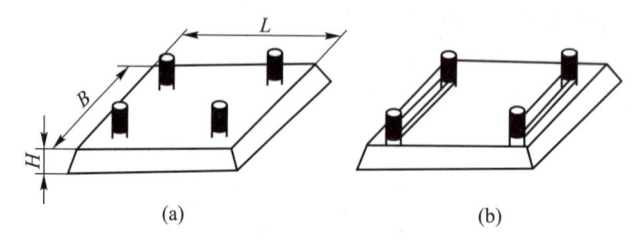

图 1-49 基础浇筑尺寸及形式

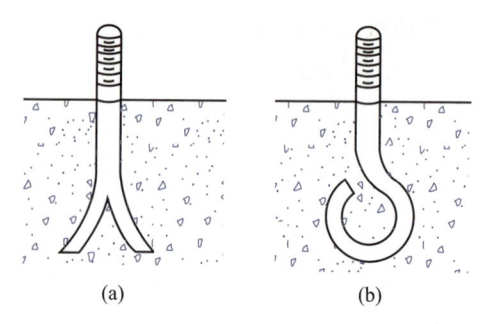

图 1-50 地脚螺栓

(3) 传动装置的安装

① 带传动的安装。

电动机的传动带张紧力需要定期调整校正,这就需要电动机的位置可以上下、左右调整。所以,电动机安装到机器本体上时,一般先安装到中间装置——电动机台上,电动机台再安装到机器上。电动机台可以上下、水平移动,并使电动机滑动。可以把电动机台的一端作为轴,以很小的角度旋转,电动机台上下移动,调整带的张紧力,如图 1-51 所示。

正确安装传动带,还需要调节两侧的皮带轮使其处于正确的位置,并将电动机在轴向进行调节,以实现下面两个要求,如图 1-52 所示。

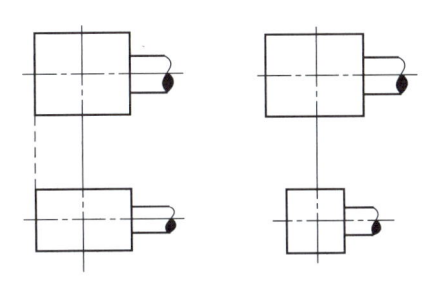

图 1-51　调节张紧力

图 1-52　皮带轮的校正

a. 必须使电动机皮带轮的轴和被驱动机器皮带轮的轴保持平行。

b. 两皮带轮宽度的中心线要在同一直线上。

② 联轴器传动的安装。

电动机与被带动机械的轴之间进行连接时,还有可能使用联轴器。这种情况下,其精度的要求就要比带传动高。轴的高度对精度的影响较大,当轴出现弯曲、错位时,需要在同一个水平面上移动电动机和所连接的机器,使两者相配合,如图 1-53 所示。调节时必须保证以下两个条件,如图 1-54 所示。

a. 必须使两轴的中心线保持在一条直线上。

b. 联轴器的两平面要平行。

图 1-53　同轴连接实物图

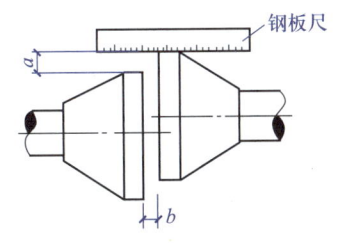

图 1-54　联轴器连接的校正

## 1.3.3　电动机的启动检查

**1. 启动准备**

① 检查电动机及启动设备的接地装置是否可靠和完整,接线是否正确,接触是否良好。

② 对绕线转子异步电动机,还应检查电刷表面是否全部贴紧滑环,电刷提升机构是否灵活,电刷的压力是否适当。

③ 检查电动机轴承的润滑脂(油)是否正常。转动电动机的转轴,看其是否能够灵活旋转。对不可逆转的电动机,须检查电动机的运转方向是否与其指示的转向相同。

④ 检查电动机内部有无杂物,清扫电动机内外部灰尘、电刷粉末及油污。

⑤ 检查电动机各部位紧固螺钉是否拧紧。检查传动装置,如皮带轮或联轴器等有无破损,轴承运行是否无阻,联轴器中心有无偏移。

2. 启动监视

① 合闸后,若电动机不转,应迅速果断地拉闸,以免烧坏电动机,并仔细查明原因,及时解决。

② 电动机启动后,应注意观察电动机、传动装置、生产机械及线路电压表、电流表,若有异常现象,应立即停机,待排除故障后,再重新合闸启动。

③ 鼠笼型电动机采用全压启动时,次数不宜过于频繁,对于功率过大的电动机要随时注意其温升。

④ 绕线转子电动机启动前,应注意检查启动电阻,必须保证接入。接通电源后,随着启动,电动机转速增加,应逐步切除各级启动电阻。

⑤ 当多台电动机由同一台变压器供电时,尽量不要同时启动,在首先满足工艺启动顺序要求的情况下,最好是功率从大到小逐台启动。

### 1.3.4 电动机的运行维护

1. 运行监视

① 在运行中,经常注意电动机的电压、电流,电源电压与额定电压的误差不得超过±5%。三相异步电动机的三相电压不平衡不得超过1.5%。正常情况下,负载电流不应超过额定值,同时还应检查三相电流是否平衡,任何一相与其三相电流的平均值相差不允许超过±10%。

② 运行中应监视电动机的温度、振动、气味(是否有焦味)、声音(不正常碰擦、定转子相擦及其他声音)。电动机各部分的允许温升应根据电动机绝缘等级和类型而定。

③ 发生以下严重故障时,应立即停车处理。

a. 人员触电事故。

b. 电动机冒烟。

c. 电动机剧烈振动。

d. 电动机轴承剧烈发热。

e. 电动机转速迅速下降,温度迅速升高。

2. 运行维护

① 用联轴器传动的电动机,若中心校正不好,会在运行中发出响声,并伴随发生电动机振动和联轴节螺栓胶垫的磨损。这种情况下必须停车重新校正中心线。用皮带传动的电动机,应注意皮带不能松动或打滑,但也不能过紧而使电动机轴承过热。

② 应经常保持电动机清洁,不允许水滴、油污及杂物等落入电动机内部。电动机的进风口与出风口必须保持畅通,通风应良好。

③ 经常检查电刷的磨损及火花情况,如磨损过多应更换电刷。更换时新电刷牌号

必须与原来电刷相同。新电刷应用砂布研磨,使其与滑环表面接触良好,再用轻负载旋转到其表面光滑为止。

④ 经常检查轴承发热、漏油情况。轴承使用一段时间后,应该清洗,并更换润滑脂(油)。清洗和换油的时间应根据电动机的工作情况、工作环境、清洁程度、润滑剂种类而定。

⑤ 经常检查出线盒的密封情况,以及电源电缆在出线盒入口处的固定和密封情况。检查电源接头与接线柱接触是否良好,是否有烧坏现象。

⑥ 经常检查电动机的接地是否良好。

## 拓展知识

### 1.3.5 电动机的拆卸检修

下面以三相异步电动机为对象,对其结构进行分析,并进行拆装技能训练。三相异步电动机由定子和转子两大基本部分组成,在定子和转子之间具有一定的气隙。此外,还有端盖、轴承、接线盒吊环等其他附件,如图1-55所示。

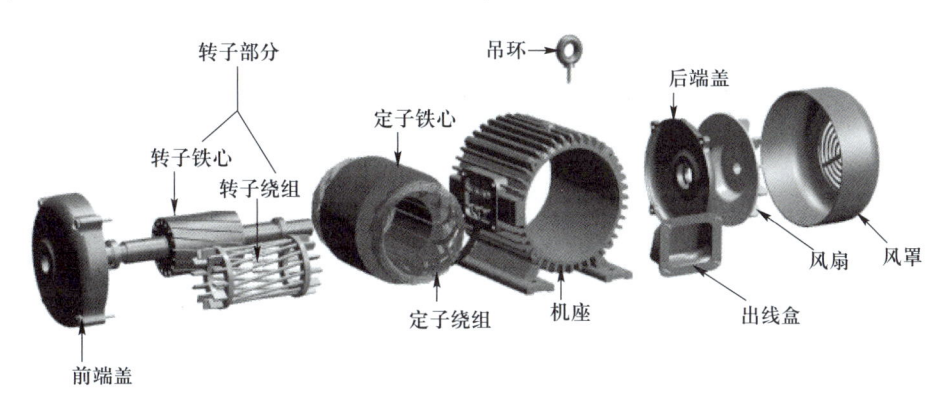

图 1-55 三相异步电动机结构

**1. 拆卸前的准备工作**

① 必须断开电源,拆除电动机与外部电源的连接线,并标好电源线在接线盒的相序标记,以免安装电动机时搞错相序。

② 检查拆卸电动机的专用工具是否齐全。

③ 做好相应的标记和必要的数据记录。

a. 在皮带轮或联轴器的轴伸端做好定位标记,测量并记录联轴器或皮带轮与轴台间的距离。

b. 在电动机机座与端盖的接缝处做好标记。

c. 电动机的输出轴方向及引出线在机座的出口方向做好标记。

**2. 电动机的拆卸步骤**

(1) 皮带轮或联轴器的拆卸

① 切断电源,卸下皮带,如图1-56所示。

② 拆去接线盒内的电源接线和接地线，如图1-57所示。

③ 卸下底脚螺母、弹簧垫圈和平垫片，如图1-58所示。

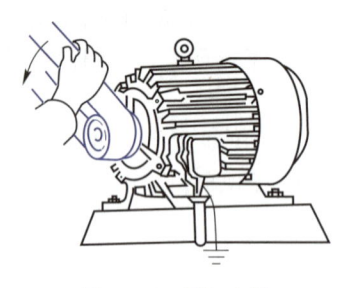

图1-56　拆卸皮带　　　　　　　　图1-57　拆卸接线

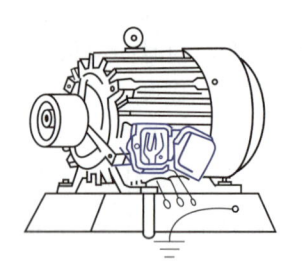

④ 卸下皮带轮或联轴器。

拆卸时先用钢冲在皮带轮上做标记，以免安装时装反，如图1-59(a)所示；测量并记下皮带轮与前端盖之间的距离，如图1-59(b)所示，做好尺寸标记。

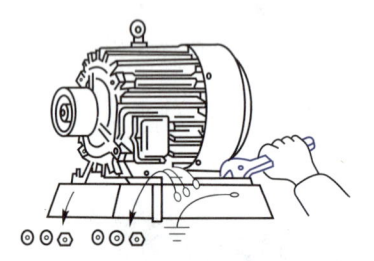

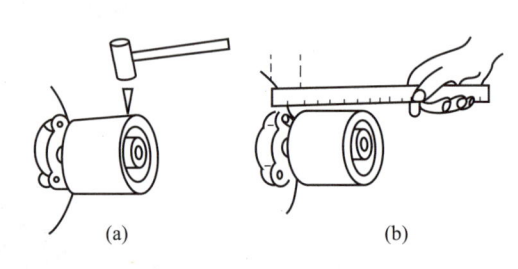

图1-58　拆卸螺母、垫片等　　　　图1-59　做标记并测量位置

然后将紧定螺钉旋下(如不好旋动，可在螺孔处滴些煤油，稍后再旋动)，接着装上拉具，把皮带轮慢慢拉下，如图1-60(a)所示。装拉具时，拉具丝杆直接顶在电动机轴的顶针孔上，各拉脚长度要相同，并在皮带轮外圆上均匀分布。如果皮带轮拉不下来，可在轴处滴些煤油，或用喷灯快速加热皮带轮外圆，在皮带轮已膨胀而轴还来不及膨胀时，迅速拉下，如图1-60(b)所示。

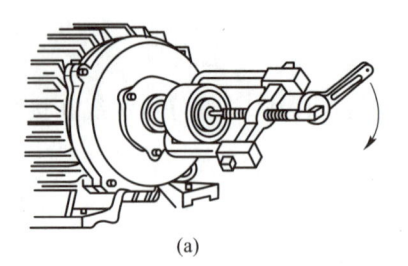

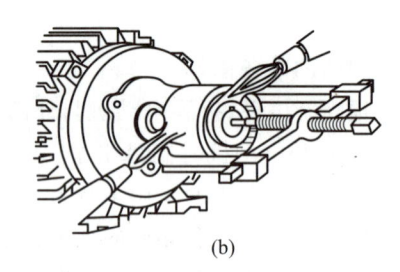

图1-60　拆卸皮带轮

注意，加热要均匀、迅速，温度不能太高，以防轴变形。拆卸皮带轮或联轴器时，不要用锤子直接敲击，否则会导致破裂、变形，或使轴变形、端盖受损。

(2) 端盖及转子的拆卸

对装有滚动轴承的电动机，应先拆卸轴承外盖(新型电动机有的没有轴承外盖)，只要拧下固定轴承盖的螺钉，就可把外盖取下。

拆卸前后两个轴承外盖前,要标上记号,以免安装时前后装错。拆卸端盖前,也应先在端盖和机座接缝处用钢冲做一标记,以便装配时复原。如图1-61(a)所示,先拆下风扇罩,再拆下后端盖安装螺钉,然后用木槌敲击轴伸端面,转子会连同后端盖及外风扇一起退出。小型异步电动机的转子较轻,可一手抓住后端盖外缘,另一手托住转子铁心,将转子从定子中拉出,如图1-61(b)所示。抽出转子时应注意不能碰伤绕组。

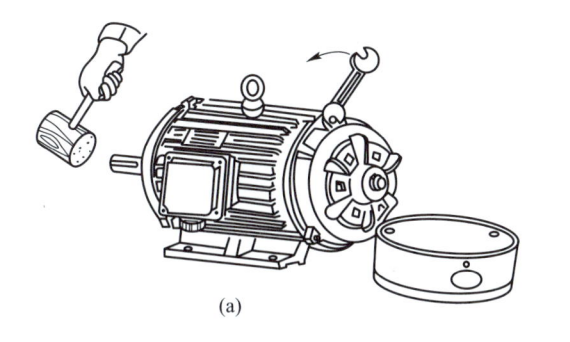

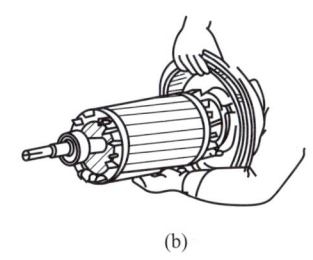

图 1-61 拆卸端盖及转子

（3）前端盖（即轴伸端的端盖）的拆卸

先拆下前端盖螺栓,再通过铜棒敲击前端盖耳或通过一根木棒从定子内腔伸入,顶在前端盖上进行敲击,将前端盖拆下,如图1-62所示。

（4）风扇的拆卸

先拆下风扇卡圈,然后在风扇和端盖的间隙中插入硬木板,向端盖方向使力,将风扇撬下;对安装较紧的风扇,应使用拉具将其拆下,如图1-63所示。

图 1-62 拆卸前端盖　　　　　图 1-63 拆卸风扇

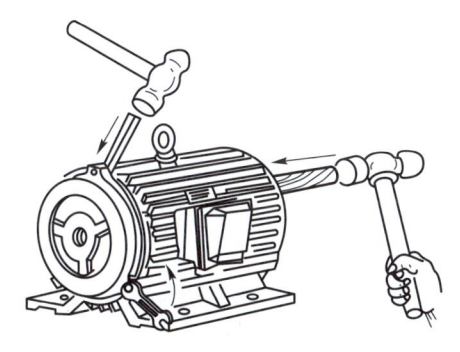

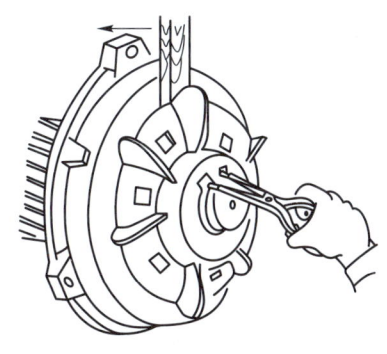

（5）后端盖或后轴承的拆卸

对Y系列和JO2系列电动机,拆下后端盖安装螺钉;对Y2系列电动机,拆下轴承内卡圈,然后用拉具或木槌敲打,从转子上拆下后端盖,用拉具卸下滚动轴承并清洗,经检查不能继续使用的应更换,如图1-64所示。

（6）转子的拆除

对于小型电动机,可用手握住转轴往外移动,用另一只手托住转子将转子抽出机壳外,如图1-65(a)所示。

对于中型电动机,转子比较重,可由两人各抬转轴的一端,然后轻轻将转子抬出机壳外,如图1-65(b)所示。

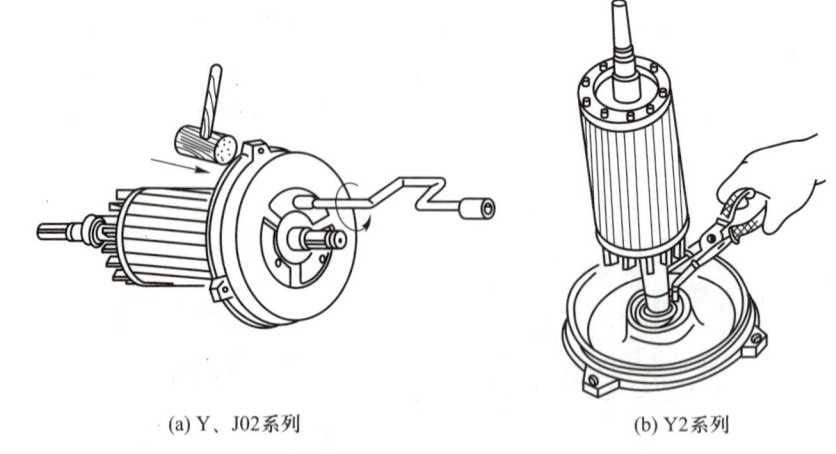

(a) Y、J02系列   (b) Y2系列

图1-64 拆卸后端盖和后轴承

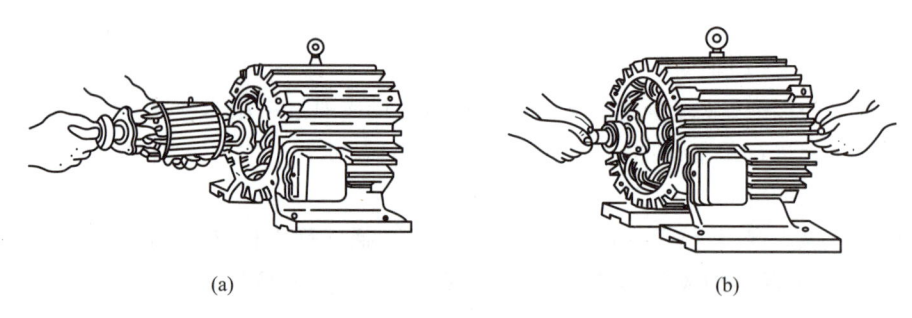

(a)   (b)

图1-65 中小型电动机拆除转子

对于大型电动机,当端盖较重时,应先把端盖用起重设备吊住,然后再拆卸,以免端盖突然脱下,碰损端盖或碰坏绕组。

通常电动机轴的伸出长度较短,因此当转子重量较大时,需用起重设备和一些简单的工具将转子抽出。常用的方法有直接吊装抽出转子、吊杆抽出转子、假轴抽出转子等,如图1-66所示。

用吊杆抽出转子时应注意吊杆强度和吊装重量,吊转子时应使转子保持水平状态。套管式假轴的套管内径比轴伸直径略大,为防止轴头损伤,轴伸与套管之间应垫以硬纸板或铜套。

### 3. 电动机的装配步骤

电动机修理后要进行装配。装配前要清除各配合处的锈斑及污垢、异物,仔细检查有无碰伤。还应检查轴承滚动件是否转动灵活而又不松动,再检查轴承内与轴颈、外圈与端盖、轴承座孔之间的配合情况和光洁度是否符合要求。

电动机的装配步骤与拆卸步骤相反。装配时要注意拆卸时所做的一些标记,尽量按原记号复位。

装配后转动转子,检查其转动是否灵活。对大型电动机,用塞尺检查定子、转子之间的气隙是否均匀。装配时主要注意以下几点。

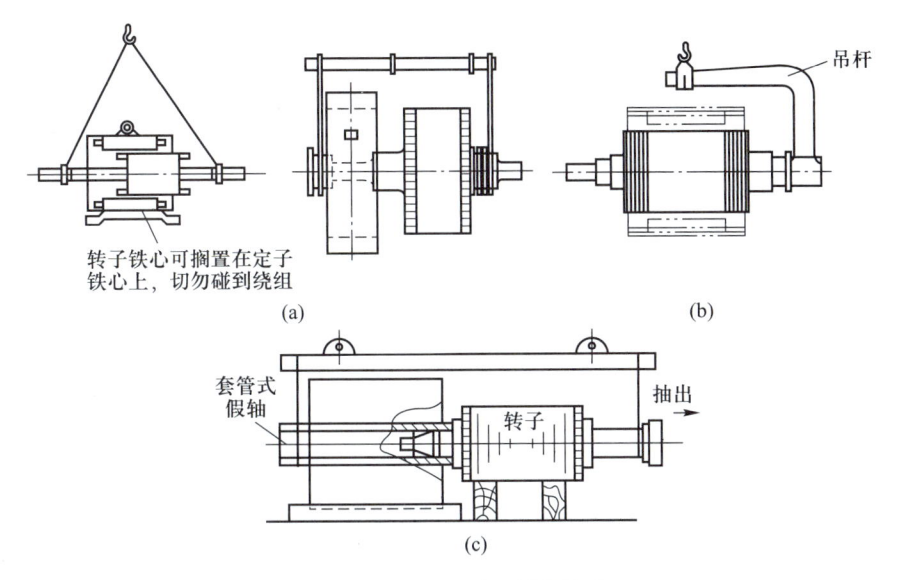

图 1-66 大型电动机拆除转子

(1) 端盖的安装

端盖固定时,应按对角线均匀对称地将螺栓拧紧,即按图 1-67 中 1-3-2-4 的顺序拧紧螺栓。

每次拧紧程度要一致,不要一次拧到底。在拧紧螺栓的同时,随时转动转子,检查转子是否灵活,当螺栓拧不动时,可用木槌轻轻敲击端盖,使其靠紧,最后拧紧螺栓。

(2) 轴承外盖的安装

安装轴承外盖时,应先放好轴承外盖,再插一个螺钉,一手顶住这个螺钉(刚刚接触到轴承内盖即可),然后一手转动电动机轴,使轴承内盖也跟着转动。当轴承内外盖的螺孔对正时,把螺钉顶入内盖的螺孔中并拧紧,然后把其余两个螺钉也装上。

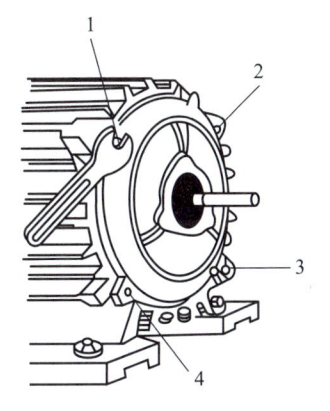

图 1-67 固定端盖螺栓

另外,也可在安装端盖前,用导线穿过轴承内盖与端盖的螺孔,方便轴承内外盖螺孔的对正和安装。

(3) 皮带轮或联轴器的安装

安装皮带轮或联轴器时应对准键槽位置。皮带轮或联轴器的加热温度一般不超过 250 ℃,加热时要求缓慢均匀。套装时使用专用夹具,或垫上硬木块逐步将其敲进去;最后将键也垫上硬木块打入键槽内。键在键槽内松紧要适当,太紧或太松都会损伤键和键槽。

4. 电动机拆装的注意事项总结

① 拆卸皮带轮或轴承时,要正确使用拉具。
② 电动机解体前,要做好标记,以便组装。
③ 端盖螺钉的松动与紧固必须按对角线上下左右依次旋动。
④ 不能用手槌直接敲打电动机的任何部位,只能用紫铜棒在垫好木块后再敲击或

直接用木槌敲打。

⑤ 抽出转子或安装转子时动作要小心,一边送一边接,不可擦伤定子绕组。

⑥ 电动机装配后,要检查转子转动是否灵活,有无卡阻现象。

### 1.3.6 电动机运行故障及维修

电动机故障可分为两大类,即电气故障与机械故障。一旦运行出现异常,应根据故障现象分析原因,做出检测诊断,找出故障,制定维修方案,组织故障处理。

电动机运行或故障时,可通过看、听、闻、摸四种方法来及时发现和预防故障,保证电动机的安全运行。

#### 1. 电动机不能启动

电动机不能启动的原因很多,其中主要原因及处理方法见表1-8。

表1-8 电动机不能启动的主要原因及处理方法

| 原因分析 | 处理方法 |
| --- | --- |
| 三相供电线路断路 | 检测供电回路的开关、熔断器,恢复供电 |
| 某一相熔丝断路,缺相运行,且有嗡嗡声两相熔丝断路,电动机不动且无声 | 测量三相绕组电压,若不对称,确定断路点,修复断路相 |
| 开关或启动装置的触点接触不良 | 检测供电回路的开关、继电器、接触器等,对问题元器件进行修复或更换 |
| 电源电压太低,或者启动时压降太大 | 前者应查找原因;后者应适当提高启动电压,如用的是自耦减压启动器,可改变抽头,提高启动电压 |
| 负载过大或传动机械有故障 | 负载过大,应减小负载;被带动作业机械本身转动不灵活,或卡住不能转动时,应进行相应处理使其正常 |
| 轴承过度磨损,转轴弯曲,定子铁心松动 | 轴承损坏或被卡住,应更换轴承 |
| 定子绕组重绕后短路 | 用兆欧表检查并维修 |
| 定子绕组接法与规定不符,如误将三角形接成星形,或将首末端接反等 | 应检查纠正 |

#### 2. 电动机异响与振动

电动机运行过程中的异响与振动主要来自电磁振动与机械振动。其中主要原因及处理方法见表1-9。

表1-9 电动机异响与振动的主要原因及处理方法

| 原因分析 | 处理方法 |
| --- | --- |
| 电动机安装不平 | 检查紧固安装螺栓及其他部件 |
| 转子不平衡或转子与定子摩擦 | 校正转子中心线 |
| 轴承严重磨损 | 更换磨损的轴承 |
| 轴承缺油 | 清洗轴承,重新加润滑脂或更换轴承 |

| 原因分析 | 处理方法 |
| --- | --- |
| 电动机缺相运行 | 检查定子绕组供电回路中的开关、接触器触点、熔丝、定子绕组等,查出缺相原因,进行相应的处理 |
| 定子绕组接触不良 | 用兆欧表检查并维修 |
| 转子风叶碰壳、松动、摩擦 | 旋紧固定风扇 |

### 3. 电动机异常高温

电动机温升超过正常值,主要是由于电流增大,各种损耗增加,与散热失去平衡。温度过高时,将使绝缘材料燃烧冒烟。其中主要原因及处理方法见表1-10。

表1-10 电动机异常高温的主要原因及处理方法

| 原因分析 | 处理方法 |
| --- | --- |
| 电源电压过高或过低 | 检查调整电源电压值,是否将三角形接法的电动机误接成星形或将星形接法的电动机误接成三角形,应查明纠正 |
| 电动机过载 | 对于过载原因引起的温升,应降低负载或更换容量较大的电动机 |
| 电动机通风不畅或积尘太多 | 检查风扇是否脱落,移开堵塞的异物,使空气流通,清理电动机内部的粉尘,改善散热条件 |
| 环境温度过高 | 采取降温措施,避免阳光直射或更换绕组 |
| 定子绕组有短路或断路故障 | 检查三相熔断器的熔丝有无熔断及启动装置的三相触点是否接触良好,排除故障或更换 |
| 定子缺相运行 | 检查定子绕组的断路点,进行局部修复或更换绕组 |
| 定、转子摩擦,轴承摩擦等引起气隙不均匀 | 校正转子轴,更换磨损的轴承 |
| 电动机受潮或浸漆后烘干不够 | 检查绕组的受潮情况,必要时进行烘干处理 |
| 铁心硅钢片间的绝缘损坏,涡流增大,损耗增大 | 更换铁心硅钢片 |

### 4. 电动机外壳带电

电动机外壳带电表明机壳与电源回路中的某一部件有了不同程度的接触。其中主要原因及处理方法见表1-11。

表1-11 电动机外壳带电的主要原因及处理方法

| 原因分析 | 处理方法 |
| --- | --- |
| 将电源线与接地线搞错 | 检测电源线与接地线,纠正接线 |
| 电动机的引出线破损 | 修复引出线端口的绝缘 |
| 电动机绕组绝缘老化或损坏,对机壳短路 | 绕组绝缘严重损坏时,应及时更换 |
| 电动机受潮,绝缘能力降低 | 用兆欧表测量绝缘电阻是否正常,确定受潮程度。若较严重,则应进行干燥处理 |

## 总结与测试

### 总　　结

项目一主要介绍了运动控制系统的概念、组成、转矩控制、分类及特点,讲解了运动控制系统的应用及发展情况,以及运动控制系统的开环控制与闭环控制。

项目以典型的运动控制系统——冲压机床运动控制系统为切入点,实施冲压运动部分和控制系统的电气原理图的分析,完成了电工材料与工具的选用,以及 PLC 控制的部分接线。按照运动控制系统中常用的电动机安装、运行、拆卸检修、故障排除等过程,完成了电动机装调及维护的技能训练。在安装、调试技能训练的同时,完成了遵守电气制图规范、机电设备安装规范、生产安全规范的职业素质培养。

### 测试(满分 100 分)

一、选择题(共 12 题,每题 2 分,共 24 分)

1. 下列不属于运动控制系统的是(　　)。
   A. 机器人控制系统　　　　　　　B. 啤酒发酵控制系统
   C. 雷达跟踪控制系统　　　　　　D. 洗衣机控制系统

2. 运动控制系统的任务就是控制电动机转动,当电磁转矩 $T_e$<负载转矩 $T_L$ 时,下列正确的是(　　)。
   A. 系统处于减速状态　　　　　　B. 系统处于加速状态
   C. 系统处于静态　　　　　　　　D. 系统处于稳态

3. 安装调试机电设备时,第一根绑扎带离气管连接处(　　)。
   A. (50±5) mm　　B. (50±10) mm　　C. (60±10) mm　　D. (60±5) mm

4. 电缆在走线槽里最少保留(　　),如果是一根短接线的话,在同一个走线槽里不要求。
   A. 5 cm　　　　B. 10 cm　　　　C. 15 cm　　　　D. 20 cm

5. 接线时,电缆绝缘部分应该(　　)。
   A. 在走线槽外　　B. 在走线槽里　　C. 没规定　　D. 看图纸

6. 关于 BVR 线和 BV 线,说法正确的是(　　)。
   A. BVR 线的柔软度较好,BV 线一般为硬线
   B. BV 线的柔软度较好,BVR 线一般为硬线
   C. BVR 线和 BV 线的柔软度都较好
   D. BVR 线和 BV 线都为硬线

7. 安装调试机电设备时,两个绑扎带之间的距离不超过(　　)。
   A. 50~60 mm　　B. 40~50 mm　　C. 100~120 mm　　D. 120~150 mm

8. 安装调试机电设备时,两个线夹子之间的距离不超过(　　)。
   A. 50~60 mm　　B. 40~50 mm　　C. 100~120 mm　　D. 120~150 mm

9. 连接导线时,下面说法正确的是(　　)。
   A. 电缆线金属材料可以看到,必须冷压端子

B. 电缆线金属材料不能看到,不一定冷压端子
C. 电缆线金属材料可以看到,不一定冷压端子
D. 电缆线金属材料不能看到,必须冷压端子

10. 有一种开环控制方式和闭环控制方式相结合的控制方式是(　　)。
A. 半闭环控制方式　　　　　　B. 闭环控制方式
C. 开环控制方式　　　　　　　D. 开闭环控制方式

11. IP 是防护等级的标志字母。IP 符号后的第一位数字表示(　　)防护等级数。
A. 第一种　　B. 第二种　　C. 第三种　　D. 第四种

12. 电动机外壳带电的原因是(　　)。
A. 三相供电线路断路　　　　　B. 电动机的引出线破损
C. 电动机通风不畅或积尘太多　　D. 定子绕组有短路

二、填空题(共 8 题,20 个空,每空 1 分,共 20 分)

1. 自动控制系统按应用可分为_____控制系统和_____控制系统。
2. 运动控制系统根据运动需求,通过_____、_____、_____,并辅助以速度或位置反馈单元完成运动控制任务。
3. 运动控制系统的任务就是控制电动机的转速或转角,对于直线电动机则是控制_____或_____。
4. 电气原理图一般包括_____、_____、_____、_____、照明电路等。
5. 电气系统图或框图常用来表示整个工程或其中某一项目的_____方式和_____关系,也可表示某一装置或设备各主要组成部分的关系。
6. 电动机安装前,要检查铭牌上所载型号及各项数据,如_____、_____、_____、_____等,必须与实际要求相符。
7. 电动机的防护形式可以分为_____、封闭式、_____。
8. 一般额定电压 500 V 以下的电动机,要求常温下绝缘电阻大于_____MΩ,只有绝缘电阻满足要求才可使用。

三、问答题(选取 6 题,每题 5 分,共 30 分)

1. 举例说明运动控制系统应用的 4 种不同领域。
2. 简述运动控制系统的发展趋势。
3. 说明运动控制系统与过程控制系统的主要区别。
4. 比较开环控制系统与闭环控制系统的优缺点。
5. 进行安装调试,要严格遵守安全规范,试阐述 8 个要点。
6. 简述电动机的防护等级和绝缘等级。
7. 简述电动机的安装要点。
8. 简述电动机的启动准备要点。
9. 简述电动机的启动监视要点。
10. 绘制电动机异响与振动维修处理的工艺流程图。

四、实训与综合题(共 4 题,共 26 分)

1. 用相应的计算机绘图软件绘制主轴电动机与变频器的主电路图,并进行分区

分析。

2. 根据图1-47,完成变频器的接线,并进行正、反转及调速实验。

3. 按照下列步骤,完成电动机拆卸检修项目练习。

① 检查电动机各部件有无机械损伤,按损伤程度做出相应的修理方案。

② 对拆开的电动机和启动设备进行清理,清除所有的油泥、污垢。清理过程中应注意观察绕组的绝缘状况。

③ 拆下轴承,浸在柴油或汽油中清洗一遍。轴承重新安装时,加油应从一侧加入。油脂占轴承内腔容积的1/3～2/3即可。

④ 检查定、转子有无变形和磨损,用兆欧表检测定子绕组有无短路与绝缘损坏。

⑤ 对各项检查修复后,对电动机进行装配。

⑥ 对装配完毕的电动机,应进行必要的测试,各项指标符合要求后,就可启动、试运行观察。

4. 按照下列步骤,完成电动机定期小修项目练习。

① 清擦电动机外壳,除去运行中积累的污垢。

② 测量电动机绝缘电阻,测量后应注意重新接好线,拧紧接线头螺钉。

③ 检查电动机与接地是否坚固。

④ 检查电动机盖、地角螺钉是否坚固。

⑤ 检查电动机与负载机械之间的传动装置是否良好。

⑥ 拆下端盖,检查润滑介质是否变脏、干涸,应及时加油、换油。

⑦ 检查电动机的附属启动和保护设备是否完好。

# 项目二 直流电动机运动控制系统的调试

本项目以轮轴模拟装置的设计项目为切入点,完成直流电动机的应用及基本原理、基本结构的学习,掌握直流电动机控制系统的设计及调试技能。在安装、调试技能训练的同时,进行遵守机电设备安装规范、生产安全规范的职业素质培养。

轮轴模拟装置的设计项目介绍如下:

列车防滑器在列车制动时具有极其重要的作用:① 它能控制列车车轮的转动,在列车制动时能有效地防止车轮因滑行而造成踏面擦伤;② 它能在列车制动时根据轮轨间黏着的变化调节制动力,以充分利用轮轨间的黏着,得到较短的制动距离。

列车的轮轴装有测速齿轮,测速齿轮共有 90 个齿。电感式传感器安装在测速齿轮的齿端,检测轮轴(齿轮)的转速,并把转速的脉冲信号传送给列车防滑器,作为防滑器控制列车制动时对轮轴转速控制的关键输入量。项目实物如图 2-1~图 2-3 所示。

图 2-1 列车

图 2-2 列车轮轴

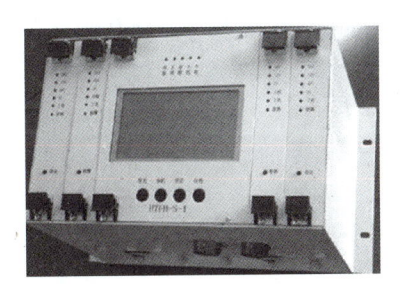

图 2-3 列车防滑器

**拓展阅读**

职业素养、工匠精神

列车防滑器的运行效果与列车运行安全息息相关。昆明局集团公司昆明车辆段的"女神"们在防滑器检修、车下电源箱检修、配送材料检查等平凡的岗位上兢兢业业、一丝不苟。在她们心里,高标准完成作业,默默守护列车安全,是一件自豪的事。

轮轴模拟装置用于再现列车运行时的轮轴转动状态,包括加速运行、匀速运行、减速运行、紧急制动等过程。在模拟装置的轮轴安装速度传感器,传感器传递信号给列车防滑器,可以测试列车防滑器或者速度传感器是否正常。设计时应使轴上测速齿轮运动平稳、精确,令其状态与列车上完全一致,这对于轮轴模拟装置的设计至关重要。

## 任务 1　控制方案分析与电动机选择

### ■ 任务分析

根据轮轴模拟装置的设计项目的要求,设计轮轴模拟装置的总体方案,完成电动机的选择,分析直流电动机的原理及结构,掌握直流电动机中常用的物理概念与定律,掌握直流电动机的铭牌分析与直流电动机的选型方法。

### ■ 教学目标

1. 知识目标
① 了解直流电动机运动控制系统的应用。
② 掌握运动控制系统中常用的物理概念与定律。
③ 掌握直流电动机运动控制系统的起停及调速原理与方法。
④ 掌握直流电动机运动控制系统的调速性能指标。
⑤ 掌握 PWM 调速原理。
⑥ 掌握运动控制系统数学模型的分析与建立方法。
⑦ 掌握直流调速系统的 PID 控制方法。
2. 技能目标
① 具有直流控制系统总体方案设计能力。
② 具有直流电动机铭牌辨别能力。
③ 具有直流电动机正确选择能力。
④ 具有直流控制系统速度检测模块选择能力。
⑤ 能够完成闭环控制方案设计。
⑥ 能够完成直流电动机控制系统的接线、运行与分析。
3. 素养目标
① 具有严谨、全面、高效、负责的职业素质。
② 具有善于自学及归纳分析的学习能力。

### 任务实施

#### 2.1.1　控制方案分析

轮轴模拟装置由测速齿轮、电动机、驱动电路、控制电路等构成。测速齿轮共有 90

个齿,尺寸、材料与列车轴上的测速齿轮一致,并由电动机驱动,其示意图如图 2-4 所示。

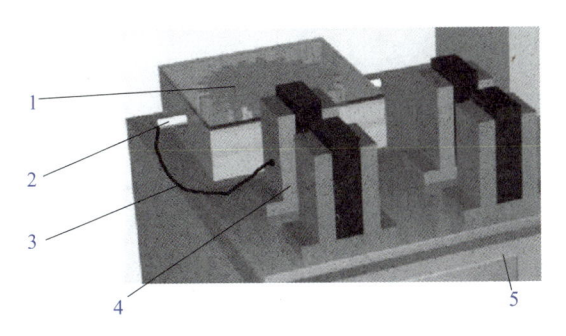

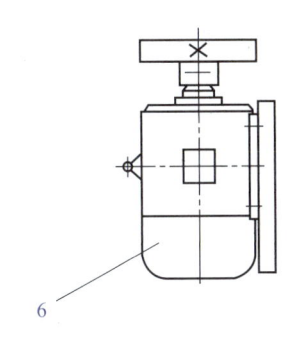

图 2-4 轮轴模拟装置示意图

1—测速齿轮;2—速度传感器;3—传感器信号线;4—防滑器(摆放 4 个);5—试验台;6—电动机

测速齿轮 1 安装在电动机 6 上,速度传感器 2 安装在测速齿轮的齿端,检测轮轴(齿轮)的转速,并把转速的脉冲信号通过传感器信号线 3 传送给防滑器 4。

由控制器、控制电路及驱动电路对电动机进行转速控制,从而实现列车启动、运行、制动的环境。不同类型的传感器均可安装在此装置上,对主机或传感器本身进行试验测试。总体控制方案如图 2-5 所示。

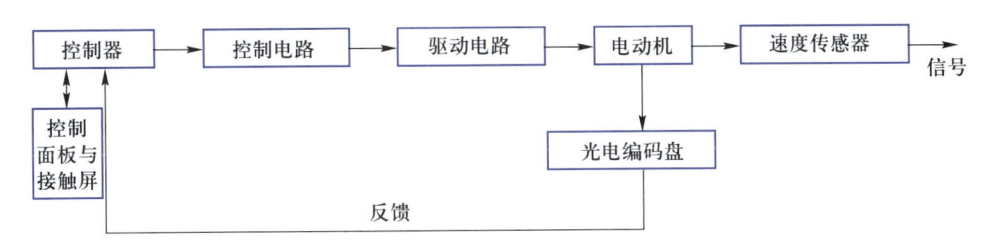

图 2-5 总体控制方案

控制器及控制电路用于对电动机起、停及转速进行控制;驱动电路向电动机提供能量;光电编码盘检测电动机的转速并产生反馈信号;电动机上装有测速齿轮,模拟列车轴的运行状态。

电动机的种类很多,根据工作电源的不同,可分为直流电动机和交流电动机;根据结构及工作原理的不同,可分为直流电动机、异步电动机和同步电动机;根据用途的不同,又可分为直流电动机、交流电动机等驱动用电动机和步进电动机、伺服电动机等控制用电动机。

步进电动机结构简单、价格便宜、工作可靠,能直接用数字的电脉冲输入进行控制。但是,步进电动机具有较强的非线性,高性能的闭环控制比较困难,因而被广泛应用于开环控制的系统中。

交流电动机结构简单、价格便宜、维护工作量小,但启动、制动性能不如直流电动机,变频调速的价格也较高。

直流电动机相对功率大、响应速度快、调速范围宽,具有较大的启动转矩和良好的控制性能。为了更好地模拟列车启动、正常制动、紧急制动等运行状态,此轮轴模拟装置的电动机选用直流电动机。

## 相关知识

### 2.1.2 直流电机的应用及特点

直流电机是实现直流电能与机械能之间相互转换的电力机械,按照用途可以分为直流电动机和直流发电机两类。其中将机械能转换成直流电能的电机称为直流发电机;将直流电能转换成机械能的电机称为直流电动机。直流电动机是工矿、交通、建筑等行业中常见的动力机械,是运动控制系统的重要执行器之一。

**1. 直流电机的应用**

由于直流电动机具有良好的启动和调速性能,常应用于对启动和调速有较高要求的场合,如用于大型可逆式轧钢机、矿井卷扬机、宾馆高速电梯、龙门刨床、电力机车、内燃机车、城市电车、地铁列车、电动自行车、造纸和印刷机械、船舶机械、大型精密机床和大型起重机等生产机械中。如图2-6所示是其应用的几种实例。

地铁列车 　　　　　　电动车 　　　　　　造纸机

图2-6　直流电动机应用场所

直流发电机主要用作各种直流电源,如直流电动机电源、化学工业中所需的低电压大电流的直流电源、直流电焊机电源等,如图2-7所示。

电解铝车间 　　　　　　电镀车间

图2-7　直流发电机应用场所

**2. 直流电机的优点**

① 直流电动机与交流电动机相比,具有优良的调速性能和启动性能。直流电动机具有宽广的调速范围,平滑的无级调速特性,可实现频繁地无级快速启动、制动和反转。

② 过载能力大,能承受频繁的冲击负载;能满足自动化生产系统中各种特殊运行的要求。

③ 直流发电机能提供无脉动的大功率直流电源,且输出电压可以精确地调节和控制。

**3. 直流电机的缺点**

① 制造工艺复杂,消耗有色金属较多,生产成本高。

② 运行时由于电刷与换向器之间容易产生火花,因而可靠性较差,维护比较困难。

所以,在一些对调速性能要求不高的领域中,直流调试系统已被交流变频调速系统所取代。但是在某些要求调速范围大、快速性高、精密度好、控制性能优异的场合,直流电动机的应用目前仍占有较大的比重。

## 任务实施

### 2.1.3 直流电动机的铭牌分析与选型

**1. 认知直流电动机铭牌**

直流电动机的铭牌钉在电动机机座的外表面上,其上标明电动机主要额定数据及电动机产品参数,作为使用者选用电动机的主要依据,如图2-8所示。

| 直流电动机 |  |  |  |
|---|---|---|---|
| 型号 |  | 励磁方式 |  |
| 容量 | kW | 励磁电压 | V |
| 电压 | V | 定额 |  |
| 电流 | A | 绝缘等级 |  |
| 转速 | r/min | 质量 | kg |
| 技术条件 |  | 出厂日期 |  |
| 出厂编号 |  | 励磁电流 | A |
| ×××电机厂 |  |  |  |

图2-8 直流电动机铭牌

直流电动机铭牌数据主要包括:型号、额定功率、额定电压、额定电流、额定转速、励磁电流及励磁方式等,此外还有电动机的出厂数据,如出厂编号、出厂日期等。

(1) 型号

型号包含电动机的系列、机座号、铁心长度、设计次数、极数等。

如中小型直流电动机的型号:Z4-112/2-1。其中,Z:直流电动机;4:第四次系列设计;112:机座中心高,单位为mm;2:极数;1:电枢铁心长度代号。

我国目前生产的直流电动机系列有以下几种。

① Z2系列。该系列为一般用途的小型直流电动机系列。"Z"表示直流,"2"表示第二次改进设计。系列容量为0.4~200 kW,电动机电压为110 V、220 V,发电机电压为115 V、230 V,属防护式。

② ZF和ZD系列。这两个系列为一般用途的中型直流电动机系列。"F"表示发电机,"D"表示电动机。系列容量为55~1 450 kW。

③ ZZJ系列。该系列为起重、冶金用直流电动机系列。电压有220 V、440 V两

种。工作方式有连续、短时和断续三种。ZZJ系列电动机启动快速,过载能力大。

此外,还有 ZQ 直流牵引电动机系列及用于易爆场合的 ZA 防爆安全型直流电动机系列等。常见直流电动机产品系列见表 2-1。

表 2-1 常见直流电动机产品系列

| 代号 | 含义 |
|---|---|
| Z2 | 一般用途的中、小型直流电动机,包括发电机和电动机 |
| Z、ZF | 一般用途的大、中型直流电动机系列。Z 是直流电动机系列;ZF 是直流发电机系列 |
| ZZJ | 专供起重冶金工业用的专用直流电动机 |
| ZT | 用于恒功率且调速范围比较大的驱动系统里的宽调速直流电动机 |
| ZQ | 电力机车、工矿电动机车和蓄电池供电电车用的直流牵引电动机 |
| ZH | 船舶上各种辅助机械用的船用直流电动机 |
| ZU | 用于龙门刨床的直流电动机 |
| ZA | 用于矿井和有易爆气体场所的防爆安全型直流电动机 |
| ZKJ | 冶金、矿山挖掘机用的直流电动机 |

(2)额定功率(容量)

对于直流电动机,额定功率是指在长期使用时,轴上允许输出的机械功率,单位一般用 kW 表示。

(3)额定电压

额定电压是指在额定条件下运行时从电刷两端施加给电动机的输入电压,单位用 V 表示。

(4)额定电流

额定电流是指在额定电压下输出额定功率时,长期运转允许输入的工作电流,单位用 A 表示。

(5)额定转速

当电动机在额定工况下(额定功率、额定电压、额定电流)运转时,转子的转速为额定转速,单位用 r/min(转/分)表示。直流电动机铭牌上往往有低、高两种转速,低转速指基本转速,高转速指最高转速。

(6)励磁方式

励磁方式是指励磁绕组的供电方式。通常有自励、他励和复励三种。

(7)励磁电压

励磁电压是指励磁绕组供电的电压值,一般有 110 V、220 V 等,单位用 V 表示。

(8)励磁电流

励磁电流是指在额定励磁电压下,励磁绕组中所流通的电流大小,单位用 A 表示。

(9)定额工作制

定额工作制也就是电动机的工作方式,是指电动机正常使用的持续时间。一般分为连续制(S1)、断续制(S2~S10)。

(10)绝缘等级

电动机的绝缘等级是指其所用绝缘材料的耐热等级,分为 A、E、B、F、H、C 级。分别对应的最高允许温升(℃)为:105、120、130、155、180、220。允许温升是指电动机的温度与周围环境温度相比升高的限度。

2. 直流电动机的选型

直流电动机的选型包括电动机种类、结构形式、额定电压、额定转速和额定功率的选择等,其中以额定功率的选择为主要内容。还要根据电动机负载和发热情况、电动机的工作方式(即连续工作方式、短时工作方式、周期工作方式、非周期变化工作方式和离散恒定负载工作方式等)选型。

(1) 直流电动机种类的选择

选择依据:电动机的机械特性、调速情况与启动性能、维护以及价格、工作方式(连续、短时、断续周期工作制)。当启动、制动、调速等性能采用交流电动机无法满足时,应采用直流电动机或晶闸管-直流电动机(KZ-D)系统。

(2) 直流电动机外形结构的选择

直流电动机按照外形结构防护形式除了前面讲述的防护式、封闭式、密封式,还有一些专用场合的形式包括开启式、防爆式,共五种。如图 2-9 所示。

(a) 开启式　　　(b) 防护式　　　(c) 封闭式

(d) 密封式　　　(e) 防爆式

图 2-9　常用直流电动机外形结构

① 开启式。机壳未全封闭,机身、前后端盖都留有散热孔,无散热风扇,自冷。从外部能看到内部的线包。用于干燥和清洁的环境中。

② 防护式。能防止水滴、铁屑等物从上面或与垂直方向 45°夹角内掉进电动机内部,但潮气、灰尘还是能侵入。用于干燥和灰尘不多,没有腐蚀性、爆炸性气体存在的

环境中。

③ 封闭式。电动机的转子、定子等零部件全部装在一个封闭的机壳中,能防止灰尘、铁屑或其他杂物侵入电动机内部。用于潮湿、多灰尘、易受风雨侵蚀等的恶劣环境中。

④ 密封式。电动机密封程度高,可以浸在液体中使用,并且需要液体的冷却散热,如潜水电动机。

⑤ 防爆式。运行时不产生电火花,适用于有易燃易爆危险的环境中。

(3) 直流电动机额定电压的选择

直流电动机的额定电压也要与电源电压相配合。常用的电压等级有:110 V、220 V、440 V;大功率电动机采用 600~800 V,甚至 1 000 V 供电。

(4) 直流电动机额定转速的选择

① 当电动机连续工作,很少启动、制动或反转时,可以从设备的初期投资、占地面积和维护费用等方面,就不同的传动比进行比较来确定合适的额定转速。

② 当电动机经常启动、制动及正反转,但过渡过程的持续时间对生产率影响不大时,除考虑初期投资之外,还要根据过渡过程能量损耗为最小的条件来确定合适的额定转速。

③ 当电动机经常启动、制动及正反转,过渡过程的持续时间对生产率影响较大时,主要根据过渡过程持续时间为最短的条件来选择额定转速。

(5) 直流电动机额定功率的选择

确定负载转矩 $T_L$,进而根据实际负载功率 $P_L$ 确定额定功率 $P$。

一般情况下,电动机实际负载转矩 $T_L = (0.7 \sim 1) T$(额定转矩),可以此确定额定转矩大小。

额定功率 $P > P_L$,安全系数 $S = P/P_L$,安全系数取 1.5~2 均可。

## 相关知识

### 2.1.4 常用的物理概念与定律

**1. 磁感应强度($B$)**

磁感应强度也称磁通密度,是单位面积里的磁通量。磁场是由电流产生的,如图 2-10 所示。表征磁场强弱及方向的物理量即是磁感应强度,其单位为特斯拉(T)或 Wb/m²。

磁感应强度是矢量,磁感应强度的大小表征磁感线的疏密,磁感应强度的方向表征磁场的方向。

**2. 磁通量($\Phi$)**

在均匀磁场中,磁感应强度与垂直于磁场方向的面积的乘积,为通过该面积的通量,称为磁通量,简称磁通,其单位为韦伯(Wb)。所以,磁通即为磁场中穿过某一面积($S$)的磁感线条数,如图 2-11 所示。

磁通量的计算公式为

$$\varPhi = BS\cos\theta$$

式中，$\theta$——面元的法线方向 $n$ 与磁感应强度 $B$ 的夹角。

磁通量是标量，$\theta<90°$ 为正值，$\theta>90°$ 为负值。

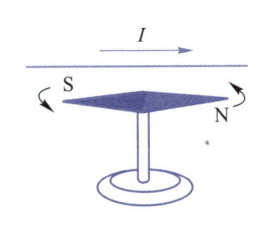

图 2-10　电流产生磁场　　　　图 2-11　磁通示意图

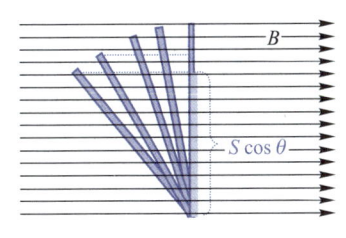

### 3. 磁场强度（$H$）

磁场传播需经过介质（包括真空），介质因磁化也会产生磁场，这部分磁场与磁场源叠加后产生另一磁场。或者说，一个磁场源在产生的磁场经过介质后，其磁场强弱和方向变化了。

而磁场强度只与产生磁场的电流以及这些电流的分布有关，而与磁介质的磁导率无关，单位是安/米（A/m）。其是为了简化计算而引入的辅助物理量。

所以，在充满均匀磁介质的情况下，包括介质因磁化而产生的磁场在内时，用磁感应强度 $B$ 表示，其单位为特斯拉 T，是一个基本物理量。单独由电流或者运动电荷所引起的磁场（不包括介质因磁化而产生的磁场时）则用磁场强度 $H$ 表示，其单位为 A/m，是一个辅助物理量。在各向同性的磁介质中，$B$ 与 $H$ 的比值称为介质的绝对磁导率 $\mu$，所以有公式：$B=\mu H$。

### 4. 安培环路定律（全电流定律）

磁场强度 $H$ 沿任意闭合回路 $l$ 的线积分，等于该闭合回路所包围的全部电流的代数和，如图 2-12 所示。即：

$$\int_l H \mathrm{d}l = \sum_i I_i$$

计算电流代数和时，与绕行方向符合右手螺旋定则的电流取正号，反之取负号。若闭合回路上各点的磁场强度相等且其方向与闭合回路的切线方向一致，则：

$$\sum_1^n H_k l_k = \sum I$$

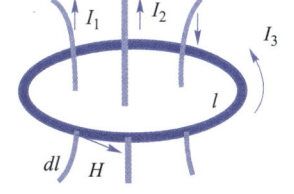

图 2-12　安培环路定律示意图

### 5. 磁路欧姆定律

磁通所通过的路径称为磁路。磁路由线圈、铁心物质做成的芯子等组成，如图 2-13、图 2-14 所示。

正如电动势作用在一定电阻的电路上产生的电流遵循欧姆定律一样，一定的磁动势作用在一定磁阻的磁路上可以产生磁通。磁通的大小同样遵循磁路欧姆定律，如图 2-15 所示。

磁动势 $F_\mathrm{m}$ 的公式和电动势 $U$ 的公式比较：

$$F_\mathrm{m} = \varPhi R_\mathrm{m}; U = IR$$

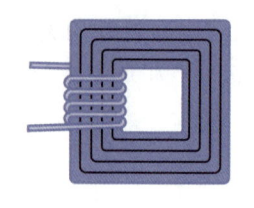

图 2-13 有分支磁路　　图 2-14 无分支磁路　　图 2-15 磁路欧姆定律

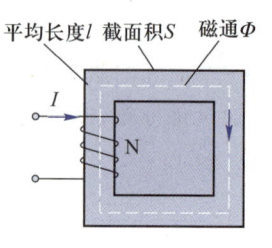

式中，$F_m$——磁动势，磁动势的大小等于闭合路径中所有电流的代数和。所以，磁动势还可以表示为通过线圈的电流 $I$ 和线圈匝数 $N$ 的乘积：$F_m=NI$。在国际单位制中，磁动势的单位是安培(A)，工程上经常使用安匝数作为磁动势的单位。

$R_m$——磁阻，为磁通通过磁路时受到的阻碍作用，相当于电路中的电阻。其与绝对磁导率 $\mu$ 和磁路截面积 $S$ 成反比，$R_m=l/(\mu S)$。在国际单位制中，磁阻的单位是安培/韦伯(A/Wb)。工程上经常使用安匝数/韦伯作为磁阻的单位。

由安培环路定律，磁场强度 $H$ 沿任意闭合回路 $l$ 的线积分，等于该闭合回路所包围的全部电流的代数和，所以磁动势又可以表示为：$F_m=H \cdot l$。其中，$H$ 为磁场强度，与磁密度 $B$ 和磁路材料等有关；$l$ 为磁路长度。

### 2.1.5 直流电动机工作原理

**1. 运动原理**

直流电动机实际上是利用通电导线在磁场中受力的原理，把电能转换成机械能。

线圈在磁场中旋转的示意图如图 2-16 所示。换向片和电源固定连接，线圈无论怎样转动，总是上半边的电流向里，下半边的电流向外。电刷压在换向片上。

如图 2-17 所示为左手定则，四指为通电电流方向，磁场穿过掌心，拇指为受力方向。所以，通电线圈在磁场的作用下逆时针旋转。如图 2-18 所示为右手定则，拇指为导体运动方向，磁场穿过掌心，四指方向即为导体中感应电流方向。

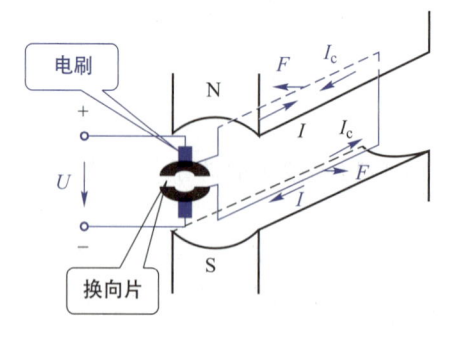

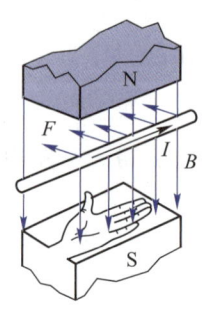

图 2-16 线圈在磁场中旋转　　图 2-17 左手定则　　图 2-18 右手定则

在图 2-16 中，当线圈处于如图所示的竖直位置时，线圈处于最大转矩。但当线圈旋转到水平位置时，转矩为零，要继续旋转，只能靠线圈的惯性。为了克服此缺点，可

以在90°方向再加一个转子线圈,如图2-19所示。

为了更好地改善直流电动机的转动性能,转子实际上是由多个线圈组成的,如图2-20所示,实际的转子绕组为如图2-21所示的电枢铁心。

图2-19 转子十字线圈　　图2-20 转子绕组　　图2-21 电枢铁心

电枢铁心是主磁路的主要部分,同时用以嵌放电枢绕组。一般电枢铁心采用由0.5 mm厚的硅钢片冲制的冲片叠压而成,以降低电动机运行时电枢铁心中产生的涡流损耗和磁滞损耗。叠成的铁心固定在转轴或转子支架上。铁心的外圆开有电枢槽,槽内嵌放电枢绕组。

**2. 电枢平衡关系**

导线在磁场中运动(切割磁场),会产生感应电动势。如图2-18所示,由右手定则,拇指为运动方向,磁场穿过掌心,四指方向为产生感应电流方向。所以,线圈在磁场中旋转,将在线圈中产生感应电流$I_e$(见图2-16),感应电流$I_e$的方向与电流$I$的方向相反。

由感应电流产生感应电动势,其计算公式为:

$$E = C_e \Phi n$$

式中,$E$——感应电动势(V);

$C_e$——与电动机结构有关的常数;

$\Phi$——磁通(Wb);

$n$——转子转速(r/min)。

**3. 直流电动机工作的几点结论**

① 外施电压、电流是直流电,电枢线圈内电流是交流电。

② 线圈中感应电流$I_e$与通电电流$I$方向相反。

③ 线圈是旋转的,电枢电流是交变的,但电枢电流产生的磁场在空间上是恒定不变的。

④ 产生的电磁转矩与转子转动方向相同,是驱动性质。

## 2.1.6 直流电动机的结构及分类

直流电动机按结构及工作原理可分为有刷直流电动机和无刷直流电动机。

**1. 有刷直流电动机结构**

有刷直流电动机由定子(磁极)、转子(电枢)和机座等部分构成,如图2-22所示。

(1) 定子部分

定子包括主磁极、换向极、机座和电刷装置等。

① 主磁极:在大多数直流电动机中,主磁极是电磁铁,为了尽可能减小涡流和磁滞损耗,主磁极铁心用1~1.2 mm厚的低碳钢板叠压而成。整个磁极用螺钉固定在机座

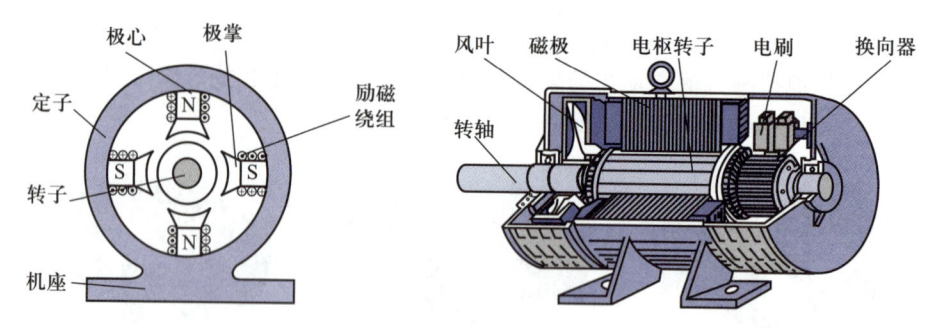

图 2-22 有刷直流电动机结构

上。主磁极的作用为:在定、转子之间的气隙中建立磁场,使电枢绕组在此磁场的作用下产生感应电动势并产生电磁转矩。

② 换向极:换向极又称附加极或间极,其作用是改善换向。换向极装在相邻两主磁极之间,它也由铁心和绕组构成。

③ 机座:机座一是作为电动机磁路系统中的一部分;二是用来固定主磁极、换向极及端盖等,起机械支承的作用。要求机座有好的导磁性能及足够的机械强度与刚度。机座通常用铸钢或厚钢板焊成。

④ 电刷装置:电刷的作用是把转动的电枢绕组与静止的外电路相连接,并与换向器相配合,起到改变电压方向的作用。

(2) 转子部分

转子又称为电枢,包括电枢铁心、电枢绕组、换向器、风扇、轴和轴承等。

① 电枢铁心:电枢铁心为电动机主磁路的一部分,用来嵌放电枢绕组,可以减少电枢旋转时因磁通变化而引起的磁滞及涡流损耗。

② 电枢绕组:电枢绕组由许多按一定规律连接的线圈组成,它是直流电动机的主要电路部分,也是通过电流和感应电动势实现机电能量转换的关键性部件。

③ 换向器:换向器的作用是改变转子线圈电压的正、负极方向,使转子持续转动。

2. 无刷直流电动机结构

无刷直流电动机(BLDC)以电子换向器取代了机械换向器,所以其既具有直流电动机良好的调速性能,又具有交流电动机结构简单、无换向火花、运行可靠和易于维护等优点。如图 2-23 所示为一种小功率三相、星形联结、单副磁对极的无刷直流电动机结构及控制。

无刷直流电动机主要由用永磁材料制造的转子、带有线圈绕组及铁心的定子和位置传感器组成。

它和有刷直流电动机有很多共同点。定子和转子的结构差不多(原来的定子变为转子,转子变为定子),绕组的连线也基本相同。但是,它们在结构上有一个明显的区别:无刷直流电动机没有有刷直流电动机中的直接接触摩擦的换向器和电刷,取而代之的是通过无接触的位置传感器检测转子位置并换向的电子换向器。

如果只给电动机通以固定的直流电流,则电动机只能产生不变的磁场,就不能转动起来。只有实时检测电动机转子的位置,再根据转子的位置给电动机的不同相通以对应的电流,使定子产生方向均匀变化的旋转磁场,电动机才可以跟着磁场转动起来。

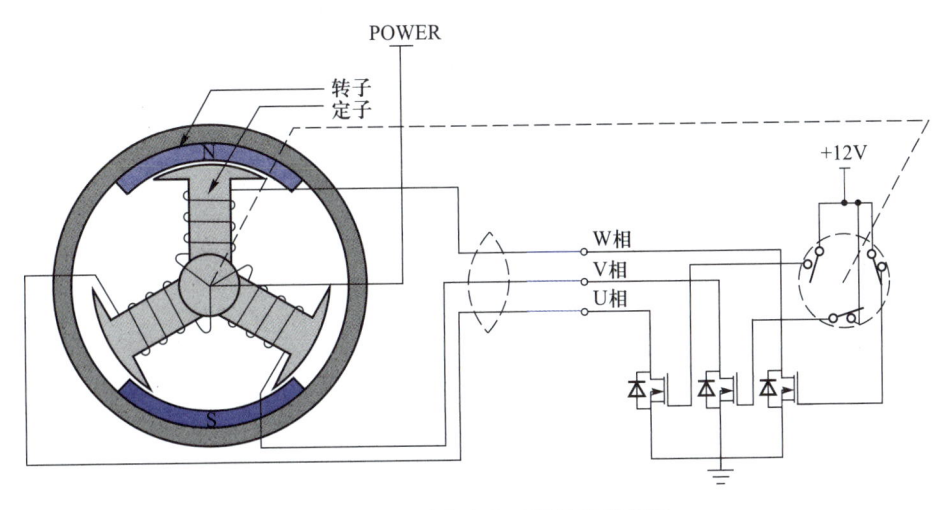

图 2-23　无刷直流电动机结构及控制

电动机定子的线圈中心抽头接电动机电源 POWER，各相的端点接功率管，位置传感器导通时使功率管的 G 极接 12 V，功率管导通，对应的相线圈被通电。

三个位置传感器随着转子的转动会依次导通，使得对应的相线圈也依次通电，从而使得定子产生的磁场方向不断地变化，电动机转子便跟着转动起来，这就是无刷直流电动机的运行原理，如图 2-24 所示。

图 2-24　无刷直流电动机运行原理

### 3. 直流电动机的分类

直流电动机有多种类型。

按照定子结构不同来分，可分为永磁式直流电动机（定子由永久磁铁做成）和励磁式直流电动机（磁极上绕线圈，然后在线圈中通过直流电，形成电磁铁）。

励磁式直流电动机又可分为以下 4 种，如图 2-25 所示。

（1）他励直流电动机

他励直流电动机的励磁绕组与电枢绕组无连接关系，励磁线圈与转子电枢的电源分开。永磁直流电动机也可看作他励直流电动机。

（2）并励直流电动机

并励直流电动机的励磁绕组与电枢绕组相并联，是电动机本身发出来的端电压为励磁绕组供电，励磁绕组与电枢共用同一电源，从性能上讲与他励直流电动机相同。

(a) 他励    (b) 并励    (c) 串励    (d) 复励

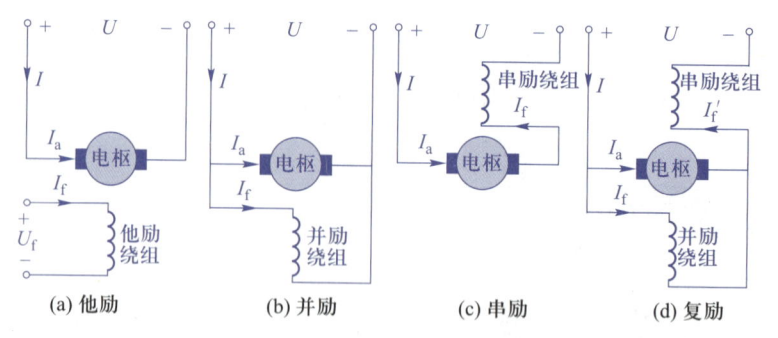

图 2-25　励磁式直流电动机类型

（3）串励直流电动机

串励直流电动机的励磁绕组与电枢绕组串联后，再接于直流电源。

（4）复励直流电动机

复励直流电动机有并励和串励两个励磁绕组，如图 2-25(d) 所示。

不同励磁方式的直流电动机有着不同的特性，一般情况下，直流电动机的主要励磁方式是并励式、串励式和复励式，直流发电机的主要励磁方式是他励式、并励式和复励式。并励式、串励式和复励式直流电动机都属于自励直流电动机，其优点在于可以在断电、停电等情况下，使用自身电源快速启动发动机，保证了电力系统的可靠性和稳定性。他励式电动机由于采用单独的励磁电源，设备较复杂。但这种电动机调运范围宽，多用于主机拖动运行。

## 任务2　驱动电路设计

### ■ 任务分析

根据任务1中确定的轮轴模拟装置总体控制方案及选择的直流电动机，分析直流电动机控制的基本问题及常用控制方法，完成直流电动机驱动电路的设计，进一步掌握 PWM 原理及应用、直流电动机的常用调速方法。

### ■ 教学目标

1. 知识目标

① 了解运动控制系统的应用。
② 掌握运动控制系统的概念、分类与特点。
③ 掌握运动控制系统的转矩控制方法。
④ 掌握运动控制系统的开环与闭环控制。

2. 技能目标

① 具有直流电动机运动控制系统总体方案设计能力。
② 具有直流电动机运动控制系统电路图设计能力。
③ 具有直流电动机铭牌辨别能力。
④ 具有直流电动机正确选择能力。

**3. 素养目标**
① 具有严谨、全面、高效、负责的职业素质。
② 具有查阅资料、勤于思考、勇于探索的良好作风。
③ 具有善于自学及归纳分析的学习能力。

# 任务实施

## 2.2.1 直流电动机驱动电路设计

此直流电动机运动控制系统的主要功能是使电动机轴转动、调速,模拟列车轮轴运行,即直流调速控制系统。此处选用 PLC 与直流电动机驱动器组合,实现对直流电动机的控制。系统总电路包括电源电路、主电路、PLC 输入电路和 PLC 输出电路。控制系统还包括与 PLC 相连的控制面板和触摸屏。电源电路可以参照项目一中的图 1-18。

### 1. 主电路的设计

直流调速控制系统主电路在 PLC 控制下,模拟列车轮轴启动、制动、加速与减速的功能,其电路图如图 2-26 所示。

电气原理图共 4 页,电源电路为第 1 页,此图为第 2 页。图 2-26 的左部为驱动电路,采用 HE-5030E-ZF 型驱动器驱动 DC 24 V 电动机。P+、P-端为 24 V 电源输入;M+、M-端为驱动输出,控制直流电动机转速;INT 端为速度设定端,电动机转速通过第 4 页第 8 区的模拟量 QW20 端输出的 0~10 V 电压控制;EN 端为使能端,当 M2-K1 继电器得电时,触点导通,电动机使能,按照设定转速转动;ZF 端为转速方向控制端,当 M2-K2 继电器得电时,触点导通,电动机反转。

图 2-26 的右部为编码器检测电路,编码器安装在电动机轴上,实时检测电动机的转速与转向。VCC、GND 端为 24 V 电源输入;A、B、Z 端为编码器输出端,信号接 PLC 输入端,连接第 3 页第 2、3、4 区。

### 2. PLC 输入电路的设计

PLC 输入电路主要实现信号输入功能,其电路图如图 2-27 所示。I0.0、I0.1、I0.3 为编码器信号 A、B、Z 的输入端;M1-SB1 按钮用于控制电动机使能启动;M1-SB2 按钮用于控制电动机正转;M1-SB3 按钮用于控制电动机反转;M1-SB4 按钮用于控制电动机停止;M1-SB5 按钮用于控制系统的急停。

### 3. PLC 输出电路的设计

PLC 输出电路主要实现 PLC 对外围器件的控制,其电路图如图 2-28 所示。按启动按钮,程序使 Q2.6 为高电平时,继电器 M2-K1 线圈得电,图 2-26 中的继电器 M2-K1 触点闭合,直流电动机使能启动,电动机正转;按反转按钮,程序使 Q2.7 为高电平时,继电器 M2-K2 线圈得电,图 2-26 中的继电器 M2-K2 触点闭合,电动机反转;程序使 QW20 发出 0~10 V 电压,接到图 2-26 中的 INT 端,控制电动机转速;Q0.4、Q0.5 分别用于指示设备运行正常或故障。

按照总体控制方案,通过工业以太网或通信总线连接 PLC 与触摸屏,通过触摸屏

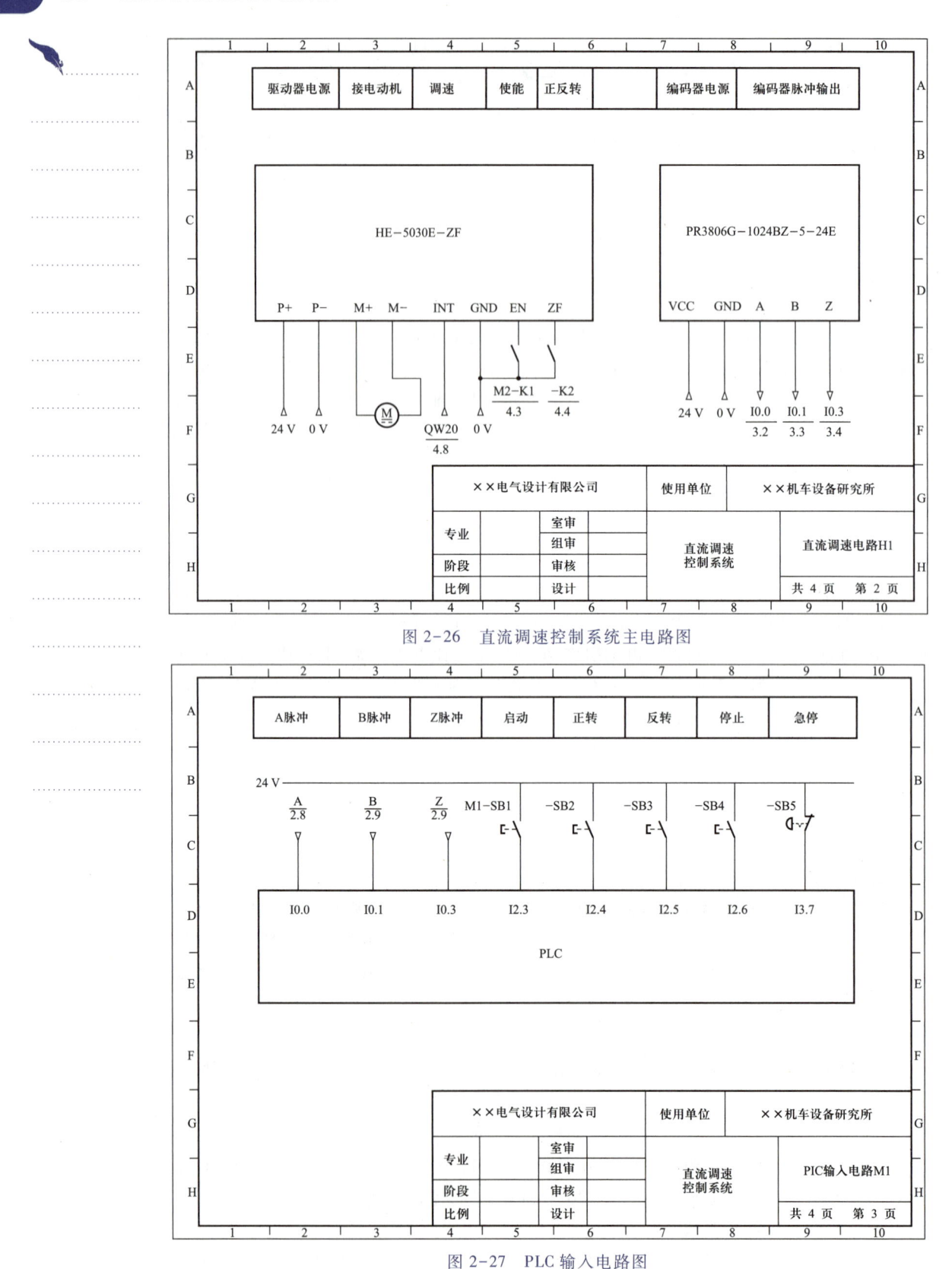

图 2-26 直流调速控制系统主电路图

图 2-27 PLC 输入电路图

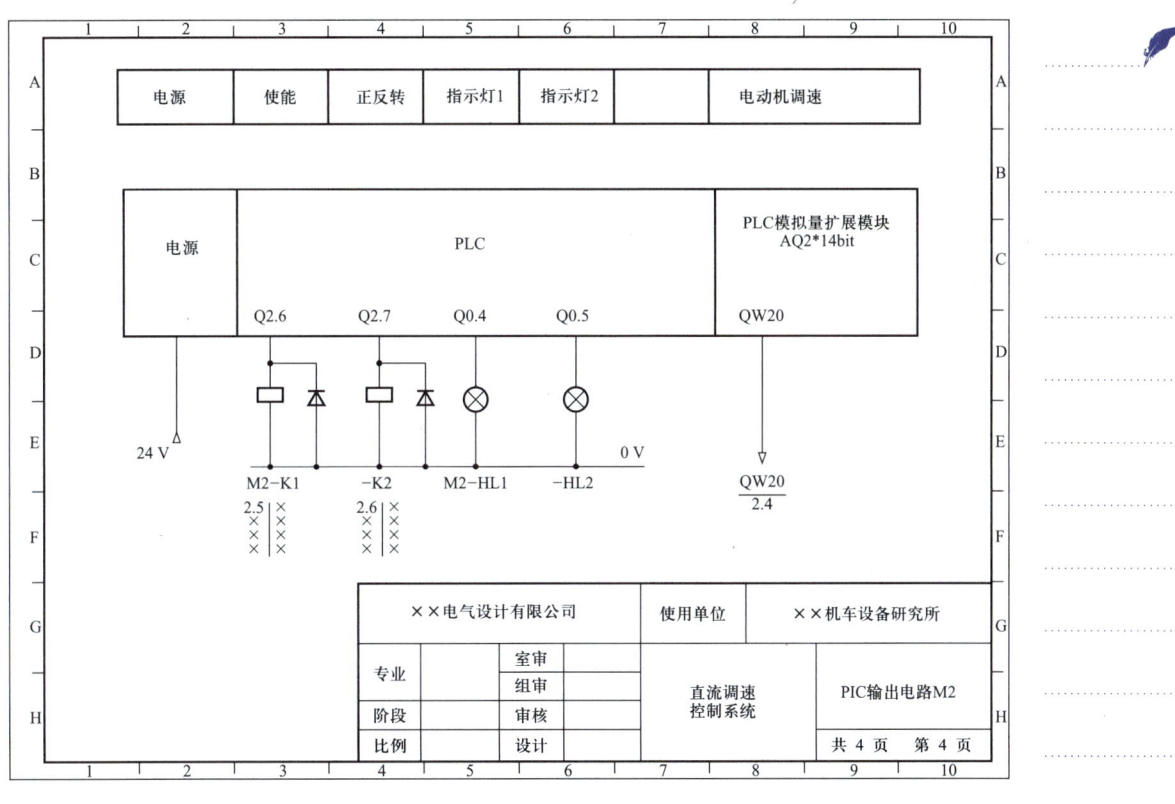

图 2-28　PLC 输出电路图

预置列车运行速度和加减速曲线,赋值给 PLC 的 QW20,使电动机轴转动,模拟列车轮轴运行。

## 相关知识

直流电动机控制系统要具有良好的启动、制动、调速和控制性能,目前已经完成了控制直流电动机的启动、制动、调速的实际方案,下面对重点内容进行介绍。

### 2.2.2　直流电动机的启动

直流电动机从接入电源开始,转速由零上升到某一稳定转速为止的过程称为启动过程或启动。

#### 1. 启动分析

当电动机启动瞬间,$n=0$,相应的感应电动势 $E_a=0$,此时电动机中流过的电流称为启动电流 $I_{st}$,对应的电磁转矩称为启动转矩 $T_{st}$,启动转矩公式为:

$$T_{st}=C_T \Phi I_{st} \tag{2-1}$$

式中,$C_T$——转矩常数;

　　　$\Phi$——磁通(Wb)。

为了使电动机的转速从零逐步增加到稳定的运行速度,在启动时电动机必须产生足够大的电磁转矩。如果不采取任何措施,直接给电动机加上额定电压进行启动,这

种启动方法称为直接启动。直接启动时,启动电流为:

$$I_{st} = \frac{U_N}{R_a} \quad (2-2)$$

式中,$U_N$——转子电枢两端的额定电压(V);

$R_a$——转子电枢回路总电阻(Ω)。

$R_a$ 由转子电枢电阻 $r_a$ 和电源到电枢间的导线电阻组成。导线电阻可以忽略不计,又因为电枢电阻很小,所以直接启动时,启动电流将升到很大的数值,可以达到额定电流的 10~20 倍。同时启动转矩也很大,过大的电流及转矩,对电动机及电网可能会造成一定的危害,所以一般启动时要对 $I_{st}$ 加以限制。

总之,电动机启动时,首先要有足够大的启动转矩 $T_{st} \geq (1.1~1.2)T_L$;其次启动电流 $I_{st}$ 不能太大,$I_{st} \leq (1.5~2)I_N$;另外,启动设备要尽量简单、可靠。

一般小容量直流电动机因其额定电流小可以采用直接启动,而较大容量的直流电动机不允许直接启动。

2. 电枢回路串电阻启动

如图 2-29 所示,当电动机已有磁场时,给电枢电路加电源电压 $U_N$。触点 KM1、KM2 均断开,电枢串入全部附加电阻 $R_{K1}+R_{K2}$,电枢回路总电阻为 $R_{a1}=r_a+R_{K1}+R_{K2}$,这时启动电流为:

$$I_{st} = \frac{U_N}{R_{a1}} = \frac{U_N}{r_a+R_{K1}+R_{K2}} \quad (2-3)$$

与启动电流所对应的启动转矩为 $T_{st}$。对应于电枢回路总电阻 $R_{a1}$ 所确定的人为机械特性,如图 2-30 中的曲线 1 所示。

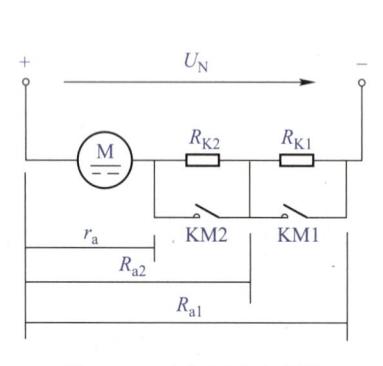

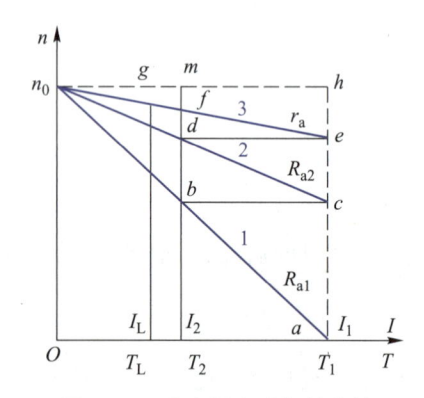

图 2-29 电枢回路串电阻　　图 2-30 串电阻启动机械特性

根据运动控制系统的旋转运动基本方程(1-1),忽略转子旋转与轴承的摩擦因素 $D\omega_m$,忽略转子旋转的弹性变形因素 $K\theta_m$。根据电动机转子角速度 $\omega_m$(rad/s)和转速 $n$(r/s)的换算公式 $\omega_m = 2\pi n/60$,可得电动机转子转动的基本运动方程式:

$$T_e - T_L = J\frac{dn}{dt} \times \frac{2\pi}{60} \quad (2-4)$$

式中,$T_e$——电磁转矩;

$T_L$——负载产生的阻转矩;

$J$——电动机转子转动惯量。

在起始阶段,由于电磁转矩 $T_e$(也就是起动转矩 $T_{st}$)大于负载转矩 $T_L$,电动机转子受到加速转矩的作用,转子转速 $n$ 由零逐渐上升,电动机开始启动。在图 2-30 上,由 $a$ 点沿曲线 $l$ 上升,反电动势亦随之上升,电枢电流下降,电动机的转矩亦随之下降,加速转矩减小。

上升到 $b$ 点时,为保证一定的加速转矩,控制触点 KM1 闭合,切除一段启动电阻 $R_{K1}$。$b$ 点所对应的电枢电流 $I_2$ 称为切换电流,其对应的电动机的转矩 $T_2$ 称为切换转矩。切除 $R_{K1}$ 后,电枢回路总电阻为 $R_{a2}=r_a+R_{K2}$。这时电动机对应于由电阻 $R_{a2}$ 所确定的人为机械特性,如图 2-30 中的曲线 2 所示。在切除启动电阻 $R_{K1}$ 的瞬间,由于惯性,电动机的转速不变,仍为 $n_b$,其反电动势亦不变。因此,电枢电流突增,其相应的电动机转矩也突增。适当地选择所切除的电阻值 $R_{K1}$,使切除 $R_{K1}$ 后的电枢电流刚好等于 $I_1$,所对应的转矩为 $T_1$,即在曲线 2 上的 $c$ 点。又有 $T_1>T_2$,电动机在加速转矩作用下,由 $c$ 点沿曲线 2 上升到 $d$ 点。控制触点 KM2 闭合,又切除启动电阻 $R_{K2}$。

同理,由 $d$ 点过渡到 $e$ 点,而且 $e$ 点正好在固有机械特性上。电枢电流又由 $I_2$ 突增到 $I_1$,相应的电动机转矩由 $T_2$ 突增到 $T_1$。$T_1>T_L$,沿固有特性加速到 $g$ 点,$T=T_L$,$n=n_g$,电动机稳定运行,启动过程结束。

在分级启动过程中,各级的最大电流 $I_1$(或相应的最大转矩 $T_1$)及切换电流 $I_2$(或与之相应的切换转矩 $T_2$)都是不变的,使得启动过程有较均匀的加速。

3. 降压启动

降压启动时,电动机的电枢由可调直流电源供电,用以控制电动机电枢的供电电压。

启动时,需先将励磁绕组接通电源,并将励磁电流调到额定值,然后由低到高调节电枢回路的电压。

在启动瞬间,电流 $I_{st}$ 通常限制在 $(1.5\sim2)I_N$ 内,因此启动的最低电压为 $U_1=(1.5\sim2)I_NR_a$,此时电动机的电磁转矩大于负载转矩,电动机开始旋转,转速 $n$ 升高,$E_a$ 也逐渐增大,电枢电流 $I_a=(U-E_a)/R_a$ 相应减小,此时电压 $U$ 必须不断升高,并且 $I_a$ 实时保持在 $(1.5\sim2)I_N$ 内,直至电压升高到额定电压 $U_N$,电动机进入稳定运行状态,启动过程结束。

降压启动优点:平滑性好,能量损耗小,易于实现自动控制。

降压启动缺点:需要配有专用的调压电源,增加了初期的投资。

### 2.2.3 直流电动机的制动

直流电动机之所以需要工作在制动状态,是生产机械提出的要求,制动工作状态在生产实际中有着很重要的意义,具体如下:

① 可以加快生产机械的启动和制动过程,提高生产效率。

② 可以使处于高速工作过程中的生产机械,根据需要迅速降为低速或者迅速由正转变为反转。

③ 可以使有些位能负载获得稳定的下降速度。

制动是指电动机从某一稳定的转速开始减速到停止或限制位能负载的下降速度时的一种运转过程。在制动工作状态下,电动机的电磁转矩 $T$ 的方向与转速 $n$ 的方向相反,为制动性质的转矩,电动机把系统的机械能转化为电能输出。由此可见,制动工作状态的实质是,电动机成为发电机,消耗机械能。

1. 能耗制动

直流他励电动机原来在正向电动状态下运行,工作情况如图 2-31(a)所示。电动机电枢线圈旋转切割磁力线产生感应电流 $I_e$,方向向上,与电压 $U$ 产生的电流 $I_a$ 相反,起到阻碍作用。此时直流电动机相当于发电机(电源),所以感应电动势 $E_a$ 方向与感应电流 $I_e$ 方向相反,指向下。若突然将电枢电源 $U$ 断掉,并加到制动电阻 $R_{K1}$、$R_{K2}$ 上,如图 2-31(b)所示,由于机械惯性转速 $n$ 不变,从而感应电动势 $E_a$ 不变,感应电流 $I_e$ 方向亦不变。在电枢回路中靠 $E_a$ 产生电枢电流 $I_a(I_e)$,其方向与电动状态时相反,那么电动机转矩 $T$ 的方向也与电动状态下的转矩方向相反,与转速 $n$ 方向相反,即 $T$ 起制动作用,使系统减速,系统的动能转变为电能消耗在电枢回路的电阻上,即处于能耗制动状态。

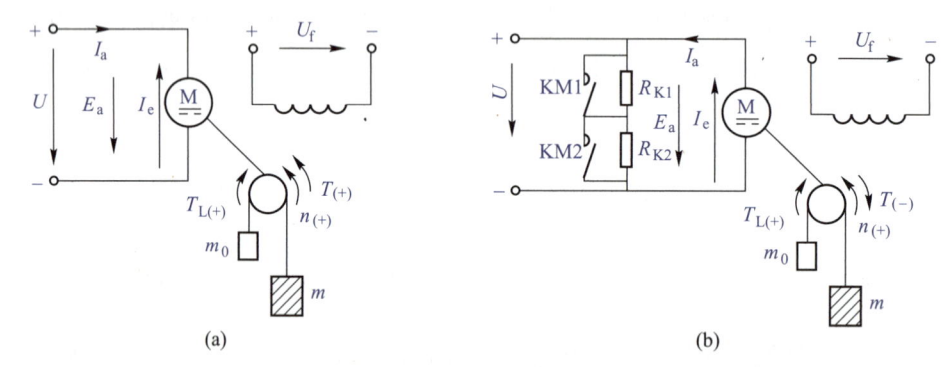

图 2-31 能耗制动

根据基尔霍夫电压定律:电路中任意一个闭合回路的所有电压之和等于零。设图 2-31(b)所示环路逆时针方向为正,系统处于能耗制动时,电路的电压平衡方程为:

$$-E_a + I_a R_a = 0$$

即:

$$-E_a + I_a(r_a + R_K) = 0 \tag{2-5}$$

所以电枢电流为:

$$I_a = \frac{E_a}{r_a + R_K}, \quad E_a = C_e \Phi n \tag{2-6}$$

式中,$C_e$——电动势常数。

比较图 2-31(a)、(b),结合式 2-6 可看出,电枢电流 $I_a$ 方向与原来方向相反,它取决于制动电阻 $R_K$ 的大小,$R_K$ 越小,$I_a$ 越大。

由电枢电流 $I_a$ 所产生的电动机电磁转矩 $T$ 的方向也与原来的电动状态相反(设 $T$ 原来方向为"+",则此时方向为"-"),大小与 $I_a$ 成正比:

$$-T = C_T \Phi I_a \tag{2-7}$$

由式 2-6、式 2-7 得:

$$n = -\frac{r_a + R_K}{C_e C_T \Phi^2} T = -\beta T \tag{2-8}$$

式中,$T$ 为负值。

因为电动机从电源上断掉，$U=0$，所以理想空载转速 $n_0=0$。因此，由式(2-8)可得，能耗制动的 $T$-$n$ 机械特性曲线为通过坐标原点的直线，其斜率 $\beta$ 取决于电阻 $R_a(r_a+R_K)$，改变 $R_K$ 就可以改变制动强度。

能耗制动方法的缺点是其制动转矩随转速降低而减小，因而拖长了制动时间。为了克服这个缺点，在有些生产机械中采用二级能耗制动的线路，如图 2-31(b) 所示。开始制动时，将 $R_{K1}$ 和 $R_{K2}$ 全部串入电路中，系统进行制动降速，随着转速降低，制动转矩减小。这时制动效果已经很小，为此令接触器触点 KM1 闭合，把 $R_{K1}$ 制动电阻切除掉，这时制动电流加大，其对应制动转矩加大，系统再以较大的制动转矩进行制动，直到停车。

能耗制动过程中电动机与电网隔开，所以不需要从电网输入电功率，而运动控制系统产生制动转矩的电功率完全由运动控制系统动能转换而来，即完全消耗系统本身的动能，能耗制动的名称就是由此而来。

这种制动方法的特点是比较经济、简单；在零转速时没有转矩，可以准确停车。制动过程中与电源隔离，当电源断电时也可以通过保护线路换接到制动状态进行安全停车，所以在不反转以及要求准确停车的拖动系统中多采用能耗制动。

### 2. 反接制动
（1）转速反向的反接制动

当电动机按某一方向接线（如正向）工作时，负载转矩、电动机转矩 $T$ 及转速 $n$ 的方向为正向电动状态，如图 2-32 所示，这时的机械特性如图 2-33 所示。

逐渐增加制动电阻 $R_K$，电动机转速不断下降。由特性曲线 1 上的 $n_C$ 降到特性曲线 2 上的 $n_D$，以致降到特性曲线 3 上的 $n_E$，电动机停转。如再增大 $R_K$ 使电动机的启动转矩 $T_{st}<T_L$，这时电动机的转矩不足以带动负载，以致电动机被负载（重物）带动反转，产生了所谓的"倒拉"现象，使转速 $n$ 反向，与转矩 $T$ 方向相反，如图 2-34 所示，此时电动机处于制动状态，机械特性方程式为：

$$n=n_0-\beta T \tag{2-9}$$

式中，$n_0$——理想空载转速。

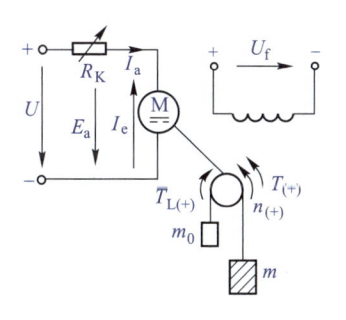

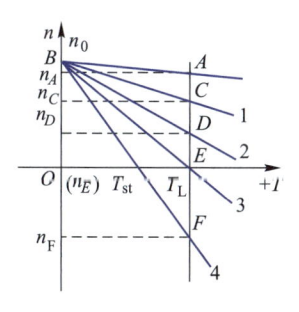

图 2-32　正向运行　　图 2-33　机械特性　　图 2-34　倒拉反转

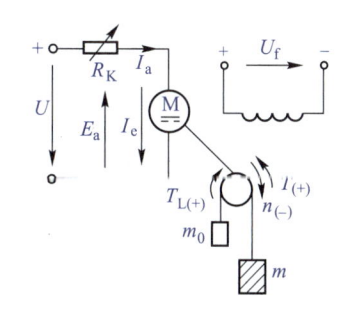

由于 $R_K$ 很大，斜率 $\beta$ 很大，见图 2-33，电动机的机械特性在第四象限（由正向电动到转速反向的反接制动）。最后，电动机机械特性与负载特性交于 $F$ 点，系统以稳定的速度 $n_F$ 下放。

由图 2-34，电枢回路的电压平衡方程为：

$$E_a + U = I_a(r_a + R_K) \tag{2-10}$$

两端同时乘以电流 $I_a$ 可以得到功率平衡方程：

$$E_a I_a + U I_a = I_a^2(r_a + R_K) \tag{2-11}$$

式中，$E_a I_a$——机械功率转换成的电磁功率（W）；

$U I_a$——电网向电枢输入的电功率（W）；

$I_a^2(r_a + R_K)$——电枢回路消耗的电功率（W）。

由式 2-11 可以看出转速反向的反接制动的能量关系：从电网输入的电功率以及由机械功率转换成的电磁功率，两者都消耗在电枢回路的电阻上。由此可见，反接制动的能耗很大。

（2）电枢电压反接的反接制动

系统原来处于正向电动状态，$T$、$n$、$T_L$ 各物理量的方向如图 2-35 所示。电动机工作在如图 2-36 所示机械特性的 $A$ 点。若突然把电枢电压反接，同时在电枢回路中串入一个较大的制动电阻 $R_K$，如图 2-37 所示，这时，电枢电流马上反向，电动机的转矩也反向，变为与 $n$ 方向相反，为制动转矩。这时作用在滑轮上的转矩为 $T + T_L$。在此合力转矩的作用下，系统减速。

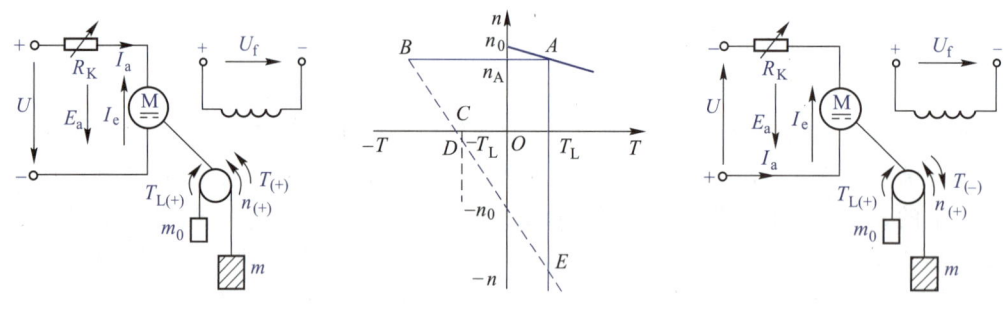

图 2-35　正向运行　　图 2-36　机械特性　　图 2-37　反接制动

由于速度的下降，反电动势 $E_a$ 也随即减小，因而电路的电流也减小，电动机的制动转矩也减小。如此继续直到系统的转速为零，这时电动机反电动势也为零，但电路的电流不为零。因为这时还有电源电压 $U$ 作用在电路上，系统会自行反转而进入反向电动状态。这时如欲停车，切断电源加上抱闸，负载停止运动，电压反接制动状态到转速为零时就算结束。

从机械特性上来看，进入电压反接之前，系统稳定运行在正向电动状态，如图 2-36 中的 $A$ 点，此时 $T = T_L$，$n = n_A$。在电枢反接瞬间，由于系统的机械惯性，转速 $n$ 的大小及方向都不能立刻改变，电枢电动势 $E_a$ 也不能改变，电动机由 $A$ 点水平过渡到反接后的机械特性上的 $B$ 点。由于这时电枢反接，根据图 2-37，设环路逆时针方向为正，根据基尔霍夫电压定律：$-U - E_a + I_a(r_a + R_K) = 0$，所以电枢电流为：

$$I_a = \frac{U + E_a}{r_a + R_K} \tag{2-12}$$

此时电流 $I_a$ 与图 2-35 正向运行时的电流方向相反。在此反向电流的作用下，系统减速，由图 2-36 中反接制动特性上的 $B$ 点向 $C$ 点变化。到 $C$ 点如不切除电枢电源，系统会自行反转而进入反向电动状态，直到最终稳定在第四象限的 $E$ 点。

电枢反接后的机械特性方程式如式 2-9,由于 $U$ 为负,所以式中 $n_0$ 为负,$T$ 也为负。由于电枢串入电阻 $R_K$,所以特性斜率 $\beta$ 很大,如图 2-36 所示,图中 $BC$ 即为电枢反接的反接制动机械特性。

电枢反接的反接制动的能量关系,仍同电枢回路的电压平衡方程式 2-10、功率平衡方程式 2-11。

这与转速反向的反接制动的结论一致,即从电网输入的电功率以及由机械功率转换成的电磁功率,两者都消耗在电枢回路的电阻上。

反接制动方法在制动过程中要消耗较大的能量,因而从经济的观点来看不够经济。但从技术的观点来看,制动效果较好,在整个制动过程中制动转矩都很大,制动时间较短,并且在转速为零时仍有很大的制动转矩,当不需要停车时,还可以自动反转,再反向启动。因而这种制动方法经常用于反转拖动系统,以及作为位能负载下放重物,以获得稳定的下放速度。

### 3. 回馈制动

电动状态下运行的电动机,在某种特定的条件下(如电动车下坡时)会出现实际运行转速 $n$ 高于机械特性中的理想空载转速 $n_0$ 的情况,此时电动机电枢产生的反电动势呈 $E_a>U$,电枢回路的电流方向变为反方向。这时,电动机电枢产生电磁转矩的方向也随之改变,由驱动转矩变成制动转矩,阻碍负载的运动。

再从能量传递方向来理解回馈制动,电动机处于回馈制动状态,实际上是电动机处于发电状态,即将负载的机械能变换成直流电能回馈给电网。

回馈制动时的机械特性方程式与电动状态时相同,只是运行在特性曲线上不同的区段而已。正向回馈制动时的机械特性位于第二象限,反向回馈制动时位于第三象限,如图 2-38 所示的曲线 $n_0$ 的 $A$ 点和曲线 $-n_0$ 的 $B$ 点。

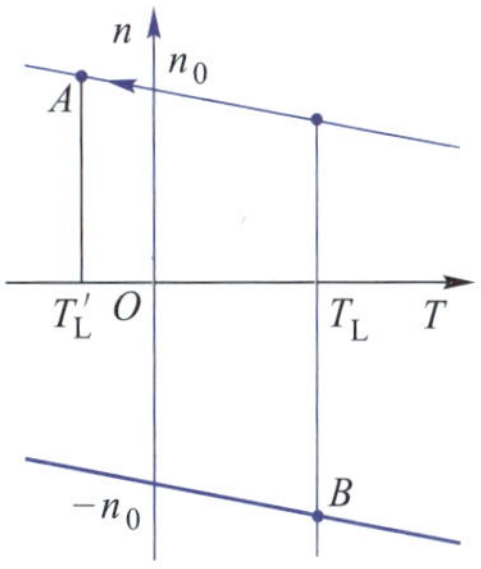

图 2-38 回馈制动特性

## 2.2.4 直流电动机的调速方法

直流电动机不仅有良好的启动、制动性能,而且具有非常好的调速性能,因而在电力拖动系统中得到广泛应用。

电动机的调速是指在一定的负载条件下,人为地改变电动机的电路参数,使同一个机械负载得到不同的转速。

电动机的速度变化与**速度调节**(调速)有着本质的区别。速度变化是指由于电动机的负载转矩发生变化(增大与减小)而引起电动机转速的变化(下降或上升)。速度变化是由于负载改变而引起的在某条机械特性上工作点位置的变化。速度调节则是指在某一特定的负载下,靠人为改变机械特性而得到不同的速度曲线。

### 1. 直流电动机运行速度分析

直流电动机处于正向电动运行状态,工作情况如图 2-31(a)所示。电压平衡方程式为:

$$U = E_a + I_a R_a \tag{2-13}$$

由式 2-6 的 $E_a = C_e \Phi n$ 可知,对于已制造的电动机,它的电枢电动势正比于每极磁通和转速。由于是正向电动运行状态,由电枢电流 $I_a$ 所产生的电动机电磁转矩 $T_{em}$ 方向与于电动机转子转速方向 $n$ 相同,为驱动作用,根据式 2-7,同向去掉负号,可得,$T_{em} = C_T \Phi I_a$,对于已制造的电动机,它的电动机电磁转矩正比于每极磁通和电枢电流。

把式 2-6、式 2-7 代入式 2-13 可得:

$$n = \frac{U - I_a R_a}{C_e \Phi} = \frac{U}{C_e \Phi} - \frac{R_a}{C_e \Phi} I_a = n_0 - \frac{R_a}{C_e \Phi} I_a = \frac{U}{C_e \Phi} - \frac{R_a}{C_e C_T \Phi^2} T_{em} \quad (2-14)$$

式中,$n$——转速(r/min);

$n_0$——理想空载转速(r/min);

$U$——电枢电压(V);

$I_a$——电枢电流(A);

$R_a$——电枢回路总电阻($\Omega$);

$\Phi$——励磁磁通(Wb);

$C_e$——由电动机结构决定的电动势常数;

$C_T$——转矩常数,$C_T = 9.55 C_e$。

由式 2-14 可以看出,改变电枢回路总电阻 $R_a$、电枢电压 $U$ 及励磁磁通 $\Phi$,都可以得到不同的人为机械特性,从而在负载不变时改变电动机的转速,以达到调速的目的。因此直流电动机有三种调速方法。

(1)改变电枢电压 $U$ 进行调速

保持电阻为 $R_a$,$\Phi = \Phi_N$,改变电枢电压 $U$。由于电动机的电枢电压一般以额定电压 $U_N$ 为上限,因此改变电压,通常只能在低于额定电压的范围变化。

与固有机械特性相比,转速降 $\Delta n$ 不变,即机械特性曲线的斜率不变,但理想空载转速 $n_0$ 随电压成正比减小,因此改变电枢电压调速(又称调压调速)时的人为机械特性是低于固有机械特性的一组平行直线,如图 2-39 所示。

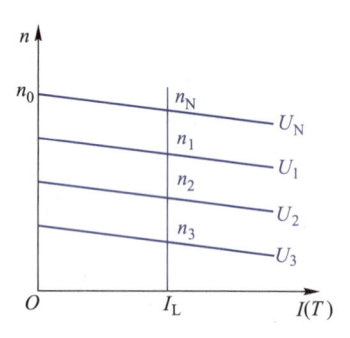

图 2-39 调压调速

调压调速的优点:① 电源电压能够平滑调节,可实现无级调速。② 理想空载转速随外加电压的平滑调节而改变。转速降落不随速度变化而改变,调速前后机械特性的斜率不变,硬度较高,负载变化时稳定性好。③ 无论轻载还是负载,调速范围 $D$ 相同,一般可达 $D = 2.5 \sim 12$。④ 电能损耗较小。⑤ 可以靠调节电枢两端电压来启动电动机而不用另外添加启动设备,这就是前节所说的靠改变电枢电压实现启动的方法。例如电枢静止,反电动势为零;当开始启动时,加给电动机的电压应以不产生超过电动机最大允许电流为限。待电动机转动以后,随着转速升高,其反电动势也升高,再让外加电压随之升高。这样如果控制得好,就可以保持启动过程中电枢电流为最大允许值,并几乎不变,从而获得恒加速启动过程。

调压调速的缺点:由于需要独立可调的直流电源,因而使用设备较只有直流电动机的调速方法来说要复杂,初投资也相对大些。

但由于这种调速方法具有调速平滑、特性硬度大、调速范围宽等特点,因此其具备良好的应用基础,在冶金、机床、矿井提升以及造纸机等方面得到广泛应用。

（2）改变电枢回路总电阻 $R_a$ 进行调速

保持 $U=U_N$，$\Phi=\Phi_N$，改变电枢回路总电阻 $R_a$。此时的人为机械特性与固有机械特性相比，理想空载转速 $n_0$ 不变，但转速降 $\Delta n$ 相应增大，$R_a$ 越大，$\Delta n$ 越大，特性越软，如图 2-40 所示。可见，电枢回路串入电阻后，在同样大小的负载下，电动机的转速将下降，稳定在低速运行。

改变电枢回路总电阻调速的优点：电枢串电阻调速设备简单，操作方便。

改变电枢回路总电阻调速的缺点：① 由于电阻只能分段调节，所以调速的平滑性差。② 机械特性的硬度随外串电阻的增加而减小；当负载较小时，低速时的机械特性很软，负载的微小变化将引起转速的较大波动，特性曲线斜率大，静差率大，所以转速的相对稳定性差。③ 轻载时调速范围小，额定负载时调速范围一般为 $D\leqslant 2$。④ 损耗大、效率低、不经济。对恒转矩负载，调速前、后因磁通不变，$T_{em}$ 和 $I_a$ 不变，输入功率不变，输出功率却随转速的下降而下降，减少的部分被串联电阻消耗了。

一般调速级数不多，再加上电能损耗较大，所以这种调速方法近来在较大容量的电动机上很少用，只是在对调速平滑性要求不高，低速工作时间不长，电动机容量不大，采用其他调速方法又不值得的情况下采用这种调速方法。

（3）减弱励磁磁通 $\Phi$ 进行调速

减弱励磁磁通的调速（简称弱磁调速）一般是指在额定磁通以下改变。因为电动机正常工作时，磁路已经接近饱和，即使励磁电流增加很大，励磁磁通 $\Phi$ 也不能显著地再增加很多。所以一般所说的改变励磁磁通 $\Phi$ 的调速方法，都是指往额定磁通以下的改变。

减弱励磁磁通可以在励磁回路内串接电阻 $R_f$ 或降低励磁电压 $U_f$，而在电枢回路中 $U=U_N$，$R=R_a$，二者没有发生变化。因为 $\Phi$ 是变量，所以弱磁调速的特性曲线如图 2-41 所示。

当减弱励磁磁通时，理想空载转速 $n_0$ 增加，转速降 $\Delta n$ 也增加。通常在负载不是太大的情况下，如图 2-41 中的 $T_L$，减弱励磁磁通可使他励直流电动机的转速升高。

图 2-40　改变电枢回路总电阻调速　　图 2-41　弱磁调速特性曲线

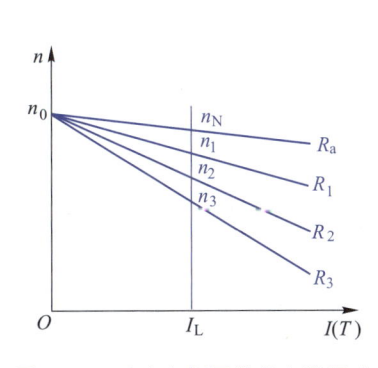

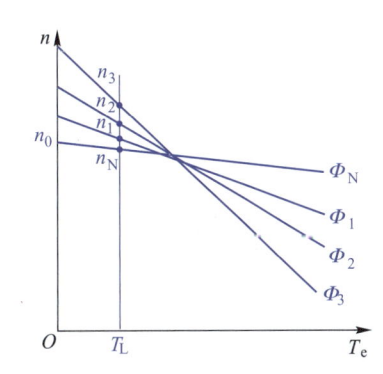

弱磁调速的优点：① 由于在电流较小的励磁回路中进行调节，因而控制方便，能量损耗小，设备简单，调速平滑性好；② 弱磁升速后电枢电流增大，电动机的输入功率增大，但由于转速升高，输出功率也增大，电动机的效率基本不变，因此经济性比较好。

弱磁调速的缺点：① 机械特性的斜率变大，特性变软；② 转速的升高受到电动机换向能力和机械强度的限制,升速范围不可能很大,一般 $D ≤ 2$。

为了扩大调速范围,通常把调压调速和弱磁调速两种调速方法结合起来,在额定转速以上,采用弱磁调速;在额定转速以下,采用调压调速。

**例 2-1** 某直流电动机采用调压调速方法进行开环调速。电枢电压 $U=200$ V,电枢电流 $I_a=30$ A,电枢回路总电阻 $R_a=1.4$ Ω,励磁磁通 $\Phi=2.21$ Wb,电动势常数 $C_e=0.468$。依据直流电动机调速原理解决如下问题:(1) 描述电动机电压平衡方程。(2) 当电枢输入电压为 200 V 时,求电动机的理想空载转速 $n_0$。(3) 求电动机的实际转速 $n$。

**解:** ① 直流电动机正向运动,电动机电压平衡方程为: $U=E_a+I_aR_a$

② 理想空载转速: $n_0=\dfrac{U}{C_e\Phi}=\dfrac{200}{0.468\times 2.21}$ r/min $=193.4$ r/min

③ 实际转速: $n=\dfrac{U-I_aR_a}{C_e\Phi}=\dfrac{U}{C_e\Phi}-\dfrac{I_aR_a}{C_e\Phi}=n_0-\dfrac{I_aR_a}{C_e\Phi}=152.8$ r/min

**2. 恒转矩调速方式与恒功率调速方式**

在调压调速范围内,励磁磁通不变,容许的输出转矩也不变,称为"恒转矩调速方式"。

在弱磁调速范围内,转速越高,励磁磁通越弱,容许输出转矩减小,而容许输出转矩与转速的乘积不变,即容许功率不变,称为"恒功率调速方式"。

二者比较如图 2-42 所示。

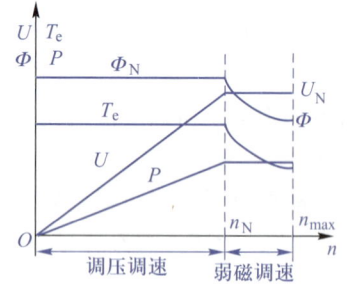

图 2-42 恒转矩调速方式与恒功率调速方式

### 2.2.5 直流电动机的调速性能指标

衡量调速系统的性能优劣,有静态指标、动态指标和抗扰性指标。

**1. 静态指标**

(1) 静差率 $s$

额定转速降 $\Delta n_N$ 与理想空载转速的比值称为转差率。在静态时即为静态转差率,简称静差率,用 $s$ 表示:

$$s=\dfrac{n_0-n_N}{n_0}=\dfrac{\Delta n_N}{n_0} \tag{2-15}$$

习惯上把机械特性下倾的斜率大小称为机械特性的硬度。斜率越大,硬度越小,反之硬度越大。

静差率用来表示反载转矩变化时的电动机转速变化的程度,它与机械特性的硬度有关,特性越硬,静差率越小,转速稳定性越高。

(2) 调速范围 $D$(调速深度)

调速范围 $D$ 指在能满足一定调速性能指标的条件下,带额定负载时,调速系统所能稳定运行的最高转速 $n_{max}$ 和最低转速 $n_{min}$ 的比值,即:

$$D=\dfrac{n_{max}}{n_{min}} \tag{2-16}$$

当只对调速系统的静态指标提出要求时,可将 $D$ 定义为:保证静差率不大于 $s_{max}$ 时,调速系统所能够稳定运行的最高转速 $n_{max}$ 和最低转速 $n_{min}$ 的比值。

对调速系统的性能指标有不同要求时(包括静态指标、动态指标、抗扰性指标等),同一系统的调速范围也会有所不同。

(3)稳态时 $D$、$s$ 和 $\Delta n_N$ 之间的关系

若限定系统的最大静差率为 $s_{max}$,当 $\Delta n_N$ 一定时,$s_{max}$ 总是发生在最低速时:

$$s_{max} = \frac{\Delta n_N}{n_{min} + \Delta n_N} \tag{2-17}$$

由式 2-17 解出 $n_{min}$,并代入式 2-16,得:

$$D = \frac{n_{max}}{n_{min}} = \frac{n_{max} s_{max}}{\Delta n_N (1 - s_{max})} \tag{2-18}$$

式 2-18 表明调速范围 $D$ 与容许的最大静差率 $s_{max}$ 近似成正比,与额定负载时的转速降 $\Delta n_N$ 成反比。显然增大调速范围最直接有效的办法是减小 $\Delta n_N$,即增大机械特性的硬度。

(4)调速的平滑性

在一定的调速范围内,调速的级数越多,调速越平滑。相邻两级转速之比为平滑系数,即:

$$\varphi = \frac{n_i}{n_{i-1}} \tag{2-19}$$

平滑系数越接近 1,平滑性越好,当等于 1 时,称为无级调速,即转速可以连续调节。调速不连续时,级数有限,称为有级调速。

**例 2-2** 某调速系统的额定转速 $n_N = 1\,000$ r/min,在额定负载时的额定转速降为 $\Delta n_N = 84$ r/min。从额定转速向下采用调压调速。要求当生产工艺要求的静差率为 $s \leq s_{max} = 0.3$ 时,试计算此系统的调速范围 $D$。

**解:** 额定转速即为最高转速,即 $n_{max} = n_N = 1\,000$ r/min

由式 2-18,$D = \frac{n_{max}}{n_{min}} = \frac{n_{max} s_{max}}{\Delta n_N (1 - s_{max})}$ 得:

$$D = \frac{1\,000 \times 0.3}{84 \times (1 - 0.3)} = 5.1$$

**例 2-3** 某电源-电动机直流调速系统,已知电动机的额定转速为 $n_N = 1\,000$ r/min,额定电流 $I_N = 30.5$ A,主回路总电阻 $R_a = 0.18\ \Omega$,$C_e \Phi_N = 0.2$,若要求电动机调速范围 $D = 20$,$s < 5\%$,则该调速系统是否能满足要求?

**解:** 额定转速即为最高转速,即 $n_{max} = n_N = 1\,000$ r/min

由式 2-18,$D = \frac{n_{max}}{n_{min}} = \frac{n_{max} s_{max}}{\Delta n_N (1 - s_{max})}$ 得:

$$\Delta n = \frac{n_{max} s_{max}}{D(1 - s_{max})} = \frac{1\,000 \times 0.05}{20 \times (1 - 0.05)}\ \text{r/min} = 2.63\ \text{r/min}$$

设系统电流连续，由式 2-14，$n = n_0 - \dfrac{I_a R_a}{C_e \Phi_N}$，所以 $\Delta n = n_0 - n = \dfrac{R_a}{C_e \Phi_N} I_a$

则额定转速下的转速降为：

$$\Delta n = \dfrac{I_N R_a}{C_e \Phi_N} = \dfrac{30.5 \times 0.18}{0.2} \text{ r/min} = 27.5 \text{ r/min}$$

由此例不难发现，像这样的电源-电动机所组成的开环调速系统，是没有能力完成其调速指标的。要把额定负载下的转速降从开环系统中的 27.5 r/min，降低到满足要求的 2.63 r/min，就必须采用负反馈，这也就构成了所谓的闭环直流调速系统——转速负反馈直流调速系统。

#### 2. 动态指标

动态指标即调速系统在动态控制的过渡过程中所表现出来的性能指标，用于研究线性系统在零初始条件和单位阶跃信号输入下的响应过程曲线，如图 2-43 所示。

超调量：响应曲线第一次越过静态值达到峰值点时，越过部分的幅度与静态值之比，记为 $\sigma$。

调节时间：响应曲线最后进入偏离静态值的误差为 ±5%（或 2%）的范围并且不再越出这个范围的时间，记为 $t_s$。

振荡次数：响应曲线在 $t_s$ 之前在静态值上下振荡的次数。

延迟时间：响应曲线首次达到静态值的一半所需的时间，记为 $t_d$。

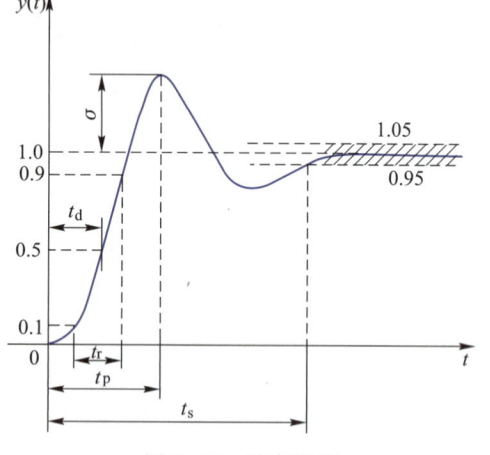

图 2-43 动态指标

上升时间：响应曲线首次从静态值的 10% 过渡到 90% 所需的时间，记为 $t_r$。

峰值时间：响应曲线第一次达到峰值点的时间，记为 $t_p$。

系统动态特性可归纳为：① 响应的快速性，由上升时间和峰值时间表示；② 对所期望响应的逼近性，由超调量和调节时间表示。

$t_r$ 和 $\sigma$ 往往是相互矛盾的，上升时间过小，就会使超调量增大。$t_s$ 是一个折中，它表征了调速系统跟踪控制的综合快速性。

#### 3. 抗扰性指标

调速系统的抗扰性指标反映了系统对外部干扰的抵抗能力，包括抗电网扰动能力、抗负载扰动能力、扰参数变化干扰能力等。

### 2.2.6 PWM 装置

#### 1. 原理与应用

PWM（pulse width modulation），即脉冲宽度调制。它是利用电子开关，将直流电源电压转换成为一定频率的方波脉冲电压，然后再通过对方波脉冲宽度的控制来改变供电电压大小与极性，从而达到对电动机进行变压调速的一种方法。简单的脉宽调制电路及波形如图 2-44 所示。

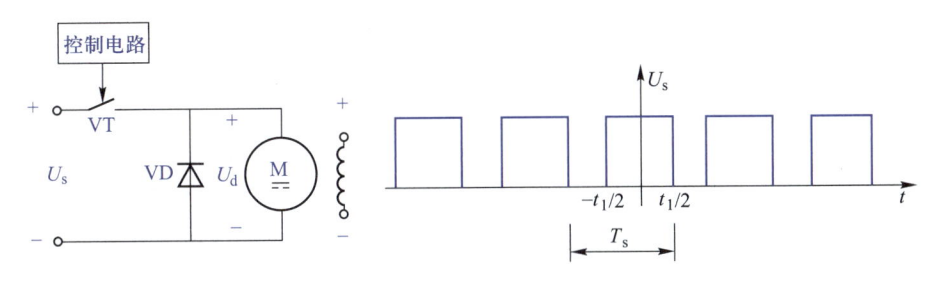

图 2-44　简单的脉宽调制电路及波形

由图可以看出，PWM 波是电压幅值恒定、频率恒定、脉宽可调的波形。目前多数微处理器都可以输出 PWM 波，使用非常方便。

根据图列出函数并经傅立叶级数展开可得：

$$U_\mathrm{m}(t)=\frac{t_1}{T_\mathrm{s}}U_\mathrm{s}+\frac{2U_\mathrm{s}}{n\pi}\sum_{n=1}^{\infty}\left(\sin\frac{n\pi t_1}{2T_\mathrm{s}}-\sin\frac{T_\mathrm{s}-t_1/2}{T_\mathrm{s}}n\pi\right)\cos\frac{n\pi t}{T_\mathrm{s}} \quad (2-20)$$

式中，控制电压为一直流分量和一交流分量之和。

当脉冲周期比电动机电磁常数大很多时，交流分量的作用很小，可以忽略不计，如图 2-45 所示。

所以，电动机电枢绕组两端的电压平均值为 $U_0=\alpha U_\mathrm{s}$，$\alpha=t_1/T_\mathrm{s}$ 为占空比。根据直流电动机电压调速原理可知，电动机转速与占空比成正比。

2. PWM 特点

（1）优点

① 大功率可控器件少，线路简单。

② 调速范围宽。

③ 快速性好。

④ 电流波形系数好，附加损耗小。

⑤ 功率因数高。

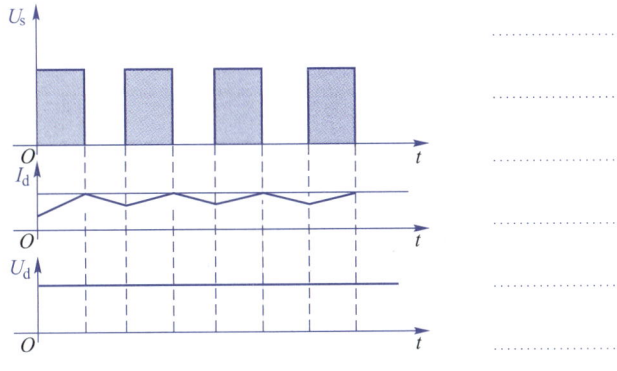

图 2-45　电动机电枢电压、电流波形

（2）缺点

① 单向导电性，不能回馈电网。

② 电磁干扰。

③ 过载能力差。

④ 基极驱动电路的触发电路复杂。

# 拓展知识

## 2.2.7　直流驱动器原理

直流驱动器是一种用于控制和驱动直流电动机的装置，它通过改变电源的直流电压和电流来控制电动机的转速和方向。

图 2-26 所示主电路中选择了直流电动机驱动模块,根据上节讲述的 PWM 电压调速,可以得到直流驱动器的原理。驱动器通常采用 H 桥正反转调速,选用单极性驱动可逆 PWM 功率放大器。此种方式能有效地减小电流波动及功率损耗,避免双极性可逆系统中开关管直通的危险,并可通过提高开关管频率的方法克服轻载断流现象。

如图 2-46 所示,直流电动机驱动模块由 4 个场效应管、4 个稳压二极管和相关保护电路组成。场效应管有 N 沟道、P 沟道两种型号,其主要性能指标为反向耐压、工作电流、开关频率,这三个参数的经验值分别为:反向耐压应有 2 倍以上的余量,工作电流应有 3.5 倍的余量,开关频率大于实际频率。

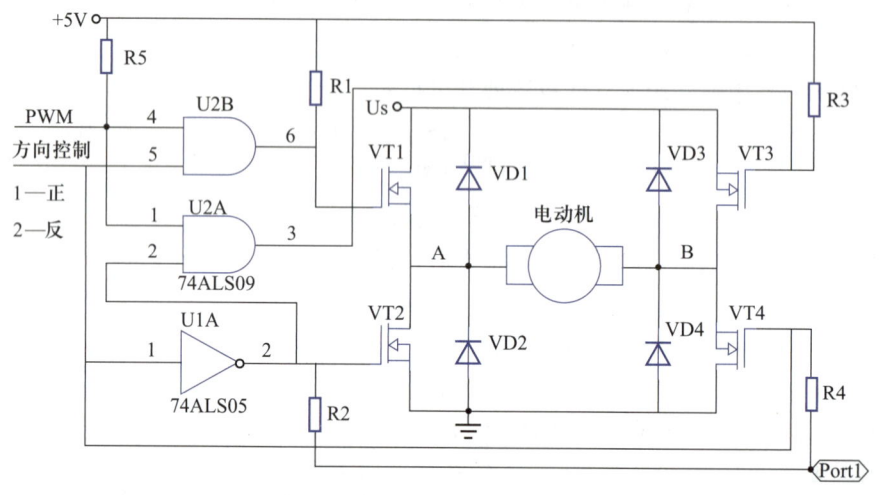

图 2-46 直流电动机驱动模块

一般采用场效应管 VT 作为功率元件,组成 H 桥形单极性开关放大器。场效应管的驱动采用带有集电极开路的 OC 门 TTL 集成电路,并加上拉电阻,使其有足够高的驱动电压。

要求电动机正转时,方向控制端输出高电平,VT1 栅极受 PWM 控制,VT4 导通,VT2、VT3 全都截止,电流由 A 到 B,电动机正转;要求电动机反转时,方向控制端输出低电平,VT3 栅极受 PWM 控制,VT2 导通,VT1、VT4 全都截止,电流由 B 到 A,电动机反转。

在集成自动生产线时,一般不需要自己设计驱动电路,有比较成熟的基于 PWM 的直流电动机驱动模块供选用,可以通过引脚方便地控制转速、转矩等。

## 2.2.8 直流驱动器构成

上面介绍了直流驱动器的 PWM 控制原理,也就是控制电路和能量转换部分的工作原理。一般直流驱动器包括以下 4 个部分。

(1) 电源供电

直流驱动器通过接入适当的直流电源为电动机提供电能。通常使用电池、整流器等设备将交流电转换为直流电。

(2) 控制电路

直流驱动器内部拥有控制电路,该电路接收来自外部的输入信号,例如速度设定信号或转向信号,并根据这些信号采取适当的控制策略。

(3) 能量转换部分

直流驱动器将电源提供的直流电转换为电动机所需的电流和电压。通过控制电路调节输出电流和电压的大小,直流驱动器可以精确控制电动机的转速和转矩。

(4) 功能模块

直流驱动器通常还包含多个功能模块,例如电流检测模块、温度检测模块等。这些模块可用于监测电动机的运行状态,并根据需要对其进行调节和保护。

此外需要精确控制直流电动机的驱动器还包括反馈控制模块。

为了实现精确控制,直流驱动器通常配备反馈装置,例如编码器或电压传感器。直流驱动器可以根据外部输入信号和内部反馈信号,精确控制电动机的转速、方向和转矩,从而实现对直流电动机的有效驱动。

## 任务 3　直流电动机的闭环控制与实施

### ■ 任务分析

根据任务 2 中设计的轮轴模拟装置总体控制方案中的直流电动机 PWM 驱动电路,完成闭环控制系统设计,掌握相关速度检测模块的应用,学习相应直流调速系统模型及 PID 控制方法。

### ■ 教学目标

1. 知识目标

① 掌握闭环控制的具体应用。

② 掌握光电编码器等检测器件的原理及应用。

③ 了解系统的微分方程。

④ 掌握常用的拉普拉斯变换。

⑤ 掌握系统框图的绘制方法。

⑥ 掌握直流调速系统模型。

⑦ 掌握 PID 控制原理与应用。

2. 技能目标

① 能够正确选择速度检测模块。

② 能够按照电路图完成接线。

③ 具有直流调速系统模型分析能力。

④ 具有 PID 调速应用能力。

3. 素养目标

① 具有严谨、全面、高效、负责的职业素质。

② 具有查阅资料、勤于思考、勇于探索的良好作风。

③ 具有善于自学及归纳分析的学习能力。

## 任务实施

### 2.3.1 闭环控制方案设计

为了使电动机能够比较准确地模拟列车轮轴运动,此处选用闭环调速系统。控制器发出指令,经过控制调速模块控制电动机运行。电动机的转速和转角经过速度检测模块形成电信号反馈回控制器。闭环控制方案简图如图2-47所示。

控制器采用西门子 1214C 型 PLC,14 个输入点,10 个输出点,因为要通过模拟量 0~10 V 的电压控制调速模块控制电动机转速,所以扩展一个模拟量输出模块 AQ2 * 14bit。

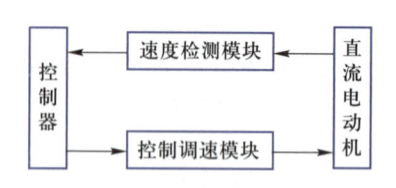

图 2-47 闭环控制方案简图

速度检测模块一般是将旋转物体的转速转换为电量输出的传感器,按照原理可以分为电感式、电容式、光电式等传感器。连接电动机轴并检测电动机转速的传感器常用光电编码器、旋转变压器。

### 2.3.2 直流电动机的接线、运行与分析

**1. 直流电动机驱动器的选用与接线**

直流电动机驱动器的接线端口有电源输入端、控制器信号输入端、信号输出端和动力输出端。此处以 HE5030E 型直流电动机驱动器为例,其接线端子如图 2-48 所示。直流电动机(励磁式)接线端子如图 2-49 所示。

图 2-48 直流电动机驱动器接线端子

图 2-49 直流电动机(励磁式)接线端子

直流电动机驱动器左边 4 个端子为动力部分,右边 4 个端子为控制部分。左边 1、2 端子接电源,左边 3、4 端子接电动机。右边接线端子为控制部分,分别是 0~10 V 控制电压、使能控制、正反转控制,可参见电气原理图部分。

直流电动机(励磁式)接线端子有 4 个,包括电枢绕组(主绕组)的两个接线端子和励磁绕组的两个接线端子。主绕组、励磁绕组的判别方法是阻值和线径大小不一样,励磁绕组阻值一般是几欧,主绕组一般是零点零几欧。

主绕组、励磁绕组可以并联起来接电源。如果转向反了,把其中一个接线端子反接即可。永磁式电动机直接按照正、负接两根线即可。

2. 编码器的选用与接线

编码器是构成闭环控制的重要环节,用来检测电动机转速和转角,并反馈给控制器。此处选用增量式光电编码器。如图 2-50 所示,光电编码器通过前端法兰固定,通过联轴器与直流电动机轴连接。编码器输出电缆通常由 6 根线组成:1、4 号线为红线、黑线,分别接电源 $V_{cc}$ 和 GND;2、3、5 号线为黄线、绿线、白线,为信号输出线,信号分别为 Z、A、B;6 号线为屏蔽线。

图 2-50 增量式光电编码器的安装

光电编码器与 PLC 的接线如图 2-51 所示。绿线 A 信号、白线 B 信号为脉冲输出,用于检测转角和正、反转,分别接 PLC 输入端子 I0.0、I0.1;黄线 Z 信号为旋转圈数信号,接 PLC 输入端子 I0.3。

图 2-51 光电编码器与 PLC 的接线

3. 运行

(1) 安全要求

① 操作人员应熟知电动机及其驱动设备的启动、运行特点。

② 直流电动机启动时,先接通励磁电源;同时必须将电枢回路调节电阻的阻值调至最大,然后方可接通电枢电源,使电动机正常启动。

③ 直流电动机停机时,必须先切断电枢电源,然后断开励磁电源,为下次启动做好准备。

④ 冷却风机先起后停,运行中不得中断。

⑤ 不得空载高速运转,不得在运转时维护保养。

⑥ 不得接触旋转及高温部位。

(2) 运行中检查

① 检查电动机机体和轴承。轴承的温升应不大于70 ℃,声音正常;机体有异常声音、振动较大、异常气味、漏油、温度过高时,应立即停机检查。

② 冷却风扇应运转良好。电动机通风良好,不得覆盖。

③ 连接电缆不得过热,不得有机械损伤。

④ 保持清洁卫生,不允许油污、水滴和灰尘进入电动机。

⑤ 固定螺钉不得松动。

⑥ 不得过载运行,短时堵转后应充分冷却再启动。

4. 故障分析

电动机运行或故障时,可通过看、听、闻、摸四种方法来及时发现和预防故障,保证电动机的安全运行。其中主要故障的原因及处理方法见表2-2。

表2-2 电动机主要故障的原因及处理方法

| 故障现象 | 原因分析 | 处理方法 |
| --- | --- | --- |
| 不能启动 | 电源无电压 | 检查电源及熔断器 |
|  | 励磁回路断开 | 检查励磁绕组及启动器 |
|  | 电刷回路断开 | 检查电枢绕组及电刷换向器接触情况 |
|  | 有电源但电动机不能转动 | 负载过重或电枢被卡死或启动设备不符合要求,应分别进行检查 |
| 转速不正常 | 转速过高 | 检查电源电压是否过高、主磁场是否过弱、电动机负载是否过轻 |
|  | 转速过低 | 检查电枢绕组是否有断路、短路、接地等故障;检查电刷压力及电刷位置;检查电源电压是否过低及负载是否过重;检查励磁绕组回路是否正常 |
| 电刷火花过大 | 电刷不在中性线上 | 调整刷杆位置 |
|  | 电刷压力不当或与换向器接触不良或电刷磨损或电刷牌号不对 | 调整电刷压力,研磨电刷与换向器接触面,淘换电刷 |
|  | 换向器表面不光滑或云母片凸出 | 研磨换向器表面,下刻云母槽 |
|  | 电动机过载或电源电压过高 | 降低电动机负载及电源电压 |
|  | 电枢绕组或磁极绕组或换向极绕组故障 | 分别检查原因 |
|  | 转子动平衡未校正好 | 重新校正转子动平衡 |

续表

| 故障现象 | 原因分析 | 处理方法 |
| --- | --- | --- |
| 过热或冒烟 | 电动机长期过载 | 更换功率较大的电动机 |
| | 电源电压过高或过低 | 检查电源电压 |
| | 电枢、磁极、换向极绕组故障 | 分别检查原因 |
| | 启动或正、反转过于频繁 | 避免不必要的正、反转 |
| 机座带电 | 各绕组绝缘电阻太低 | 烘干或重新浸漆 |
| | 出线端与机座相接触 | 修复出线端绝缘 |
| | 各绕组绝缘损坏造成对地短路 | 修复绝缘损坏处 |

### 2.3.3 速度检测模块简介

**1. 增量式光电编码器**

增量式光电编码器是自动控制系统中广泛应用的编码式数字传感器，主要用于角位移、角速度等的检测，如图 2-52 所示。

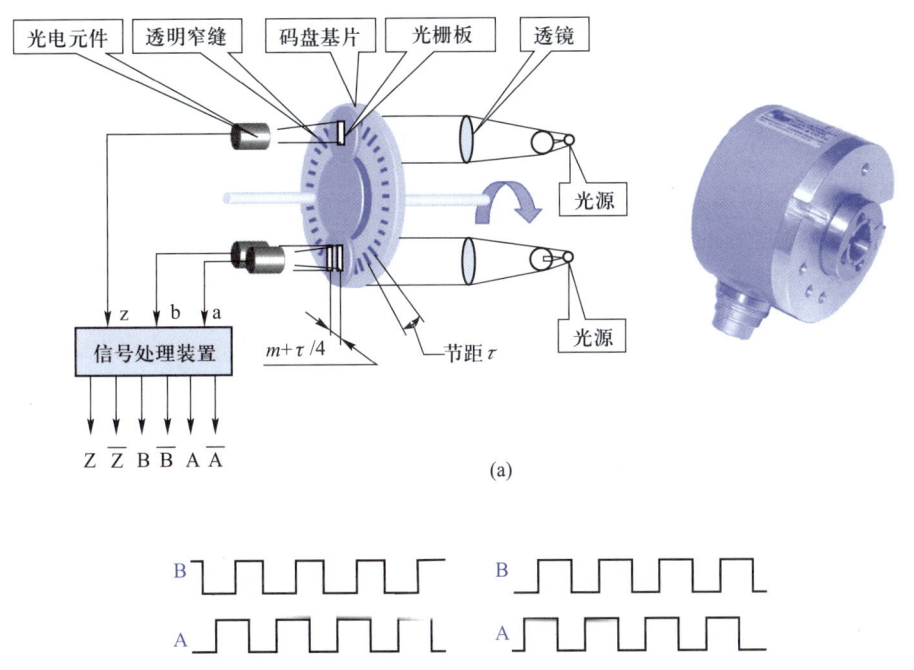

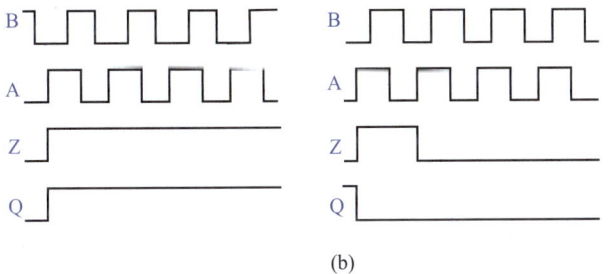

图 2-52 增量式光电编码器

增量式光电编码器由码盘基片、光栅板、光学系统和光电元件等组成。码盘基片周边刻有节距相等的辐射状窄缝，形成均匀分布的透明区和不透明区。图 2-52(a)中下部两个光栅板与码盘基片平行，并分别刻有 a、b 透明检测窄缝，它们彼此错开 1/4 节距，以使 a、b 对应的两个光电元件的输出信号在相位上相差 90°。工作时，光栅板静止不动，码盘基片与转轴一起转动，光源发出的光投射到码盘基片与光栅板上。当码盘基片上的不透明区正好与光栅板上的透明窄缝对齐时，光线被全部遮住，光电元件输出电压最小；当码盘基片上的透明区正好与光栅板上的透明窄缝对齐时，光线全部通过，光电元件输出电压最大。

图 2-52(a)中上部还有一个与码盘基片平行的光栅板，刻有 z 透明检测窄缝，用来表示码盘的零位和计量码盘基片旋转的圈数。

当码盘基片转动时，每个和 a、b、z 光栅板对应的光电元件将有一系列脉冲输出，如图 2-52(b)所示。左边 B 信号超前 A 信号，码盘逆时针旋转；右边 A 信号超前 B 信号，码盘顺时针旋转。

当增量式光电编码器的规格为 $n$ 线/转（P/r）时，分辨率（分辨角）$\alpha$ 的计算方法为：$\alpha = \dfrac{360°}{n}$。

现在市场上提供的增量式光电编码器的规格从 36 线/转到 10 万线/转都有。选择时应考虑：① 伺服系统要求的分辨率；② 机械传动系统的参数。

增量式光电编码器的缺点：① 有可能产生计数错误（由于噪声或其他外界干扰）；② 若因停电、刀具破损而停机，事故排除后不能找到事故前执行部件的正确位置。

### 2. 绝对式光电编码器

鉴于增量式光电编码器的缺点，人们发明了绝对式光电编码器。它是在透明材料的圆盘上精确地印制上代表二进制编码的黑白刻线。

如图 2-53 所示的是四位二进制码盘，码盘上各圈圆环分别代表一位二进制的数字码道，对应每圈都有光电传感器。在同一个码道上印制黑白等间隔图案，形成一套编码。

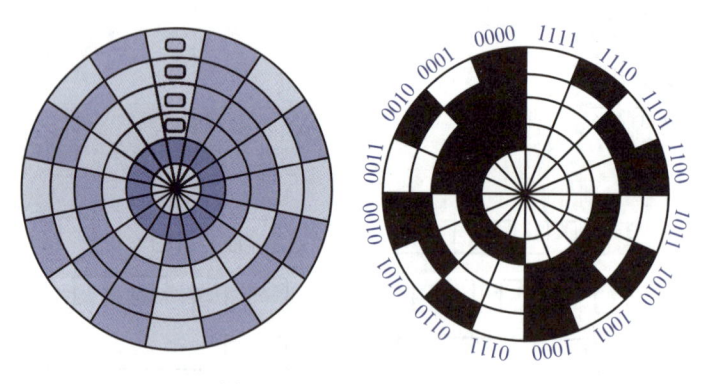

图 2-53　四位二进制码盘

黑色不透光区和白色透光区分别代表二进制的"0"和"1"。在一个四位光电码盘上，有四圈数字码道，每一个码道表示二进制的一位，里侧是高位，外侧是低位，在 360°范围内可编数码为 $2^4 = 16$ 个。

每个码道都对应有一个光电管及放大、整形电路。码盘转到不同位置，光电元件接收光信号，并转换成相应的电信号，经放大整形后，成为相应的数码信号。

但由于制造和安装精度的影响,当码盘回转在两码段交替过程中,会产生读数误差。例如,当码盘顺时针方向旋转、由位置"0111"变为"1000"时,这四位数必须要同时变化,很可能将数码误读成 16 种代码中的任意一种,如读成"1011""0001"等,从而产生无法估计的、很大的数值误差,这种误差称为非单值性误差。为了消除非单值性误差,可采用以下方法。

(1) 循环码盘

循环码又称为格雷码,它也是一种二进制编码。如图 2-54 所示为四位二进制循环码盘。这种编码的特点是任意相邻的两个代码间只有一位代码有变化,从"0"变为"1"或从"1"变为"0"。因此,在两数变换过程中,所产生的读数误差最多不超过"1",只可能读成相邻两个数中的一个数。二进制代码与格雷码的比较见表 2-3。所以,它是消除非单值性误差的一种有效方法,码盘由外至内表征的数制的权位分别是 $2^0$、$2^1$、$2^2$、$2^3$,其表述的数值是 0~15 或者十六进制的 0~F。

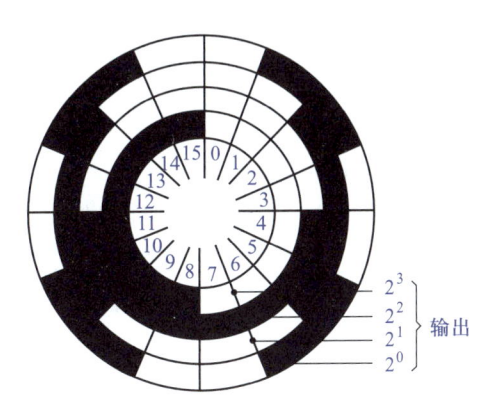

图 2-54　四位二进制循环码盘

表 2-3　二进制代码与格雷码的比较

| 编码顺序 | 二进制代码 | 格雷码 |
| --- | --- | --- |
| 00 | 0000 | 0000 |
| 01 | 0001 | 0001 |
| 02 | 0010 | 0011 |
| 03 | 0011 | 0010 |
| 04 | 0100 | 0110 |
| 05 | 0101 | 0111 |
| 06 | 0110 | 0101 |
| 07 | 0111 | 0100 |
| 08 | 1000 | 1100 |
| 09 | 1001 | 1101 |
| 10 | 1010 | 1111 |
| 11 | 1011 | 1110 |
| 12 | 1100 | 1010 |
| 13 | 1101 | 1011 |
| 14 | 1110 | 1001 |
| 15 | 1111 | 1000 |

(2) 带判位光电装置的四位二进制循环码盘

这种码盘是在四位二进制循环码盘的最外圈再增加一圈信号位,如图 2-55 所示。该码盘最外圈的信号位上正好与状态交线错开,只有当信号位所处的光电元件有信号时才读数,这样就不会产生非单值性误差。

当绝对式光电编码器的规格为 $n$ 道时,分辨率(分辨角)$\alpha$ 的计算方法为:$\alpha = \dfrac{360°}{2^n}$。

绝对式光电编码器的规格与码盘码道数 $n$ 有关,现在市场上提供 4~21 道多种规格。选择时应考虑:① 伺服系统要求的分辨率;② 机械传动系统的参数。

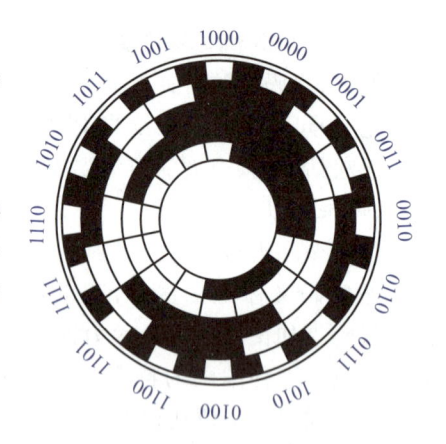

图 2-55 带判位光电装置的四位二进制循环码盘

### 3. 旋转变压器

(1)旋转变压器及其特点

旋转变压器(resolver)又称回转变压器、同步分解器,是一种将转子转角变换成与之呈某函数关系的电信号的元件,是一种精度很高、结构和工艺要求十分严格和精细的控制微发电机。

特点:其结构简单,动作灵敏,对环境无特殊要求,维护方便,输出信号幅度大,抗干扰性强,工作可靠。

(2)旋转变压器结构

旋转变压器一般有两极绕组和四极绕组两种结构形式。两极绕组旋转变压器的定子和转子各有一对磁极;四极绕组则各有两对磁极,主要用于高精度的检测系统中。除此之外,还有多极旋转变压器,用于高精度绝对式检测系统。旋转变压器外形如图 2-56 所示。

图 2-56 旋转变压器外形

旋转变压器一般做成两极绕组的形式。在定子上有励磁绕组和辅助绕组,它们的轴线互成 90°,在转子上有两个输出绕组——正弦输出绕组和余弦输出绕组,这两个绕组的轴线也互成 90°,如图 2-57 所示,一般将其中一个绕组(如 Z1、Z2)短接。

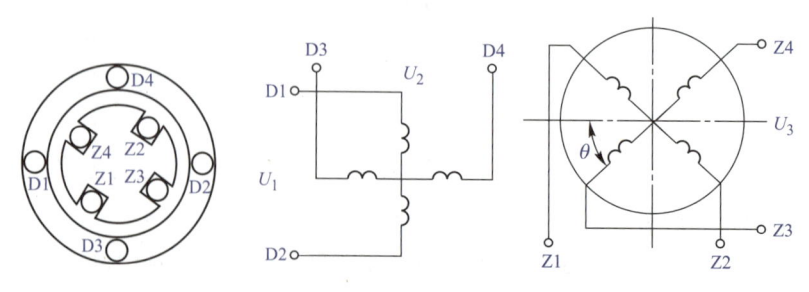

图 2-57 旋转变压器结构

(3) 旋转变压器工作原理

定子绕组 D1、D2 接交流电源励磁,如图 2-58 所示,绕组中将产生磁通 $\Phi_1$;转子绕组 Z1、Z2 接负载 $Z_L$,当主轴带动转子转过 $\theta$ 角时,通过电磁耦合,转子绕组中产生磁通 $\Phi_2$,进而产生感应电压 $u_r$,其计算公式如下:

$$\Phi_2 = k_1 \Phi_1 \sin \theta \tag{2-21}$$

$$u_r = k_1 U_m \cos \omega_0 t \sin \theta \tag{2-22}$$

式中,$k_1$——定、转子绕组有效匝数比(变比)。

$u_r$ 可以测量出来,式中仅有 $\theta$ 一个未知数。

若用转子绕组励磁,则定子绕组输出时表达式相同(只是 $k$ 值不同)。采用不同接线方式或不同的绕组结构,可以获得与转角成不同函数关系的输出电压。

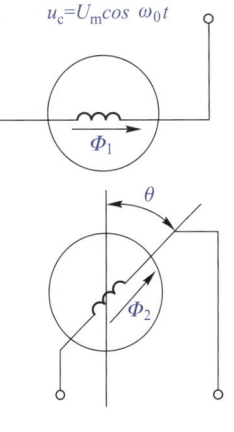

图 2-58 旋转变压器工作原理

(4) 旋转变压器应用

旋转变压器适用于所有使用光电编码器的场合,特别是高温、严寒、潮湿、高速等光电编码器无法正常工作的场合。由于旋转变压器的以上特点,它被广泛应用在伺服控制系统、机器人系统、机械工具、汽车、电力、冶金、纺织、印刷、航空航天、船舶、兵器、电子、冶金、矿山、油田、水利、化工、轻工、建筑等领域的角度或位置检测系统中。

## 2.3.4 直流调速系统的数学模型认知

直流电动机将输入的直流电能转化成输出轴及负载转动的机械能,使用直流电动机的目的是利用其良好的调速性能。要合理地使用直流电动机,就要建立精确的运动控制系统。首先要建立电动机的数学模型,即写出直流电动机的状态方程或传递函数。要完成状态方程或传递函数,必须学习以下内容。

1. 认识数学模型

数学模型是系统动态特性的数学表达式。建立数学模型是分析、研究一个系统动态特性的前提。一个合理的数学模型应以最简化的形式准确地描述系统的动态特性。

对于一般较简单的系统,可用解析方法,依据系统本身所遵循的物理定律列写数学表达式。在此过程中往往要进行必要的简化,如线性化,即忽略一些次要的非线性因素,或在工作点附近将非线性函数近似地线性化。另外,常用的简化手段是采用集中参数法,如质量集中在质心、集中载荷等。对于复杂的机械工程系统或机电一体化系统,无法用解析方法建模时,可通过实验的方法进行系统辨识,进而建立数学模型。

2. 线性与非线性系统

(1) 线性系统

若系统的数学模型表达式是线性的,这种系统就是线性系统。它最重要的特性就是可以运用叠加原理,即系统在几个外加作用下所产生的影响,等于各个外加作用单独作用的响应之和。线性系统又可分为如下两种。

① 线性定常系统

线性定常系统是用线性常微分方程描述的系统:

$$a\ddot{x}(t) + b\dot{x}(t) + cx(t) = dy(t) \tag{2-23}$$

式中,$a$、$b$、$c$、$d$——常数。

② 线性时变系统

描述系统的线性微分方程的系数为时间的函数:

$$a(t)\ddot{x}(t)+b(t)\dot{x}(t)+c(t)x(t)=d(t)y(t) \tag{2-24}$$

如火箭的发射,由于燃料消耗,火箭质量随时间变化,重力也随时间变化。

(2) 非线性系统

用非线性方程描述的系统为非线性系统:

$$y(t)=x^2(t)$$
$$\ddot{x}(t)+\dot{x}^2(t)+x(t)=y(t) \tag{2-25}$$

非线性系统的最重要特性是不能运用叠加原理。系统中包含有非线性因素,给系统的分析和研究带来复杂性。对于大多数机械、电气系统,变量之间不同程度地包含有非线性关系。如间隙特性、饱和特性、死区特性、干摩擦特性、库仑摩擦特性等。

对于非线性问题,通常有如下处理途径。

① 线性化。在工作点附近,将非线性函数用泰勒级数展开,并取一次近似。

② 忽略非线性因素。如在机械部件拖板与导轨间充分润滑,忽略干摩擦的因素等。

③ 对非线性因素,若不能简化,也不能忽略,就须用非线性系统的分析方法来处理。

**例 2-4** 判断下列方程的性质。

$\dfrac{d^2x}{dt^2}+(t^2-1)\dfrac{dx}{dt}+x=0$ 为线性时变系统。

$\dfrac{d^2x}{dt^2}+(x^2-1)\dfrac{dx}{dt}+x=0$ 为非线性系统。

$\dfrac{d^2x}{dt^2}+\dfrac{dx}{dt}+x=-x^3$ 为非线性系统。

运动控制系统主要涉及经典控制论范畴,研究对象主要是线性定常系统。给予运动控制系统一定的限制条件时,系统可看作是线性定常系统,可用线性常微分方程或传递函数来描述系统的动态特性。

### 2.3.5 系统微分方程的建立

在建立运动控制系统的微分方程时,须运用能量守恒定律以及电学方面的基础理论。下面分别介绍一些简单的机械系统、控制系统建立微分方程所应用的原理和方法。

**1. 回转系统**

回转系统所包含的要素有惯性、扭转弹簧、回转阻尼等,如图 2-59 所示。

在转矩 $T$ 的作用下,外加转矩和转角间的微分方程为:

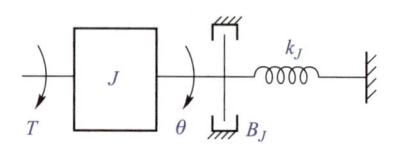

$$T=J\ddot{\theta}+B_J\dot{\theta}+k_J\theta \tag{2-26}$$

图 2-59 回转系统

式中,$J$——转动惯量($N\cdot m^2$);

$\theta$——转角(rad);

$B_J$——回转阻尼系数(N·m·s·rad$^{-1}$);

$k_J$——扭转弹簧常数(N·m·rad$^{-1}$);

$T$——转矩(N·m),$T=f\omega=f\dfrac{\mathrm{d}\theta}{\mathrm{d}t}$;

$\omega$——旋转角速度。

阻尼器本身不存储能量,它吸收能量并以热的形式散掉。

## 2. 电网络闭合回路系统

$R$-$L$-$C$ 串联电路为典型的闭合回路,如图 2-60 所示,输入电压为 $u_r(t)$,输出电容电压为 $u_C(t)$,$L$ 为电感,$R$ 为电阻,$C$ 为电容。该回路的微分方程求法如下。

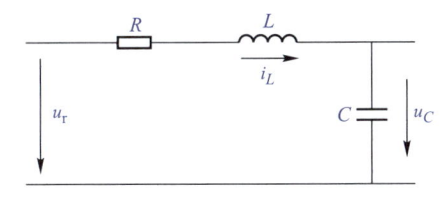

图 2-60　$R$-$L$-$C$ 串联电路

根据基尔霍夫电压定律,闭合回路中电动势的代数和等于沿回路的电压降的代数和,即:

$$\sum E = \sum Ri \tag{2-27}$$

应用式 2-27 对回路进行分析,注意电流方向和元件两端的参考极性:

$$u_r = u_L + u_R + u_C \tag{2-28}$$

对于电阻:$u_R=Ri$;对于电容:$u_C=\dfrac{1}{C}\int i(t)\mathrm{d}t$;对于电感:$u_L=L\dfrac{\mathrm{d}i_L}{\mathrm{d}t}$,代入式 2-28 得:

$$u_r = L\dfrac{\mathrm{d}i}{\mathrm{d}t}+Ri+u_C \tag{2-29}$$

由 $i=C\dfrac{\mathrm{d}u_C}{\mathrm{d}t}$,代入式 2-29 得:

$$LC\dfrac{\mathrm{d}^2 u_C}{\mathrm{d}t^2}+RC\dfrac{\mathrm{d}u_C}{\mathrm{d}t}+u_C=u_r \tag{2-30}$$

令 $T_1=L/R$,$T_2=RC$,代入式 2-30 得:

$$T_1 T_2 \dfrac{\mathrm{d}^2 u_C}{\mathrm{d}t^2}+T_2\dfrac{\mathrm{d}u_C}{\mathrm{d}t}+u_C=u_r \tag{2-31}$$

式 2-31 中的 $T_1$、$T_2$ 为两个时间常数。

从上述两个典型的系统可以看出,尽管是两个不同的系统,它们参数的物理含义也完全不同,但微分方程的形式却是完全相同的,因此这两个系统的物理运动规律是完全一致的,它们是一对相似系统。

## 3. 直流电动机系统

直流电动机系统如图 2-61 所示,在系统中,输入电枢电压 $u_a$ 在电枢回路中产生

电枢电流 $i_a$, $i_a$ 与励磁磁通相互作用产生电磁转矩 $M_D$, 从而使电枢旋转, 拖动负载, 完成由电能在磁场作用下向机械能转换的过程。图中, $R_a$、$L_a$ 分别是电枢回路的电阻和电感, $E_a$ 为电枢绕组的感应反电动势。

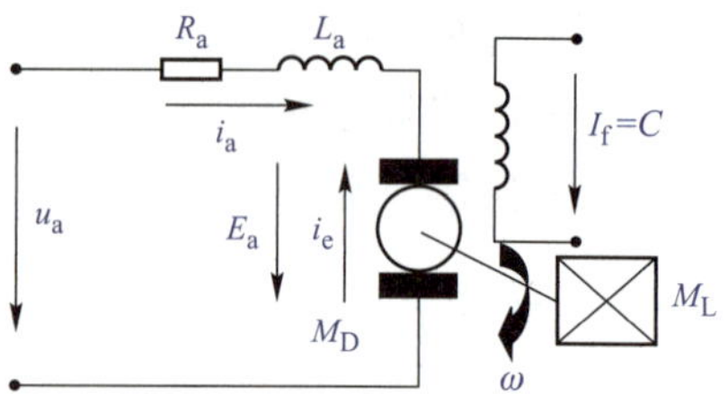

该回路的微分方程求法如下。

（1）确定输入输出量

图 2-61　直流电动机系统

电枢电压 $u_a$ 为输入量, $\omega$ 为输出角频率, $M_L$ 为负载扰动力矩。

（2）线性关系

忽略电枢反应、磁滞、涡流效应等影响, 当 $I_f = C$ 时, 励磁磁通不变, 变量关系可视为线性关系。

（3）列写原始方程

根据基尔霍夫电压定律有：

$$L_a \frac{di_a}{dt} + R_a i_a + E_a = u_a \tag{2-32}$$

由刚体旋转定律写出电动机轴上的机械运动方程为：

$$M_D - M_L = J\alpha = J\frac{d\omega}{dt} = J\frac{d^2\theta}{dt^2} \tag{2-33}$$

式中, $\alpha$ ——角加速度；

$J$ ——负载折合到电动机轴上的转动惯量（N·m²）；

$\omega$ ——电动机转速；

$\theta$ ——电动机转角。

（4）写出辅助方程式

电枢的感应电动势为：

$$E_a = C_e \Phi \omega = k_e \omega \tag{2-34}$$

电动机的电磁转矩为：

$$M_D = C_T \Phi i_a = k_m i_a \tag{2-35}$$

式中, $k_e$ ——电动势系数；

$k_m$ ——转矩系数, 由电动机结构参数决定。

把式 2-34 代入式 2-32 消去 $E_a$；把式 2-33 代入式 2-35 消去 $M_D$, 得到 $i_a$ 表达式, 并代入式 2-32 消去 $i_a$, 得到表达式为：

$$\frac{L_a J}{k_e k_m}\frac{d^2\omega}{dt^2} + \frac{R_a J}{k_e k_m}\frac{d\omega}{dt} + \omega = \frac{1}{k_e}u_a - \frac{L_a}{k_e k_m}\frac{dM_L}{dt} - \frac{R_a}{k_e k_m}M_L \tag{2-36}$$

令 $T_m = \dfrac{R_a J}{k_e k_m}$ 为电动机时间常数, $T_a = \dfrac{L_a}{R_a}$ 为电磁时间常数, 式 2-36 可写为：

$$T_a T_m \frac{d^2\omega}{dt^2} + T_m \frac{d\omega}{dt} + \omega = \frac{1}{k_e}u_a - \frac{T_a T_m}{J}\frac{dM_L}{dt} - \frac{T_m}{J}M_L \tag{2-37}$$

可见直流电动机系统的微分方程与电网络闭合回路系统一致。当系统空载时, $M_L = 0$, 则式 2-37 为：

$$T_aT_m\frac{d^2\omega}{dt^2}+T_m\frac{d\omega}{dt}+\omega=\frac{1}{k_e}u_a \qquad (2-38)$$

**4. 系统微分方程的特征**

由式 2-37 可以得到系统微分方程的一般形式为：

$$a_0\frac{d^nc}{dt^n}+a_1\frac{d^{n-1}c}{dt^{n-1}}+a_2\frac{d^{n-2}c}{dt^{n-2}}+\cdots+a_{n-1}\frac{dc}{dt}+a_nc$$
$$=b_0\frac{d^mr}{dt^m}+b_1\frac{d^{m-1}r}{dt^{m-1}}+b_2\frac{d^{m-2}r}{dt^{m-2}}+\cdots+b_{m-1}\frac{dr}{dt}+b_mr \qquad (2-39)$$

式中，$a_n$、$b_m$——实常数，由物理参数决定；方程输出变量的微分阶次高于输入变量的微分阶次，即 $n>m$，这是因为物理系统含有储能元件。

## 2.3.6 拉普拉斯变换的数学方法

**1. 拉普拉斯变换的产生与地位**

19 世纪末，英国工程师赫维赛德（O. Heaviside，1850—1925）发明了"运算法"（算子法）解决电工程计算中的一些基本问题。后人在法国数学家拉普拉斯（P. S. Laplace，1749—1827）的著作中找到可靠数学依据，重新给予严密的数学定义，为之取名为拉普拉斯变换，简称为拉氏变换（LT），其地位如下。

① 在电路理论研究中，拉氏变换是强有力的工具。

② 在连续、线性、时不变系统分析中，拉氏变换是不可缺少的工具。

③ 线性定常系统的时域模型是线性常微分方程，拉氏变换能方便求解微分方程的解。

④ 具体地讲，拉氏变换能将"微分"变换成"乘法""积分"变换成"除法"，即将微分方程变成代数方程。

**2. 复数和复变函数**

（1）复数的概念

复数 $s=\sigma+j\omega$，其中 $\sigma$、$\omega$ 均为实数，分别称为 $s$ 的实部和虚部。j 为虚单位，表达式为：$j=\sqrt{-1}$。

两个复数相等时，必须且只须它们的实部和虚部都分别相等。一个复数为零，则它的实部和虚部均须为零。

（2）复数的表示法

① 点表示法。

任一复数 $s=\sigma+j\omega$ 与实数 $\sigma$、$\omega$ 成一一对应关系，故在平面直角坐标系中，以 $\sigma$ 为横坐标（实轴），以 $j\omega$ 为纵坐标（虚轴），复数 $s=\sigma+j\omega$ 可用坐标为 $(\sigma,\omega)$ 的点来表示，如图 2-62 所示。

实轴和虚轴所在的平面称为复平面或 $s$ 平面。这样，一个复数就对应于复平面上的一个点。

② 向量表示法。

复数 $s$ 还可用从原点指向点 $(\sigma,\omega)$ 的向量来表示，如图 2-63 所示。向量的长度称为复数 $s$ 的模或绝对值，向量 $\sigma$ 与轴的夹角 $\theta$ 为复数 $s$ 的辐角：

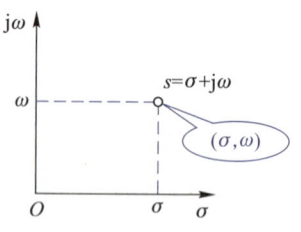

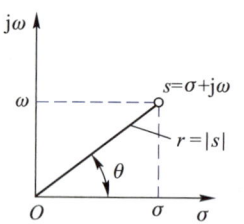

$$|s|=r=\sqrt{\sigma^2+\omega^2}, \quad \theta=\arctan\frac{\omega}{\sigma} \tag{2-40}$$

图 2-62 复数点表示法

图 2-63 复数向量表示法

③ 三角表示法和指数表示法。

由图 2-63 可以得到公式 $\sigma=r\cdot\cos\theta$，$\omega=r\cdot\sin\theta$；因此，复数的三角表示法为：

$$s=r(\cos\theta+\mathrm{j}\sin\theta) \tag{2-41}$$

利用欧拉公式，复数 $s$ 也可用指数表示为：

$$s=r\cdot\mathrm{e}^{\mathrm{j}\theta} \tag{2-42}$$

复变函数中，$\mathrm{e}^{\mathrm{j}\theta}=\cos\theta+\mathrm{j}\sin\theta$，称为欧拉公式，e 是自然对数的底，j 是虚数单位。它将指数函数的定义域扩大到复数，建立了三角函数和指数函数的关系。如图 2-64 所示的欧拉公式空间表达，能增加对欧拉公式的理解。

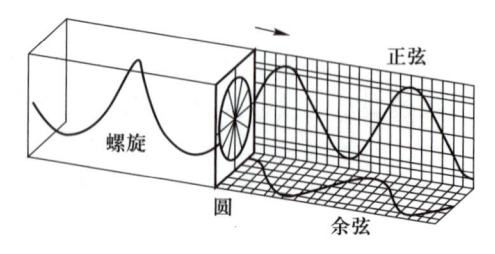

图 2-64 欧拉公式空间表达

三维空间的螺旋线可以分解为二维空间的正弦曲线和余弦曲线。根据欧拉公式，还可以表达为：

$$\cos\theta=\frac{\mathrm{e}^{\mathrm{j}\theta}+\mathrm{e}^{-\mathrm{j}\theta}}{2}, \sin\theta=\frac{\mathrm{e}^{\mathrm{j}\theta}-\mathrm{e}^{-\mathrm{j}\theta}}{2\mathrm{j}}$$

（3）复变函数、极点与零点的概念

① 复变函数的概念。

有复数 $s=\sigma+\mathrm{j}\omega$，以 $s$ 为自变量，按某一确定法则构成的函数 $G(s)$ 称为复变函数，$G(s)$ 可写成：

$$G(s)=u+\mathrm{j}v$$

$u$ 和 $v$ 分别为复变函数的实部和虚部。在线性控制系统中，通常遇到的复变函数 $G(s)$ 是 $s$ 的单值函数，对应于 $s$ 的一个给定值，$G(s)$ 唯一且确定。

**例 2-5** 有复变函数 $G(s)=s^2+1$，已知 $s=\sigma+\mathrm{j}\omega$，求其实部 $u$ 和虚部 $v$。

**解**：把 $s=\sigma+\mathrm{j}\omega$ 代入 $G(s)=s^2+1$ 得：

$$G(s)=s^2+1=(\sigma+\mathrm{j}\omega)^2+1=\sigma^2+\mathrm{j}\cdot 2\sigma\omega-\omega^2+1=(\sigma^2-\omega^2+1)+\mathrm{j}\cdot 2\sigma\omega$$

所以：$u=(\sigma^2-\omega^2+1)$，$v=2\sigma\omega$。

② 零点和极点的概念。

若有复变函数：

$$G(s) = \frac{K(s-z_1)(s-z_2)}{s(s-p_1)(s-p_2)}$$

当 $s = z_1$、$z_2$ 时，$G(s) = 0$，则称 $z_1$、$z_2$ 为 $G(s)$ 的零点；当 $s = 0$、$p_1$、$p_2$ 时，$G(s) = \infty$，则称 $0$、$p_1$、$p_2$ 为 $G(s)$ 的极点。

### 3. 拉普拉斯变换定义及物理意义

（1）拉普拉斯变换定义

有时间函数 $f(t)$，$t \geq 0$，则 $f(t)$ 的拉普拉斯变换记为 $\mathscr{L}[f(t)]$ 或 $F(s)$，并定义为：

$$\mathscr{L}[f(t)] = F(s) = \int_0^\infty f(t) \cdot e^{-st} dt \tag{2-43}$$

式中，$s$——复数；

$f(t)$——原函数；

$F(s)$——象函数。

若式 2-43 的积分收敛于一确定的函数值，则 $f(t)$ 的拉普拉斯变换 $F(s)$ 存在，这时 $f(t)$ 必须满足以下条件。

① 在任一有限区间上，$f(t)$ 分段连续，只有有限个间断点。

② 当 $t \to \infty$ 时，$f(t)$ 的增长速度不超过某一指数函数，即满足：

$$|f(t)| \leq Me^{at}$$

式中，$M$、$a$ 均为实数。

（2）拉普拉斯变换的物理意义

拉普拉斯变换是将时间函数 $f(t)$ 变换为复变函数 $F(s)$，或做相反变换。

时域 $f(t)$ 中变量 $t$ 是实数，复频域 $F(s)$ 中变量 $s$ 是复数。变量 $s$ 又称"复频率"。拉普拉斯变换建立了时域与复频域之间的联系。因为：

$$s = \sigma + j\omega; \quad e^{st} = e^{\sigma t} \cdot e^{j\omega t} = e^{\sigma t}(\cos \omega t + j\sin \omega t)$$

所以可以看出，将频率 $\omega$ 变换为复频率 $s$，且 $\omega$ 只能描述振荡的重复频率，而 $s$ 不仅能给出重复频率，还能给出振荡幅度的增长速率或衰减速率。

（3）拉普拉斯反变换

当已知 $f(t)$ 的拉普拉斯变换 $F(s)$，欲求原函数 $f(t)$ 时，称为拉普拉斯反变换，记作 $\mathscr{L}^{-1}[F(s)]$，并定义为：

$$f(t) = \mathscr{L}^{-1}[F(s)] = \frac{1}{2\pi j} \int_{\sigma - j\omega}^{\sigma + j\omega} F(s) e^{st} ds \tag{2-44}$$

式（2-44）是求拉普拉斯反变换的一般公式，因 $F(s)$ 是一复变函数，计算式 2-44 的积分需借助复变函数中的留数定理来求。通常对于简单的象函数，可直接查拉普拉斯变换表求得其原函数。

### 4. 典型时间函数的拉普拉斯变换

（1）单位阶跃函数

单位阶跃函数如图 2-65 所示。

有单位阶跃函数 $f(t) = \begin{cases} 0 & t < 0 \\ 1 & t \geq 0 \end{cases}$，则其拉普拉斯变换为：$\mathscr{L}[f(t)] = \dfrac{1}{s}$。

（2）单位脉冲函数

单位脉冲函数如图 2-66 所示。

有单位脉冲函数 $\delta(t)=\begin{cases}0 & (t<0 \text{ 且 } t>\varepsilon)\\ \lim\limits_{\varepsilon\to 0}\dfrac{1}{\varepsilon} & (0<t<\varepsilon)\end{cases}$，则其拉普拉斯变换为：$\mathscr{L}[\delta(t)]=1$。

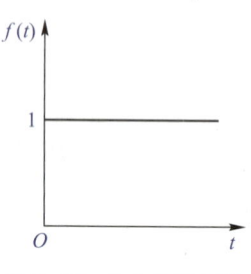

图 2-65 单位阶跃函数

图 2-66 单位脉冲函数

（3）单位斜坡函数

单位斜坡函数如图 2-67 所示。

有单位斜坡函数 $f(t)=\begin{cases}0, & t<0\\ t, & t\geq 0\end{cases}$，则其拉普拉斯变换为：$\mathscr{L}[f(t)]=\dfrac{1}{s^2}$。

（4）指数函数

指数函数为 $e^{at}$，如图 2-68 所示，则其拉普拉斯变换为：$\mathscr{L}[e^{at}]=\dfrac{1}{s-a}$。

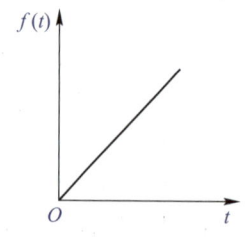

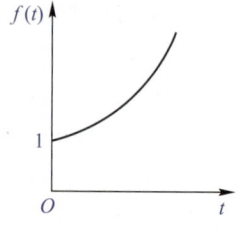

图 2-67 单位斜坡函数

图 2-68 指数函数

（5）正弦函数

正弦函数为 $\sin\omega t$，则其拉普拉斯变换为：$\mathscr{L}[\sin\omega t]=\dfrac{\omega}{s^2+\omega^2}$。

（6）余弦函数

余弦函数为 $\cos\omega t$，则其拉普拉斯变换为：$\mathscr{L}[\cos\omega t]=\dfrac{s}{s^2+\omega^2}$。

（7）幂函数

幂函数为 $t^n$，则其拉普拉斯变换为：$\mathscr{L}[t^n]=\dfrac{n!}{s^{n+1}}$。

## 2.3.7 线性系统的传递函数

### 1. 传递函数的定义

线性定常系统在零初始条件下，输出量的拉普拉斯变换与输入量的拉普拉斯变换之比,称为该系统的传递函数,公式表述如下：

$$G(s) = \frac{X_o(s)}{X_i(s)}$$

零初始条件包括：

① $t<0$ 时,输入量及其各阶导数均为 0；

② 输入量施加于系统之前,系统处于稳定的工作状态,即 $t<0$ 时,输出量及其各阶导数也均为 0。

设线性定常系统由 $n$ 阶线性定常微分方程描述：

$$a_0\frac{\mathrm{d}^n x_o(t)}{\mathrm{d}t^n} + a_1\frac{\mathrm{d}^{n-1} x_o(t)}{\mathrm{d}t^{n-1}} + \cdots + a_{n-1}\frac{\mathrm{d}x_o(t)}{\mathrm{d}t} + a_n x_o(t)$$
$$= b_0\frac{\mathrm{d}^m x_i(t)}{\mathrm{d}t^m} + b_1\frac{\mathrm{d}^{m-1} x_i(t)}{\mathrm{d}t^{m-1}} + \cdots + b_{m-1}\frac{\mathrm{d}x_i(t)}{\mathrm{d}t} + b_m x_i(t) \qquad (2-45)$$

初始条件为零时,对式 2-45 进行拉氏变换,由于计算过程繁杂,此处可以采用类比法。

例如：$a_0\dfrac{\mathrm{d}^k x_o(t)}{\mathrm{d}t^k}$ 的拉氏变换为 $a_0 \times s^k \times X_o(s)$,即 $a_0 s^k X_o(s)$；$a_n x_o(t)$ 的拉氏变换为 $a_n \times s^0 \times X_o(s)$,即 $a_n X_o(s)$。

可以看出拉氏变换时,原函数 $x_o(t)$ 的系数不变,乘以 $s$ 的 $k$ 次方[$k$ 为原函数 $x_o(t)$ 的 $k$ 阶导数,没有求导时可以看作 0 阶导数],再乘以函数 $x_o(t)$ 的拉氏变换形式 $X_o(s)$。所以,式 2-45 可以拉氏变换为：

$$(a_0 s^n + a_1 s^{n-1} + \cdots + a_{n-1} s + a_n) X_o(s)$$
$$= (b_0 s^m + b_1 s^{m-1} + \cdots + b_{m-1} s + b_m) X_i(s) \qquad (2-46)$$

则描述该线性定常系统的传递函数为

$$G(s) = \frac{X_o(s)}{X_i(s)} = \frac{b_0 s^m + b_1 s^{m-1} + \cdots + b_{m-1} s + b_m}{a_0 s^n + a_1 s^{n-1} + \cdots + a_{n-1} s + a_n} = \frac{M(s)}{D(s)} \qquad (2-47)$$

式中
$$M(s) = b_0 s^m + b_1 s^{m-1} + \cdots + b_{m-1} s + b_m$$
$$D(s) = a_0 s^n + a_1 s^{n-1} + \cdots + a_{n-1} s + a_n$$

**例 2-6** 求图 2-60 所示 $R$-$L$-$C$ 串联电路的传递函数。

**解**：由式 2-30,已知系统的微分方程为：

$$LC\frac{\mathrm{d}^2}{\mathrm{d}t^2}u_C(t) + RC\frac{\mathrm{d}}{\mathrm{d}t}u_C(t) + u_C(t) = u_r(t)$$

所有初始条件均为零时,用类比法进行拉氏变换：

$$LC \times s^2 \times U_C(s) + RC \times s^1 \times U_C(s) + 1 \times s^0 \times U_C(s) = 1 \times s^0 \times U_r(s)$$

得到拉普拉斯变换为：

$$LCs^2 U_C(s) + RCs U_C(s) + U_C(s) = U_r(s)$$

按照定义,系统的传递函数为：

$$G(s) = \frac{U_C(s)}{U_r(s)} = \frac{1}{LCs^2 + RCs + 1}$$

## 2. 传递函数的性质

① 只与系统的结构和参数有关,与输入信号和初始条件无关。

② 传递函数是复变量 $s$ 的有理分式函数,其分子多项式的次数 $m$ 低于或等于分母多项式的次数 $n$,即 $m \leq n$,且系数均为实数。

③ 传递函数不反映系统的物理结构,物理性质不同的系统,可以具有相同的传递函数。

④ 传递函数与微分方程可相互转换。

⑤ 传递函数 $G(s)$ 的拉普拉斯反变换是脉冲响应 $g(t)$,可表示系统的动态特性。

## 3. 传递函数的特征方程、零点和极点

传递函数的一般形式如式 2-47 所示。

$D(s)=0$ 称为系统的特征方程,其根称为系统的特征根。特征方程决定着系统的动态特性。$D(s)$ 中 $s$ 的最高阶次等于系统的阶次。

将传递函数的分子和分母多项式进行因式分解可得:

$$G(s)=\frac{b_0(s-z_1)(s-z_2)\cdots(s-z_m)}{a_0(s-p_1)(s-p_2)\cdots(s-p_n)}=\frac{K^*\prod_{j=1}^{m}(s-z_j)}{\prod_{i=1}^{n}(s-p_i)}=\frac{M(s)}{D(s)} \quad (2-48)$$

当 $M(s)=b_0(s-z_1)(s-z_2)\cdots(s-z_m)=0$ 时,其根 $z_i(i=1,2,3,\cdots,m)$ 称为传递函数的零点。

当 $D(s)=a_0(s-p_1)(s-p_2)\cdots(s-p_n)=0$ 时,其根 $p_i(i=1,2,3,\cdots,n)$ 称为传递函数的极点。零点和极点的数值完全取决于系统的结构参数。

将传递函数的零、极点表示在复平面上的图形称为传递函数的零、极点分布图。图中,零点用"○"表示,极点用"×"表示。

**例 2-7** 系统的传递函数 $G(s)=\dfrac{(s+2)}{(s+3)(s^2+2s+2)}$,绘制其零、极点分布图。

**解**:系统的传递函数可表达为:$G(s)=\dfrac{(s+2)}{(s+3)(s+1+j)(s+1-j)}$,所以 $z_1=-2$;$p_1=-3$,$p_2=-1-j$,$P_3=-1+j$。绘制的零、极点分布图如图 2-69 所示。

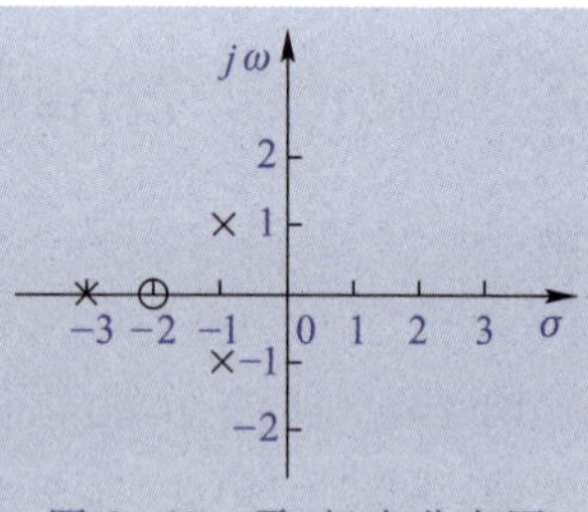

图 2-69 零、极点分布图

当系统的传递函数 $G(s)$ 为有理函数时,它的几乎全部信息都集中表现为它的零点、极点和传递系数。因此,系统的响应也就由它的零点、极点和传递系数来决定。

## 4. 典型环节及其传递函数

运动控制系统一般由若干元件以一定的形式连接而成,这些元件的物理结构和工作原理可以是多种多样的。但是从理论上来看,物理本质和工作原理不同的元件,可以有完全相同的数学模型,即具有相同的动态特性。在控制工程中,常常将具有某种确定信息传递关系的元件、元件组或元件的一部分称为一个环节,经常遇到的环节则称为典型环节。这样,任何复杂的系统总可以归结为由一些典型环节组成,从而为建立系统模型和研究系统特性带来方便,使问题简化。

（1）比例环节

输出量按比例复现输入量，无滞后、失真现象。

① 运动方程：
$$x_o(t) = K x_i(t)$$

式中，$K$——比例系数。

② 传递函数：$G(s) = K$

运算放大器为一个典型的比例环节，如图 2-70 所示。

其传递函数为：$G(s) = \dfrac{U_o(s)}{U_i(s)} = -\dfrac{R_2}{R_1} = K$

（2）一阶惯性环节

此环节中含有一个独立的储能元件。对于突变的输入，输出不能立即复现，存在时间上的滞后。其运动方程为一阶微分方程。

① 运动方程：
$$T\dfrac{dx_o(t)}{dt} + x_o(t) = K x_i(t)$$

式中，$T$——时间常数；

$K$——比例系数。

② 传递函数：
$$G(s) = \dfrac{X_o(s)}{X_i(s)} = \dfrac{K}{Ts+1}$$

无源阻容滤波器为一个典型的一阶惯性环节，如图 2-71 所示。

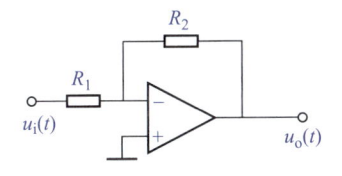

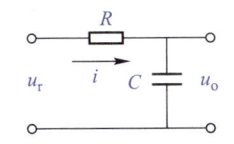

图 2-70　运算放大器　　　　图 2-71　无源阻容滤波器

其微分方程为：
$$RC\dfrac{d}{dt}u_C(t) + u_C(t) = u_r(t) \quad \left(因为：i(t) = C\dfrac{du_C(t)}{dt}\right)$$

其传递函数为：
$$G(s) = \dfrac{1}{RCs+1} = \dfrac{1}{Ts+1}, \quad T = RC$$

（3）积分环节

积分环节常用来改善系统的稳态性能。自动控制系统若进入稳态后存在稳态误差，则称该系统是有稳态误差的或称有差系统。为了消除该误差，在控制器中必须引入积分环节。随时间增加，积分项会增大。

① 运动方程：$x_o(t) = \dfrac{1}{T}\displaystyle\int_0^t x_i(t)\, dt$

② 传递函数：$G(s)=\dfrac{X_o(s)}{X_i(s)}=\dfrac{1}{Ts}$

其特点是除非输入信号 $x_i(t)$ 恒为 0，否则输出量 $x_o(t)$ 不可能维持常数不变。

（4）微分环节

输出量正比于输入量的变化速度，能预示输入信号的变化趋势。在物理系统中微分环节很难独立存在，经常和其他环节一起出现。

① 运动方程：$x_o(t)=K\dfrac{dx_i(t)}{dt}$

② 传递函数：$G(s)=Ks$

测速发电机无负载时，为一个典型的微分环节，如图 2-72 所示。

其微分方程为：$u_o(t)=K\dfrac{d\theta_i(t)}{dt}$

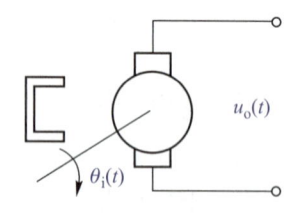

图 2-72 测速发电机

其中，$\theta_i(t)$——输入转角；

$u_o(t)$——输出电压；

$K$——发电机常数。

其传递函数为：$G(s)=\dfrac{U_o(s)}{\theta_i(s)}=Ks$

（5）二阶振荡环节

环节中有两个独立的储能元件，且所储能量可以进行交换，从而导致其输出量出现振荡。

① 运动方程：$T^2\dfrac{d^2x_o(t)}{dt^2}+2\zeta T\dfrac{dx_o(t)}{dt}+x_o(t)=x_i(t)$

② 传递函数：$G(s)=\dfrac{1}{T^2s^2+2\zeta Ts+1}=\dfrac{\omega_n^2}{s^2+2\zeta\omega_n s+\omega_n^2}$

式中，$T$——时间常数；

$\omega_n$——无阻尼固有频率，$\omega_n=\dfrac{1}{T}$；

$\zeta$——阻尼比。

$R$-$L$-$C$ 串联电路为一个典型的振荡环节，如图 2-60 所示。

其微分方程为：

$$LC\dfrac{d^2u_C(t)}{dt^2}+RC\dfrac{du_C(t)}{dt}+u_C(t)=u_r(t)$$

其传递函数为：

$$G(s)=\dfrac{1}{LCs^2+RCs+1}$$

### 2.3.8 系统框图

系统函数的框图（block diagram）也称系统框图，是传递函数的一种图形描述，可以形象地描述系统各单元之间和各作用量之间的相互关系,比较直观。

1. 绘制系统框图的步骤

① 由输入到输出,列写出系统各元件(环节)的微分方程。在建立方程时应分清各元件的输入量、输出量,同时应考虑相邻元件之间是否有负载效应。

② 在零初始条件下,对微分方程进行拉氏变换。

③ 绘制出各部件的方块图。

④ 按照系统中信号的传递顺序,依次将各部件的方块图连接起来,便可得到整个的系统框图。

2. 典型系统框图的建立举例

画出如图 2-73 所示的复杂 R-C 网络的系统框图。

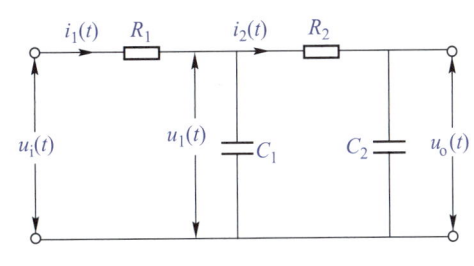

图 2-73 复杂 R-C 网络

① 列出原始的微分方程:

$$i_1(t) = \frac{1}{R_1}[u_i(t) - u_1(t)]$$

$$u_1(t) = \frac{1}{C_1}\int [i_1(t) - i_2(t)]\,dt$$

$$i_2(t) = \frac{1}{R_2}[u_1(t) - u_o(t)]$$

$$u_o(t) = \frac{1}{C_2}\int i_2(t)\,dt$$

② 在零初始条件下,对微分方程进行拉普拉斯变换,得:

$$I_1(s) = \frac{1}{R_1}[U_i(s) - U_1(s)]$$

$$U_1(s) = \frac{1}{C_1 s}[I_1(s) - I_2(s)]$$

$$I_2(s) = \frac{1}{R_2}[U_1(s) - U_o(s)]$$

$$U_o(s) = \frac{1}{C_2 s}I_2(s)$$

③ 绘制出上面 4 个部件的方块图,如图 2-74 所示。

④ 依次将各部件的方块图连接起来,得到整个的系

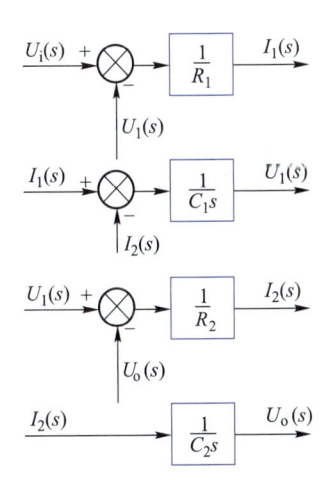

图 2-74 4 个部件的方块图

统框图,如图 2-75 所示。

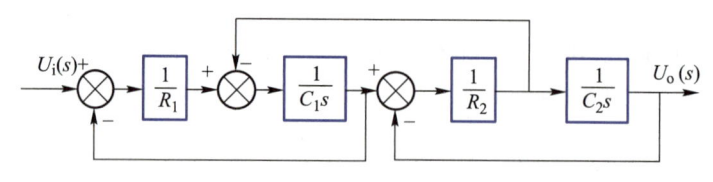

图 2-75 系统框体

## 2.3.9 直流调速系统的数学模型建立

如图 2-76 所示为一个典型的直流开环调速系统原理图。对于电枢控制的直流电动机,其保持恒定的励磁电流。工作时,输入的电枢电压 $u_a(t)$ 在电枢回路中产生电枢电流 $i_a(t)$,电枢电流 $i_a(t)$ 与励磁磁通相互作用,产生电磁转矩 $T_e(t)$,驱动外部负载转动。

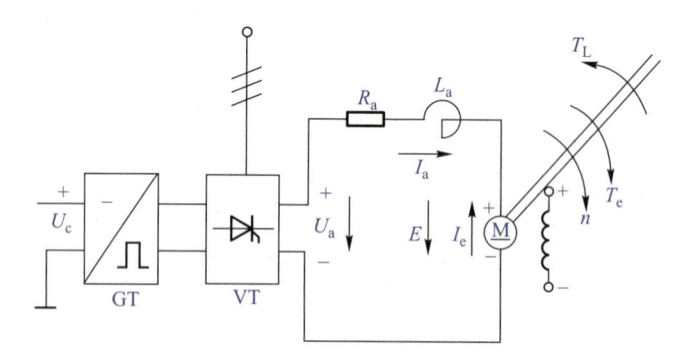

图 2-76 直流开环调速系统原理图

$U_c$ 表示给定量的逐步变化。同步移相触发电路 GT 和可控整流电路 VT 组成了放大变换部件。$R_a$、$L_a$ 分别为电枢绕组电阻和电感,$E$ 为反电动势。

要重点分析并得出晶闸管触发和整流装置的传递函数和直流电动机的传递函数,以便得出其动态、静态方程。

1. 晶闸管触发和整流装置的传递函数

从图 2-76 可知,对晶闸管触发和整流装置构成的整体来说,输入量是 $U_c$,输出量是 $U_a$,控制角 $\alpha$ 与移相触发控制电平 $U_c$ 之间的关系随移相触发电路的不同而不同。实际的触发电路和整流电路都是非线性的,只能在一定的工作范围内近似看成线性,晶闸管和整流放大装置进行近似线性化处理。传递函数如下:

$$G_s(s) = \frac{U_a(s)}{U_c(s)} \approx \frac{K_s}{T_s s + 1} \quad (2-49)$$

传递函数可近似成为一阶惯性环节,由一个储能元件(例如电感)和一个耗能元件(如电阻)组成。输入突变,输出不突变,按指数规律逐步变化,反映出该环节具有惯性。

PWM 控制的动态数学模型也与式 2-49 一致。

## 2. 直流电动机传递函数

他励直流电动机的等效电路如图 2-31(a)所示。根据基尔霍夫电压定律,电网络的闭合回路中电动势的代数和等于沿回路的电压降的代数和。对照式 2-6、式 2-27、式 2-29,其电压平衡方程为:

$$U_a = I_a R_a + L_a \frac{dI_a}{dt} + C_e \Phi n \tag{2-50}$$

式中,$n$——转速(r/min);
$U_a$——电枢电压(V);
$I_a$——电枢电流(A);
$R_a$——电枢回路总电阻($\Omega$);
$L_a$——电动机电枢电感;
$\Phi$——励磁磁通(Wb);
$C_e$——由电动机结构决定的电动势常数。

根据转矩平衡原理,将空载转矩作为负载转矩,忽略阻尼,得到转矩平衡方程式为:

$$T_e = J\frac{d\omega}{dt} + T_L$$

折算的电动机轴上的飞轮惯量为 $GD^2$,单位为 $N \cdot m^2$,$J = GD^2/4g$,$d\omega/dt = (2\pi/60)dn/dt$,则

$$T_e - T_L = \frac{GD^2}{375}\frac{dn}{dt} \tag{2-51}$$

把式 2-6 的 $E = C_e \Phi n$ 代入式 2-50 得:

$$U_a - E_a = R_a\left(I_a + \frac{L_a dI_a}{R_a dt}\right)$$

把电磁驱动转矩与电枢电流的关系式 $T_e = C_T \Phi I_a$、负载转矩与负载电流的关系式 $T_L = C_T \Phi I_L$、电动机转速 $n = \dfrac{E_a}{C_e \Phi}$ 带入式 2-51 得:

$$C_T \Phi I_a - C_T \Phi I_L = \frac{1}{C_e \Phi}\frac{GD^2}{375}\frac{dE_a}{dt}$$

即:
$$I_a - I_L = \frac{\dfrac{R_a GD^2}{C_T C_e \Phi^2 375}}{R_a}\frac{dE_a}{dt}$$

系统电动机时间常数定义为: $T_m = \dfrac{R_a GD^2}{C_T C_e \Phi^2 375}$

电枢回路电磁时间常数为: $T_1 = \dfrac{L_a}{R_a}$

则有: $U_a - E = R_a\left(I_a + T_1\dfrac{dI_a}{dt}\right)$,$I_a - I_L = \dfrac{T_m}{R_a}\dfrac{dE}{dt}$。在零初始条件下进行拉氏变换,得到如下传递函数。

① 电压与电流间的传递函数为：

$$\frac{I_a(s)}{U_a(s)-E(s)}=\frac{1/R_a}{T_1s+1} \quad (2-52)$$

② 电流与电动势间的传递函数为：

$$\frac{E(s)}{I_a(s)-I_L(s)}=\frac{R_a}{T_m s} \quad (2-53)$$

③ 感应电动势与转速间的传递函数为：

$$\frac{n(s)}{E_a(s)}=\frac{1}{C_e \Phi} \quad (2-54)$$

根据式 2-52、式 2-53、式 2-54，画出额定励磁下的直流电动机系统框图如图 2-77 所示。

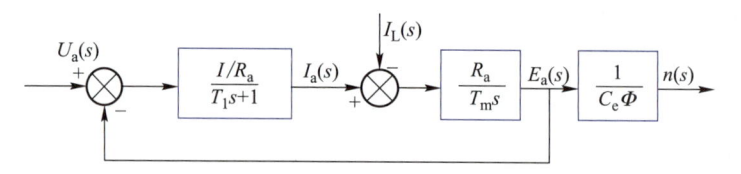

图 2-77 额定励磁下的直流电动机系统框图

图 2-77 所示系统加上电源变换装置后得到的动态系统框图如图 2-78 所示。

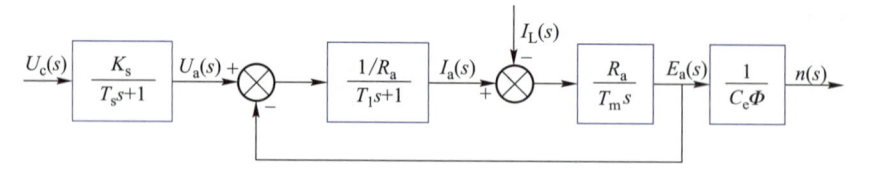

图 2-78 含电源变换装置的额定励磁下的直流电动机动态系统框图

### 2.3.10 直流调速系统的 PID 控制

**1. 认识 PID 控制**

PID（proportion integral derivative）控制是一种线性控制，它将给定值 $r(t)$ 与实际输出值 $y(t)$ 的偏差的比例（P）、积分（I）、微分（D）通过线性组合构成控制量，对控制对象进行控制。

以直流电动机转速控制来举例说明 PID。进行 PID 控制主要有 3 个原因：① 由于外部环境，电动机的实际速度有时不稳定；② 需要让电动机以最快的时间达到既定的目标速度；③ 实现整个速度闭环控制系统，改善系统的动态性能。

电动机调速如果是线性的，直接用 P 即可。例如，直流电动机的转速用 PWM 控制，在 PWM=60% 时，速度是 2.0 m/s，要它变为 3.0 m/s 时，就把 PWM 提高到 90%。因为 90/60=3/2。但事实上这是不行的，因为系统并非完全线性。

例如，通过编码器测得现在的速度是 2.0 m/s，要达到 2.3 m/s 的速度，把 PWM 增大即可。PWM 和速度的准确关系要一点一点试，加 1% 不够，再加 1% 还是不够，那么第三次很有可能就加 2% 了。PID 的三个参数表达式为：

$$\Delta PWM = a \cdot \Delta v_1 + b \cdot \Delta v_2 + c \cdot \Delta v_3$$

式中，$a$、$b$、$c$——通过 PID 的公式展开约简后的数字；

$\Delta v_1$，$\Delta v_2$，$\Delta v_3$——第一次、第二次、第三次调整后的速度差。

所以，PID 要使电动机当前速度最快达到目标速度，就需要建立 PWM 和速度之间的关系。

### 2. PID 控制器的基本原理

（1）定义

PID 控制器原理如图 2-79 所示。

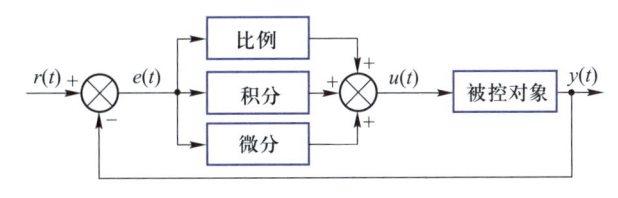

图 2-79 PID 控制器原理

PID 控制器是一种线性控制器，它根据给定值 $r(t)$ 与实际输出值 $y(t)$ 的偏差 $e(t)$ 的比例（P）、积分（I）、微分（D），通过线性组合构成控制量，对控制对象进行控制，有：

$$e(t) = r(t) - y(t) \tag{2-55}$$

PID 控制的控制规律为：

$$u(t) = K_P \left[ e(t) + \frac{1}{T_I} \int_0^t e(t) \, dt + T_D \frac{de(t)}{dt} \right] + u_0 \tag{2-56}$$

式中，$K_P$——比例系数；

$T_I$——积分常数；

$T_D$——微分常数。

各环节作用如下所述。

比例环节：及时成比例地反映控制系统的偏差信号 $e(t)$。偏差信号一旦产生，控制器立即产生控制作用，以减少偏差。

积分环节：主要用于消除静态误差，提高系统的无差度。实际是把偏差的积累作为输出，只要有偏差存在，积分环节的输出就会不断增大，直到偏差 $e(t) = 0$，输出的 $u(t)$ 才可能维持在某一常量。积分作用的强弱取决于积分常数 $T_I$，$T_I$ 越大，积分作用越弱，反之则越强。

微分环节：用于阻止偏差的变化，根据偏差信号的变化趋势进行控制。偏差变化越快，微分控制器的输出就越大，并能在偏差信号值变得太大之前，在系统中引入一个有效的早期修正信号，使系统趋于稳定，从而增加系统的响应度，减少调节时间。但其对噪声很敏感，所以对那些噪声较大的系统一般不用微分环节。

（2）数字 PID 控制算法

计算机控制是一种采样控制，它只能根据采样时刻的偏差值计算控制量，所以具体应用时要对式 2-56 进行离散化处理。离散化处理的方法为：以 $T$ 作为采样周期，$k$ 作为采样序号，则离散采样时间 $kT$ 对应着连续时间 $t$，用求和的形式代替积分，用增量的形式代替微分。可做如下近似变换：

$$t = kT \quad (k = 0, 1, 2, \cdots) \tag{2-57}$$

$$\int_0^t e(t)\,\mathrm{d}t \approx T\sum_{j=0}^k e(jT) = T\sum_{j=0}^k e_j \tag{2-58}$$

$$\frac{\mathrm{d}e(t)}{\mathrm{d}t} \approx \frac{e(kT)-e[(k-1)T]}{T} = \frac{e_k - e_{k-1}}{T} \tag{2-59}$$

式中,为了表示方便,把 $e(kT)$ 简记为 $e_k$,其他记法类似。

将式 2-57、式 2-58、式 2-59 代入式 2-56,得离散的 PID 表达式为:

$$u_k = K_\mathrm{P}\left[e_k + \frac{T}{T_\mathrm{I}}\sum_{j=0}^k e_j + \frac{T_\mathrm{D}}{T}(e_k - e_{k-1})\right] + u_0 \tag{2-60}$$

也写成:

$$u_k = K_\mathrm{P} e_k + K_\mathrm{I}\sum_{j=0}^k e_j + K_\mathrm{D}(e_k - e_{k-1}) + u_0 \tag{2-61}$$

式中,$k$——采样序号,$k=0,1,2,\cdots$;

$u_k$——第 $k$ 次采样时刻的计算机输出值;

$e_k$——第 $k$ 次采样时刻输入的偏差值;

$u_0$——开始进行 PID 控制时的原始初值;

$T$——采样周期。

如果采样周期 $T$ 取得足够小,则式 2-60 或式 2-61 的近似计算可获得足够精确的结果,这时离散控制过程与连续控制过程十分接近。式 2-60 或式 2-61 被称为全量式或位置式 PID 控制算法。但这种算法是全量输出,所以每次输出均与过去状态有关,计算时要对 $e_k$ 进行累加,工作量很大;并且,因为计算机输出的 $u_k$ 将大幅度变化,会引起执行机构的大幅度变化,有可能因此造成严重的生产事故,这在生产实际中是不能允许的。因此数字 PID 控制算法出现了一些常用的改进算法。

由式 2-60 可得,控制器在第 $k$-1 个采样时刻的输出值为:

$$u_{k-1} = K_\mathrm{P}\left[e_{k-1} + \frac{T}{T_\mathrm{I}}\sum_{j=0}^{k-1} e_j + \frac{T_\mathrm{D}}{T}(e_{k-1} - e_{k-2})\right] + u_0 \tag{2-62}$$

将式 2-60 与式 2-62 相减,并整理,就可得到一种新的 PID 控制算法,即增量式 PID 控制算法,其公式为:

$$\begin{aligned}\Delta u_k = u_k - u_{k-1} &= K_\mathrm{P}\left[e_k - e_{k-1} + \frac{T}{T_\mathrm{I}} e_k + \frac{T_\mathrm{D}}{T}(e_k - 2e_{k-1} + e_{k-2})\right] \\ &= K_\mathrm{P}\left[\left(1 + \frac{T}{T_\mathrm{I}} + \frac{T_\mathrm{D}}{T}\right)e_k - \left(1 + 2\frac{T_\mathrm{D}}{T}\right)e_{k-1} + \frac{T_\mathrm{D}}{T}e_{k-2}\right] \\ &= Ae_k + Be_{k-1} + Ce_{k-2}\end{aligned} \tag{2-63}$$

式中,$A = K_\mathrm{P}\left(1 + \frac{T}{T_\mathrm{I}} + \frac{T_\mathrm{D}}{T}\right)$;$B = -K_\mathrm{P}\left(1 + 2\frac{T_\mathrm{D}}{T}\right)$;$C = K_\mathrm{P}\left(\frac{T_\mathrm{D}}{T}\right)$。

所以上式中的 $\Delta u_k$ 还可写为下面的形式:

$$\Delta u_k = K_\mathrm{P}\left(\Delta e_k + \frac{T}{T_\mathrm{I}} e_k + \frac{T_\mathrm{D}}{T}\Delta^2 e_k\right) = K_\mathrm{P}(\Delta e_k + Ie_k + D\Delta^2 e_k) \tag{2-64}$$

式中,$\Delta^2 e_k = e_k - 2e_{k-1} + e_{k-2} = \Delta e_k - \Delta e_{k-1}$;$\Delta e_k = e_k - e_{k-1}$;$I = T/T_\mathrm{I}$;$D = T_\mathrm{D}/T$。

由式 2-63 可看出,如果微机控制系统采用恒定的采样周期 $T$,一旦确定了 $A$、$B$、

$C$,只要使用前后 3 次测量值的偏差,就可求出控制增量。所以,增量式 PID 控制算法与位置式 PID 控制算法相比,计算量小得多,在实际中得到了广泛的应用。

（3）采样周期

PID 控制程序是周期性执行的,执行的周期称为采样周期。采样周期越小,采样值越能反映模拟量的变化情况。但是采样周期太小会增加 CPU 的运算工作量,相邻两次采样的差值几乎没有什么变化,将使 PID 控制器输出的微分部分接近为零,所以采样周期也不宜过小。采样周期一般为信号最高频率时周期的 $1/4 \sim 1/10$。

应保证在被控制量迅速变化时（例如启动过程中的上升阶段）,能有足够多的采样点数,不致因为采样点数过少而丢失被采集的模拟量中的重要信息。

3. PID 参数的调整方法

在整定 PID 参数时,可以根据控制器的参数与系统动态性能和稳态性能之间的定性关系,用实验的方法来调节参数。最重要的问题是在系统性能不能令人满意时,知道应该调节哪一个参数,该参数应该增大还是减小。

为了减少需要整定的参数,首先可以采用 PI 控制器。为了保证系统的安全,在调试开始时应设置比较保守的参数,例如比例系数不要太大,积分时间不要太小,以避免出现系统不稳定或超调量过大的异常情况。

给出一个阶跃给定信号,根据被控制量的输出波形可以获得与系统性能相关的信息,例如超调量和调节时间。应根据 PID 参数与系统性能的关系,反复调节 PID 参数。如果阶跃响应的超调量太大,经过多次振荡才能稳定或者根本不稳定,应减小比例系数、增大积分时间。如果阶跃响应没有超调量,但是被控制量上升过于缓慢,过渡过程时间太长,应按相反的方向调整参数。如果消除误差的速度较慢,可以适当减小积分时间,增强积分作用。反复调节比例系数和积分时间,如果超调量仍然较大,可以加入微分控制,微分时间从 0 逐渐增大,反复调节控制器的比例、积分和微分部分的参数。

总之,PID 参数的调试是一个综合的、各参数互相影响的过程,实际调试过程中的多次尝试是非常重要的,也是必需的。

## 总结与测试

### 总　　结

项目二主要介绍了直流电动机运动控制系统的概念、控制原理及应用。以轮轴模拟装置的设计项目为切入点,通过控制方案分析与电动机选择、驱动电路设计、直流电动机的闭环控制与实施三个任务,完成了直流电动机原理与选用、直流电动机的控制、直流电动机驱动电路设计、数学模型建立、PID 控制、直流电动机接线与调试等的学习训练。在执行整个项目的同时,实现了培养学生从事项目运行活动的行为能力,培养学生安全、环保、成本、产品质量、团队合作等意识和能力的目的。

## 测试(满分 100 分)

一、选择题(共 12 题,每题 2 分,共 24 分)

1. 列车的轮轴装有测速齿轮,测速齿轮共有(　　)个齿。
   A. 90　　　　　　B. 95　　　　　　C. 100　　　　　　D. 85
2. 中小型直流电动机 Z4-112/2-1,其中 Z 为直流电动机,4 为(　　)。
   A. 第 4 次系列设计　　　　　　　　B. 极数为 4
   C. 电枢铁心长度代号　　　　　　　D. 容量为 4 kW
3. 直流电动机的绝缘等级是指直流电动机制造时所用绝缘材料的耐热等级。下面给出的耐热等级由低到高的是(　　)。
   A. A 级、B 级、E 级、F 级　　　　　B. A 级、E 级、B 级、H 级;
   C. B 级、D 级、H 级、C 级　　　　　D. A 级、F 级、H 级、K 级
4. 进行电动机外形结构选择时,最适用于潮湿、多灰尘、易受风雨侵蚀等恶劣环境的是(　　)。
   A. 密封式　　　　B. 封闭式　　　　C. 防护式　　　　D. 防爆式
5. 要先确定负载转矩 $T_1$,进而根据实际负载功率 $P_1$ 确定额定功率 $P$。一般情况下,电动机实际负载转矩 $T_1$ =(　　)$T$(额定负载、额定转矩)。
   A. 0.5~0.7　　　B. 0.6~0.8　　　C. 0.7~1　　　　D. 0.8~1
6. 额定功率 $P > P_1$,安全系数 $S = P/P_1$,安全系数取(　　)均可。
   A. 1.1~1.6　　　B. 1.3~1.8　　　C. 1.5~2　　　　D. 1.9~2.4
7. 因为直流电动机电枢电阻很小,所以直接启动时,启动电流 $I_{st}$ 将升到很大的数值,可以达到额定电流的(　　)倍。所以一般启动时要对 $I_{st}$ 加以限制。
   A. 4~8　　　　　B. 6~12　　　　 C. 10~20　　　　D. 20~40
8. 用 PWM 控制直流电动机时,电枢绕组两端的电压平均值为 $U_o = \alpha U_s$,$\alpha$ 为占空比。根据直流电动机电压调速原理,可知电动机转速与占空比成(　　)关系。
   A. 反比　　　　　B. 正比　　　　　C. 曲线　　　　　D. 不确定
9. 绝对式光电编码器,规格为 5 道时,分辨率(分辨角)$\alpha$ 为(　　)。
   A. 22.5°　　　　B. 11.25°　　　　C. 5.625°　　　　D. 2.812 5°
10. 单位阶跃函数的拉普拉斯变换的结果为(　　)。
    A. 1　　　　　　B. $1/(s-1)$　　　C. $1/s^2$　　　　D. $1/s$
11. 直流电动机停机时,必须切断电源,为下次启动做好准备。对于励磁式直流电动机,下列做法正确的是(　　)。
    A. 先切断励磁电源,再断开电枢电源
    B. 切断电枢电源,不用切断励磁电源
    C. 先切断电枢电源,再断开励磁电源
    D. 切断励磁电源,不用切断电枢电源
12. 在整定 PID 控制器参数时,可以根据主要的三个参量之间的定性关系,用实验的方法来调节控制器的参数。下列不属于这三个参量的是(　　)。
    A. 控制器的参数　　　　　　　　　B. 控制器种类

C. 系统动态性能　　　　　　　　D. 系统稳态性能

二、填空题(共 10 题,22 个空,每空 1 分,共 22 分)

1. 电动机的种类很多,按用途主要有_____、交流电动机等驱动用电动机和_____、_____等控制用电动机。

2. 直流电动机是实现_____能与_____能之间相互转换的电力机械。

3. 直流电动机的铭牌钉在电动机机座的外表面上,铭牌数据主要包括:_____、额定功率、_____、额定电流、_____和励磁电流等。

4. 直流电动机的励磁方式是指励磁绕组的供电方式,通常有_____、_____和_____ 3 种。

5. 直流电动机的选型包括电动机种类、结构形式、额定电压、额定转速和额定功率的选择等,其中以_____的选择为主要内容。

6. 直流电动机由_____、_____和机座等部分构成。

7. 直流电动机主要的调速方法包括:_____、_____、_____。

8. PID 控制器是一种线性控制器,它根据给定值 $r(t)$ 与实际输出值 $y(t)$ 的偏差 $e(t)$ 的比例、_____、_____,通过线性组合构成控制量。

9. PID 控制离散化处理的方法为:以 $T$ 作为_____,$k$ 作为_____,则离散采样时间 $kT$ 对应着连续时间 $t$,用求和的形式代替积分,用增量的形式代替微分。

10. 直流电动机电枢绕组或者电刷换向器接触不良,可能出现的故障现象是_____。

三、问答题(共 6 题,共 30 分)

1. 简述直流电动机的优点及缺点。(5 分)
2. 阐述直流电动机进行调压调速的优点和缺点。(6 分)
3. 阐述直流电动机改变电枢回路总电阻 $R_a$ 进行调速的优点和缺点。(5 分)
4. 阐述直流电动机减弱励磁磁通 $\Phi$ 进行调速的优点和缺点。(4 分)
5. 直流电动机在启动、运行和停止时的安全要求包括哪 6 点?(5 分)
6. 直流电动机在运行中,一般需要哪 6 个方面?(5 分)

四、计算与绘图题(共 2 题,共 12 分)

1. 某调速系统的额定转速 $n_N = 960 \text{ r/min}$,在额定负载时的额定转速降 $\Delta n_N = 96 \text{ r/min}$。从额定转速向下采用降低电枢电压调速。要求如下。

① 当生产工艺要求的静差率为 $s \leqslant s_{max} = 0.3$ 时,试计算此系统的调速范围 $D$。

② $s_{max}$ 不变,但额定转速降 $\Delta n_N$ 减小为 48 r/min 时,$D$ 为多少?

③ $\Delta n_N = 96 \text{ r/min}$,静差率变为 $s_{max} = 0.1$ 时,重新计算 $D$。

2. 绘制图 2-80 所示的 R-C 网络的系统框图。

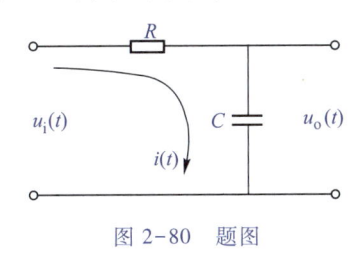

图 2-80　题图

五、实训与综合题(共 2 题,共 12 分)

1. 直流电动机的额定电压为 24 V,最大负载电流为 12 A,采用光电编码器通过联轴器检测电动机转速,请选择直流电动机的驱动模块和光电编码器,画出电动机驱动主电路图和编码器检测电路图,并接线。

2. 直流电动机之所以需要工作在制动状态,是生产机械提出的要求,制动工作状态在生产实际中有着很重要的意义,请说明主要的 3 种情况。

# 项目三　交流电动机运动控制系统的调试

项目一介绍了冲压机床的冲压运动控制系统,采用交流电动机加变频器的控制方案。本项目将增加难度和综合性,以机床主轴变频调速系统项目为切入点,分别采用变频器和直接驱动的方式控制主轴电动机和冷却液电动机,完成主轴变频控制系统的方案设计、交流电动机结构原理及应用、变频器结构原理及应用、电气原理图的绘制、元器件的选择、程序设计、系统调试等内容的学习与训练。

## 任务1　控制方案与电路设计

### ■ 任务分析

某机床主轴采用变频器和三相异步电动机控制,并且需要配备冷却电动机和工作状态指示灯。控制回路由 PLC 控制。主轴电动机为 3 相 AC 380 V、50 Hz、3 kW、2 880 r/min;冷却电动机为 3 相 AC 380 V、50 Hz、125 W、2 790 r/min。工作状态指示灯有主轴故障灯、机床正常灯。根据上述要求,完成控制系统设计,能自主设计正确、标准的电气原理图,为下一项任务做准备。

### ■ 教学目标

1. 知识目标
① 掌握控制系统的电源相关知识及应用。
② 掌握交流电动机主流调速的应用。
③ 掌握电气原理图绘制的标准。
2. 技能目标
① 具有交流调速系统方案设计能力。

② 绘制电气原理图的能力。

③ 具有电气原理图的分析能力。

3. 素养目标

① 具有严谨、全面、高效、负责的职业素质。

② 具有查阅资料、勤于思考、勇于探索的良好作风。

③ 具有善于自学及归纳分析的学习能力。

## 任务实施

### 3.1.1 控制方案设计

根据任务分析,本项目主要需完成两个交流电动机的控制,一个是主轴电动机,另一个是冷却电动机,并有相应的面板及指示。主轴电动机需要正、反转,预留调速,冷却电动机只需起停,但和主轴电动机有一定起停顺序,此外还需相应的输入及输出指示。因此,本项目需要用 PLC 进行控制。机床主轴变频调速系统示意图如图 3-1(a)所示,整个系统的控制方案如图 3-1(b)所示,包含控制器、变频器、强电控制电路、控制面板、主轴电动机、冷却电动机等。

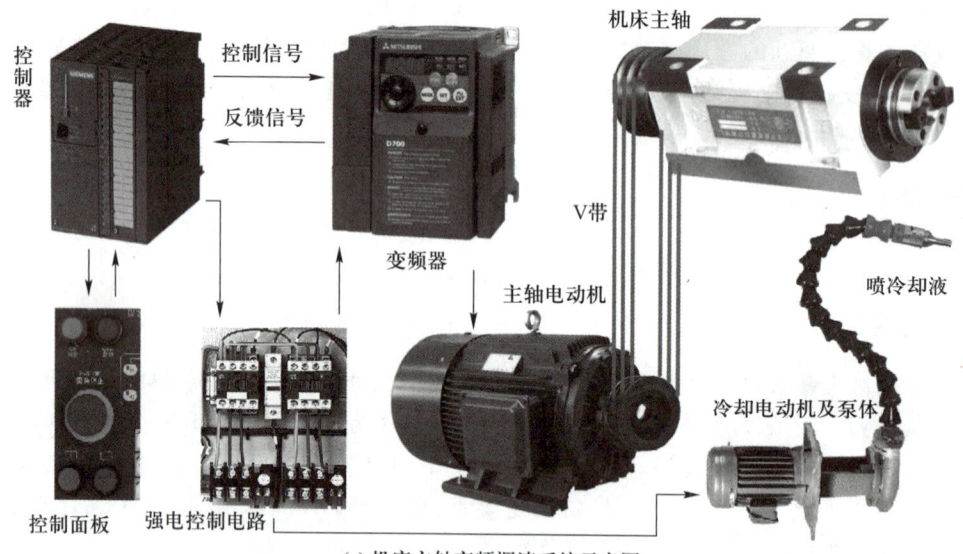

(a) 机床主轴变频调速系统示意图

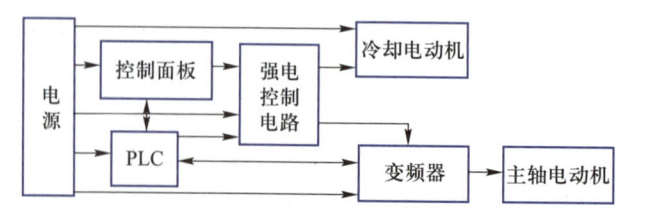

(b) 机床主轴变频控制系统控制方案

图 3-1 控制方案设计

系统控制方案各组成部分简介如下。

电源:电源部分负责给交流电动机、变频器、强电控制电路、PLC 和控制面板等供电,因变频器输出功率的大小不同而异,小功率的多用单相 220 V 电源,中大功率的采用三相 380 V 电源,本方案采用三相 380 V 电源。电路中采用 380 V/220 V 变压器得到 AC 220 V 电压,并采用开关电源进一步得到 DC 24 V 电压。

强电控制电路:主要用于系统急停、冷却电动机的起停、主轴电路的上电等。

PLC:采用西门子 S7-1200 型 PLC,用于控制强电控制电路,进而控制冷却电动机起停,变频器上电、起停、正转、反转及转速,以及指示灯等。

控制面板:主要用于强电电路的急停输入,PLC 的启动、停止等输入和故障指示、正常指示等输出。

### 3.1.2 电源电路设计

电源电路如图 3-2 所示,其作用是给整个变频控制系统供电。电路由电源保护装置、AC 380 V 供电、AC 220 V 供电和 DC 24 V 供电四个部分组成。

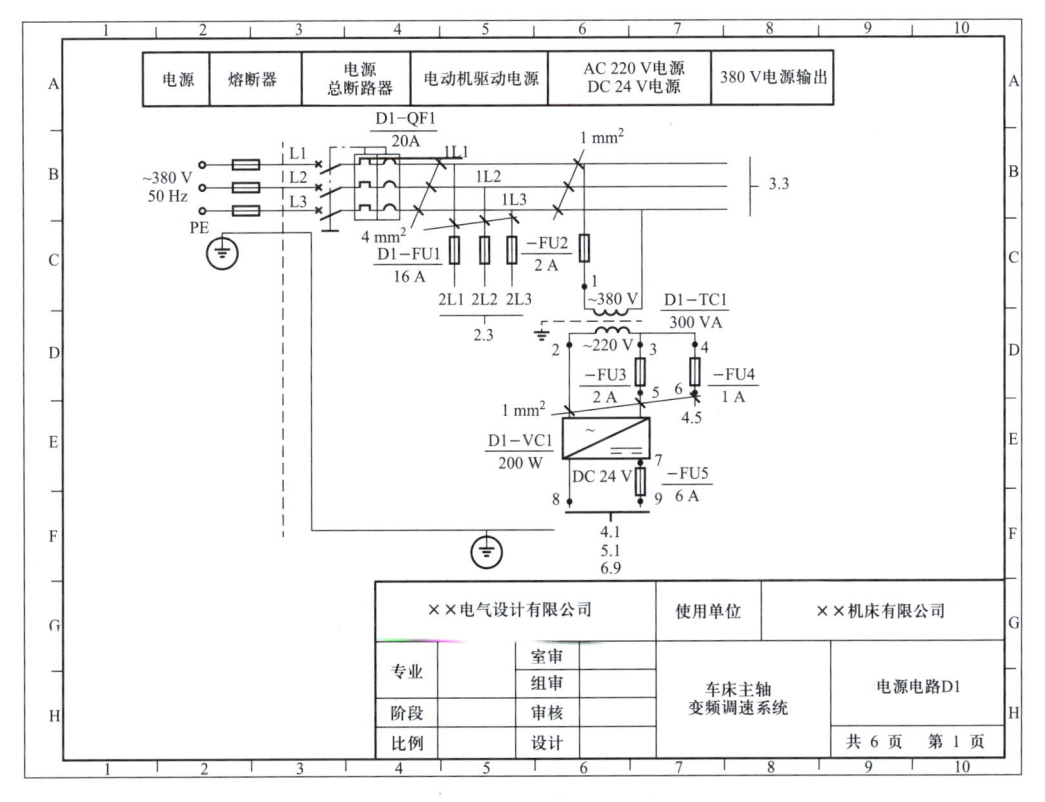

图 3-2 车床主轴电源电路

电源保护装置有断路器、熔断器等,在短路、过载、欠压等情况下对电路及元器件起到保护作用;AC 380 V 主要用于变频器和冷却电动机的供电;AC 220 V 主要用于强电控制电路的供电;DC 24 V 主要用于 PLC 及控制面板等的供电。

### 3.1.3 主轴电动机驱动电路设计

主轴电动机驱动电路如图3-3所示,其主要完成主轴电动机上电、转速设定、正转、反转、急停、报警等功能。

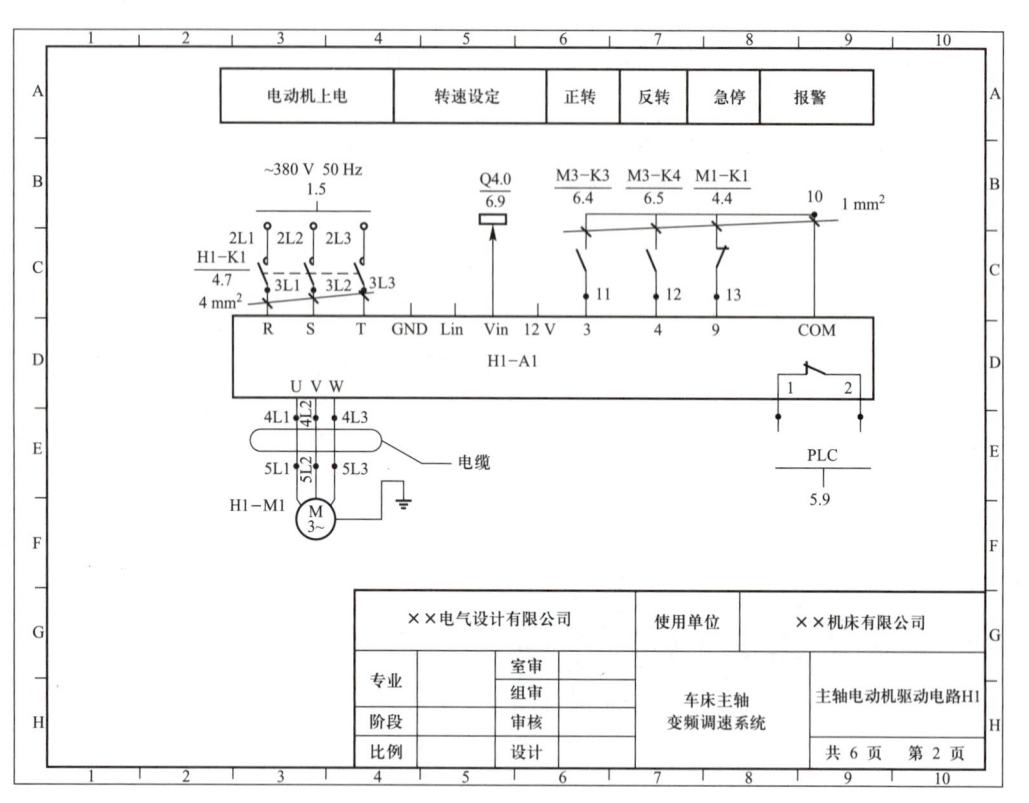

图 3-3 主轴电动机驱动电路

变频器的 R、S、T 端为 380 V、50 Hz 的三相交流电输入,U、V、W 端为频率已经变化的 380 V 三相交流电输出,接三相异步电动机转速。

Vin 端为速度设定端,由 PLC 模拟量输出端的 0~10 V 电压控制。当给定一个值时,电动机根据控制电压输出相应的转速。3 端和 COM 端接通,电动机正转;4 端和 COM 端接通,电动机反转;9 端和 COM 端接通,电动机急停。变频器的 1、2 端为设备过载、过热、短路保护输出端,接 PLC 输入端子,当有故障时 1、2 端之间呈断开状态。

### 3.1.4 冷却电动机控制电路设计

冷却电动机控制电路主要控制冷却液供给,电路如图3-4所示。电路左端1L1、1L2、1L3 接电源电路的 AC 380 V,中间接断路器 E1-QM1,进行短路或过载保护,同时具有保护开关功能,保护开关的触点接 PLC 输入电路的第 5 页第 8 区。系统通过强电控制电路接触器的触点 E1-K1 来控制冷却电动机的起停。E1-Z1 为阻容吸收器,吸收线圈分、合时的反势电压。

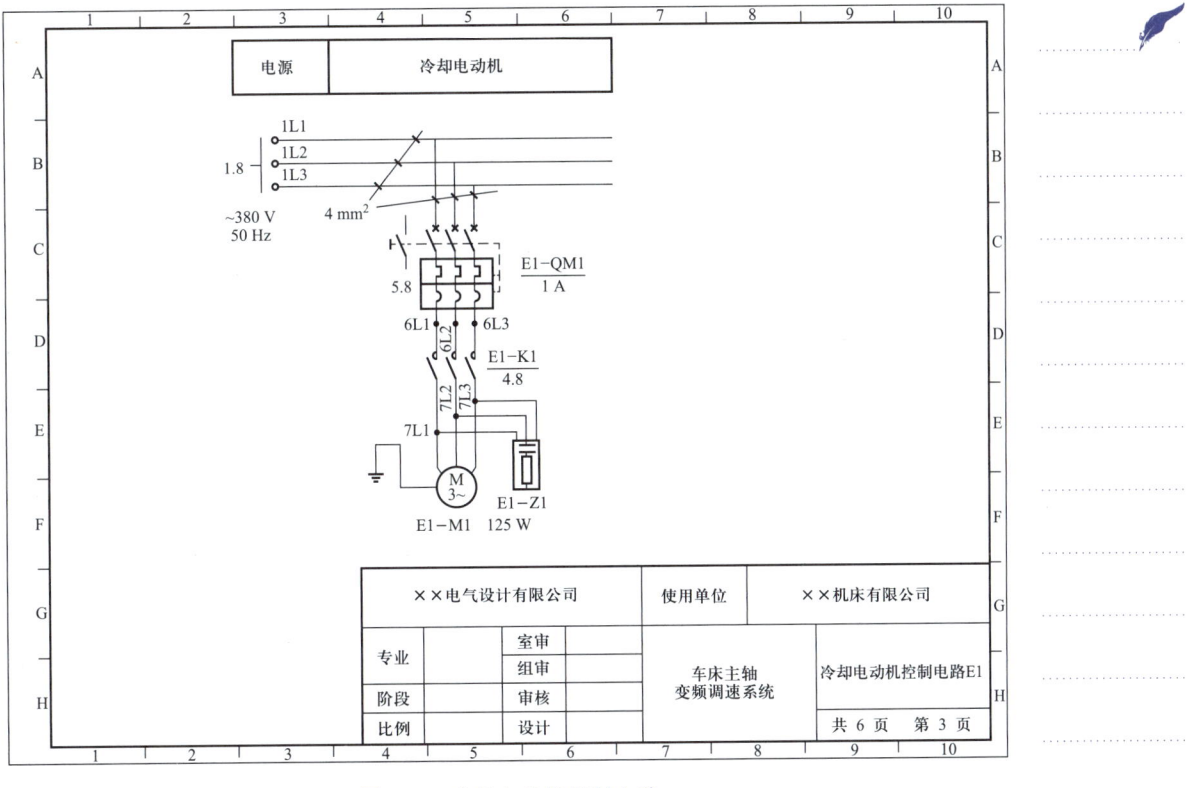

图 3-4　冷却电动机控制电路

## 3.1.5　强电控制电路设计

强电控制电路主要实现系统急停、主轴电路上电和冷却电动机上电等功能。电路如图 3-5 所示。

当按下 M1-SB1 动断急停按钮时，继电器 M1-K1 线圈失电，继电器 M1-K1 触点断开，继电器 M1-K2 线圈失电，继电器 M1-K2 触点断开，接触器 H1-K1 线圈、接触器 E1-K1 线圈失电，主轴电路和冷却电路断开，实现急停。

在非急停状态下，打开钥匙开关 M1-SA1，继电器 M1-K2 线圈得电，继电器 M1-K2 触点接通，为接触器 H1-K1 线圈、接触器 E1-K1 线圈得电做准备。PLC 控制 M3-K1、M3-K2 触点，当 M3-K1 触点闭合时，接触器 H1-K1 线圈得电，主轴电路上电；当 M3-K2 触点闭合时，接触器 E1-K1 线圈得电，冷却电路上电。

## 3.1.6　PLC 输入电路设计

PLC 输入电路主要实现 PLC 的信号输入功能，如图 3-6 所示。M2-SB1 点动按钮用于控制主轴电路接通，M2-SB2 点动按钮用于控制主轴电路断开。M2-SA1 旋钮用于冷却电动机电路接通与断开；M1-K1 急停输入开关触点来自图 3-5 中的继电器 M1-K1，M1-K1 线圈得失电受 M1-SB1 急停开关控制，用于控制系统急停；M2-SB3、M2-SB4 点动按钮用于控制主轴电动机正转和反转；E1-QM1 保护开关触点来自图 3-4 中的断路器保护开关功能，当有短路、过载等情况时，把信号传递给 PLC。I0.7 的

图 3-5　强电控制电路

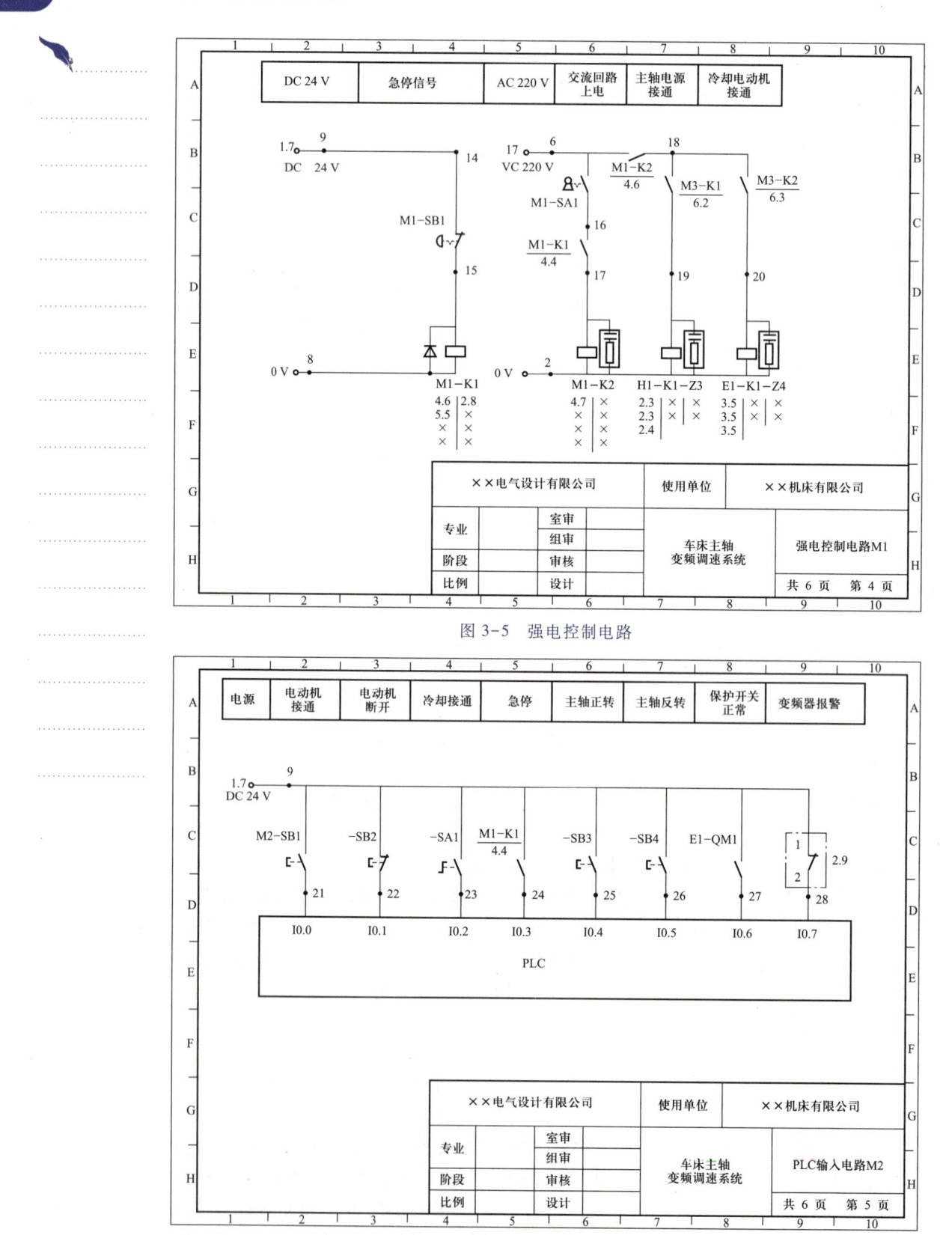

图 3-6　PLC 输入电路

输入信号来自图 3-3 中变频器的 1、2 端,当变频器检测到过载、短路时把信号传递给 PLC。

### 3.1.7 PLC 输出电路设计

PLC 输出电路主要实现 PLC 对外围器件的控制,如图 3-7 所示。

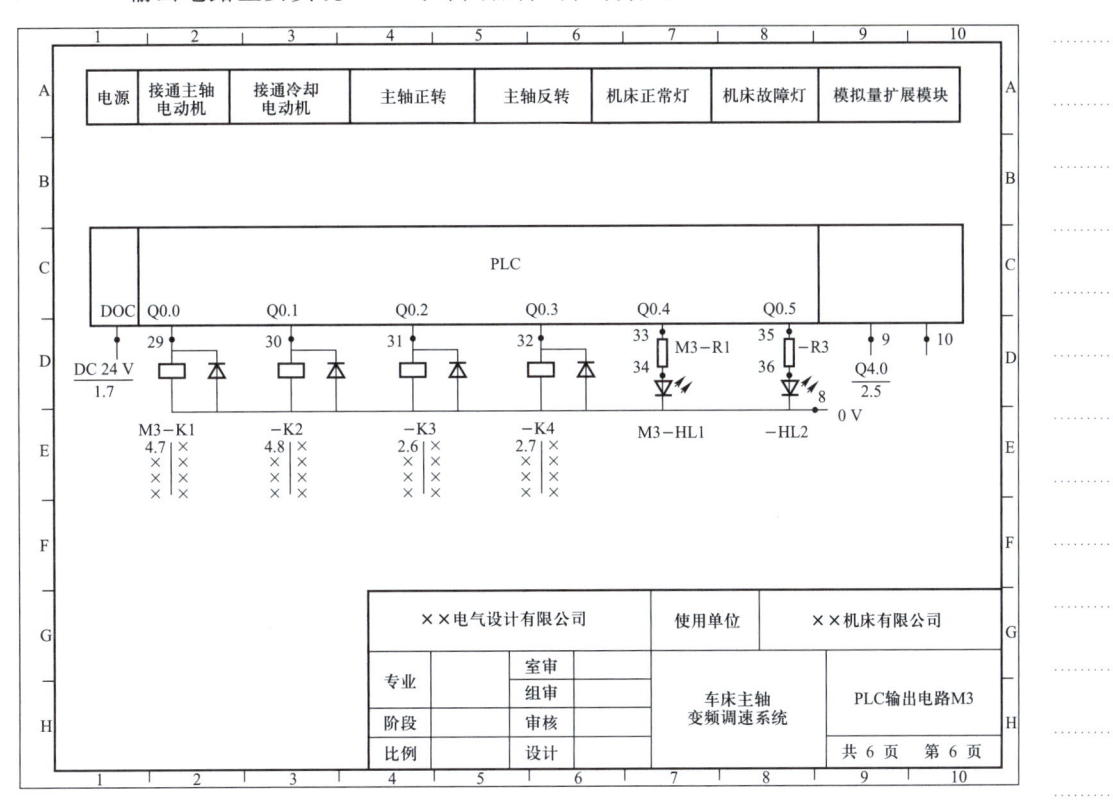

图 3-7 PLC 输出控制电路

Q0.0 为高电平时,继电器 M3-K1 线圈得电,图 3-5 中的继电器 M3-K1 触点闭合,接触器 H1-K1 线圈得电,图 3-3 中的接触器 H1-K1 触点闭合,主轴系统上电。

Q0.1 为高电平时,继电器 M3-K2 线圈得电,图 3-5 中的继电器 M3-K2 触点闭合,接触器 E1-K1 线圈得电,图 3-4 中的接触器 E1-K1 触点闭合,冷却电动机上电。

Q0.3 为低电平、Q0.2 为高电平时,继电器 M3-K3 线圈得电,图 3-3 中的继电器 M3-K3 触点闭合,在主轴系统上电的基础上,电动机正转。Q0.2 为低电平,Q0.3 为高电平时,同理电动机反转。

Q0.4、Q0.5 分别用于指示机床正常运行或机床故障。

## 任务 2　元器件的选型

### ■ 任务分析

根据控制方案和电路电气原理图,选择所需的元器件,掌握相应元器件的选型、原理及应用。其中重点掌握交流电动机结构原理及调速,变频器的基本原理及应用。

> **教学目标**

1. 知识目标
① 掌握交流电动机的分类。
② 掌握交流电动机的结构及原理。
③ 掌握交流电动机的起停和调速。
④ 掌握变频器的分类。
⑤ 掌握变频器的原理与应用。
⑥ 掌握开关电源的原理及应用。

2. 技能目标
① 具有交流电动机的分析与选型能力。
② 具有变频器的分析与选型能力。
③ 具有断路器的分析与选型能力。
④ 具有继电器、接触器的分析与选项能力。
⑤ 具有变压器的选型能力。
⑥ 具有开关电源的选型能力。
⑦ 具有按钮与指示灯的选型能力。

3. 素养目标
① 具有严谨、全面、高效、负责的职业素质。
② 具有查阅资料、勤于思考、勇于探索的良好作风。
③ 具有善于自学及归纳分析的学习能力。

> **相关知识**

## 3.2.1 交流电动机的分类及应用

电动机应用广泛,种类繁多。电动机按工作电源种类可分为直流电动机和交流电动机。

交流电动机还可分为同步电动机和异步电动机。同步电动机可划分为永磁同步电动机、磁阻同步电动机和磁滞同步电动机。异步电动机可划分为感应电动机和交流换向器电动机。感应电动机可划分为三相异步电动机、单相异步电动机和罩极异步电动机等。交流换向器电动机可划分为单相串励电动机、交直流两用电动机和推斥电动机。交流电动机的分类如图3-8所示。

1. 交流同步电动机

交流同步电动机是一种恒速驱动电动机,其转子转速与电源频率保持恒定的比例关系,被广泛应用于电子仪器仪表、现代办公设备、纺织机械等。

2. 交流异步电动机

交流异步电动机是依靠交流电压运行的电动机,电动机的转速(转子转速)小于旋

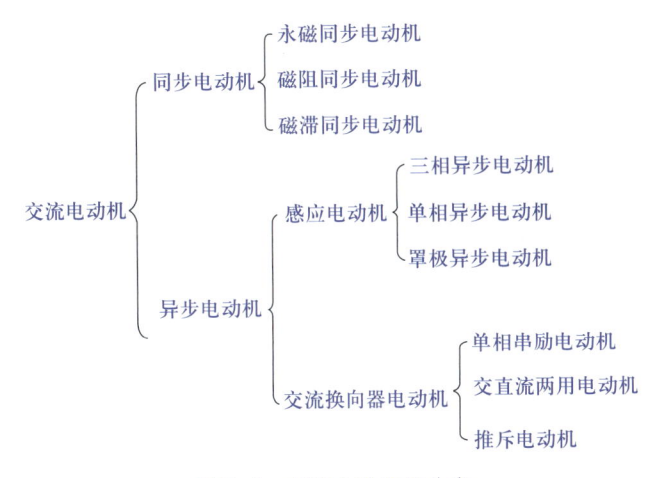

图 3-8 交流电动机的分类

转磁场的转速,从而被称为异步电动机。其广泛应用于电风扇、电冰箱、洗衣机、空调、电吹风、吸尘器、油烟机、洗碗机、电动缝纫机、食品加工机等家用电器及各种电动工具、小型机电设备中。

## 3.2.2 三相异步电动机的结构及工作原理

三相异步电动机是应用最为广泛的一种交流电动机,其带负载时的转速与所接电网的频率之比不是恒定关系,还随着负载的大小发生变化。负载转矩越大,转子的转速越低。三相异步电动机外形及接线端子如图 3-9 所示。

图 3-9 三相异步电动机外形及接线端子

电动机的基本结构包括定子和转子两部分。

### 1. 定子

定子由机座、铁心及绕组组成。机座通常用铸铁或铸钢制成,是电动机的支架,用来固定和支承定子铁心。电动机结构及机座如图 3-10 所示。

定子铁心由 0.5 mm 厚硅钢片叠压而成,用于嵌放绕组,提供磁路,如图 3-11 所示。

定子绕组由漆包线绕制而成,嵌入定子铁心槽中,用于产生旋转磁场,构成电动机电路的一部分,如图 3-12 所示。

定子绕组是对称的三相绕组,分别用 $U_1U_2$、$V_1V_2$、$W_1W_2$ 表示。其中 $U_1$、$V_1$、$W_1$ 是首端,$U_2$、$V_2$、$W_2$ 是末端。定子接线盒外部如图 3-9 右图所示,定子接线盒内部连线如图 3-13 所示。

> **拓展阅读**
>
> **我国电动机发展成就**
>
> 永磁电动机在电动汽车领域性能优势巨大,为了进一步提升电动机功率密度,工程师把圆线电动机改为扁线电动机。中国在此高端的电动机领域实现了弯道超车,掌握了永磁电动机最关键的永磁材料和扁线加工两项核心材料、技术。

图 3-10 电动机结构及机座

图 3-11 定子铁心硅钢片和定子铁心

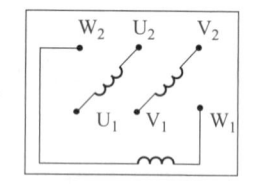

图 3-12 定子绕组　　　图 3-13 定子接线盒内部连线

2. 转子

转子由铁心、绕组和转轴组成。在旋转磁场作用下,产生感应电动势或电流,产生电磁转矩。

转子铁心由硅钢片叠压而成,嵌放绕组,提供磁路,是电动机磁路的一部分。转子铁心硅钢片如图 3-14 所示。

转子绕组构成电动机电路的另一部分,有绕线式和笼型。绕线式的异步电动机能采用转子绕组串电阻启动和调速,因此启动性能和调速性能比笼型异步电动机优越。但由于笼型异步电动机结构简单易于维护,具有一系列的优点,因而应用广泛。笼型转子绕组大部分是浇铸铝笼型,如图 3-15 左图所示,大功率的也有铜条制成的笼型转子导体,如图 3-15 右图所示。

图 3-14 转子铁心硅钢片

转轴一般用 45 号钢制成,用来传递电磁转矩。转轴上面安装转子绕组。安装绕线式转子绕组和笼型转子绕组的转轴如图 3-16 所示。

3. 异步电动机的原理模型

利用线圈在旋转的磁场中切割磁力线,产生感应电动势和感应电流,产生感应电流的线圈在磁场中受力,使线圈旋转,模型如图 3-17 所示。

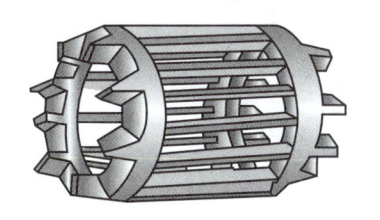

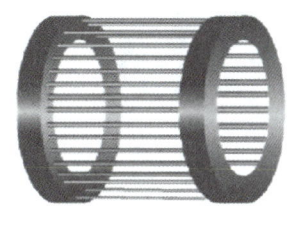

图 3-15　笼型转子绕组

图 3-16　安装绕线式转子绕组和笼型转子绕组的转轴

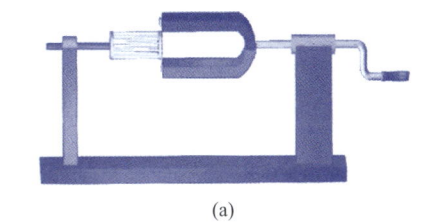

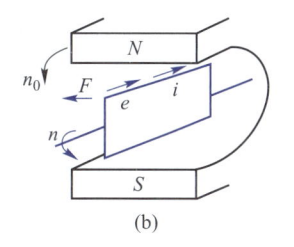

图 3-17　异步电动机的原理模型

当手摇图 3-17(a)右边手柄时,左边的鼠笼会随着磁铁旋转的方向进行旋转。模型可进一步简化为图 3-17(b)所示。当磁铁 N-S 以转速 $n_0$ 进行旋转时,线圈会切割磁力线,由右手定则(见图 2-18),拇指为线圈相对磁力线运动方向(向右),磁场穿过掌心,四指方向为产生感应电动势 $e$ 方向,$i$ 为感应电流方向。

产生感应电流 $i$ 的线圈的运动由左手定则(见图 2-17)确定。四指为通电电流方向,磁场穿过掌心,拇指为受力方向 $F$。所以,产生感应电流 $i$ 的线圈在磁场的作用下,转速为 $n$,其转向与磁铁转向一致。

4. 三相异步电动机的工作原理

(1) 旋转磁场的产生

三相异步电动机中,旋转磁场代替了旋转磁铁 N-S。为了简便起见,假设每相绕组只有一个线匝,分别嵌在定子内圆周的 6 个凹槽之中,如图 3-18 所示。

把三相绕组图绘制成示意图,如图 3-19 所示。

规定:电流正方向为首端 A 到末端 X,首端 B 到末端 Y,首端 C 到末端 Z,且 A 相绕组电流 $i_A$ 作为参考正弦量,如图 3-20、图 3-21 所示。

图 3-21 所示三相交流电的方程为:

图 3-18 三相绕组的空间位置

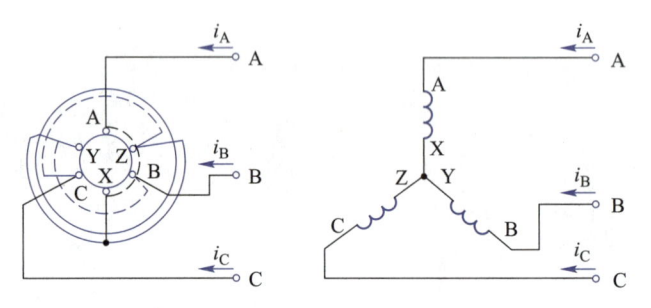

图 3-19 三相绕组示意图

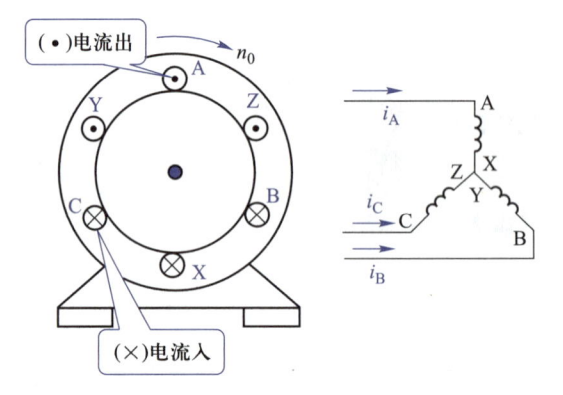

图 3-20 三相绕组电流流向

$$\begin{cases} i_A = I_m \sin \omega t \\ i_B = I_m \sin(\omega t - 120°) \\ i_C = I_m \sin(\omega t - 240°) \end{cases} \quad (3-1)$$

当 $t=0$,$\omega t=0°$ 时,如图 3-22(a)所示。由式 3-1:$i_A=0$,$i_B=-0.87I_m$,$i_C=0.87I_m$。$i_B$ 为负,B 端电流流出,Y 端电流流入;$i_C$ 为正,C 端电流流入,Z 端电流流出。所以合成磁场方向根据安培定则(右手螺旋定则),拇指指向电流方向,四指环绕方向为磁力线方向,如图 3-22(b)所示,N-S 方向向下。

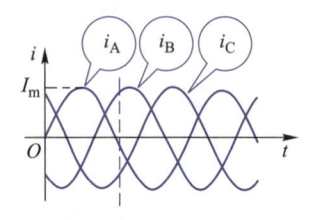

图 3-21 三相交流电

当 $t=T/6$,$\omega t=60°$ 时,如图 3-23(a)所示。由式 3-1 得 $i_A=0.87I_m$,$i_B=-0.87I_m$,$i_C=0$。$i_A$ 为正,A 端电流流入,X 端电流流出;$i_B$ 为负,B 端电流流出,Y 端电流流入。所以合成磁场方向根据安培定则,N-S 方向与竖直方向夹角为向下 60°,如图 3-23(b)所示。

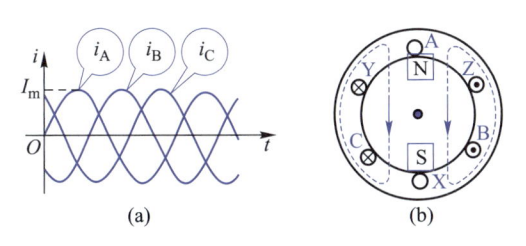

图 3-22　$\omega t=0°$ 时磁场方向

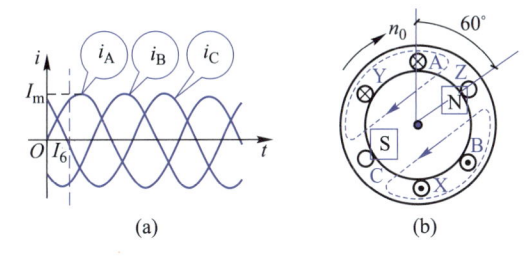

图 3-23　$\omega t=60°$ 时磁场方向

当 $t=T/3$，$\omega t=120°$ 时，如图 3-24(a) 所示。由式 3-1 得 $i_A=0.87I_m$，$i_B=0$，$i_C=-0.87I_m$。$i_A$ 为正，A 端电流流入，X 端电流流出；$i_C$ 为负，C 端电流流出，Z 端电流流入。所以合成磁场方向根据安培定则，N-S 方向与竖直方向夹角为向上 60°，如图 3-24(b) 所示。

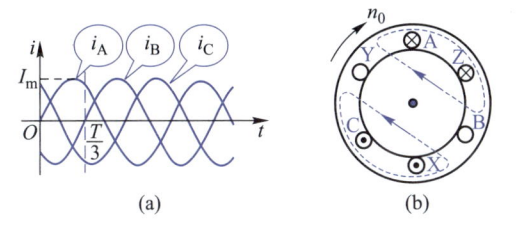

图 3-24　$\omega t=120°$ 时磁场方向

当 $t=T/2$，$\omega t=180°$ 时，如图 3-25(a) 所示。由式 3-1 得 $i_A=0$，$i_B=0.87I_m$，$i_C=-0.87I_m$。$i_B$ 为正，B 端电流流入，Y 端电流流出；$i_C$ 为负，C 端电流流出，Z 端电流流入。所以合成磁场方向根据安培定则，N-S 方向向上，如图 3-25(b) 所示。

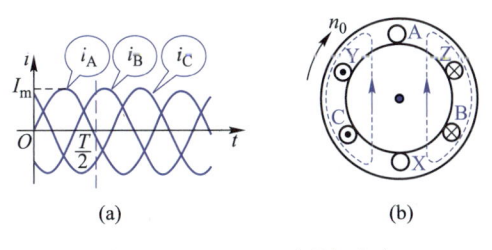

图 3-25　$\omega t=180°$ 时磁场方向

同理分析，可得其他电流角度下的磁场方向。所以可以得到如下结论。

① 当三相电流随时间的变化而不断变化时，合成磁场的方向在空间上也不断旋转，这样就产生了旋转磁场。

② 旋转磁场的方向与三相电流的相序一致。要改变电动机的旋转方向，只需换接其中两相即可，如图 3-26 所示。相序由 A、B、C 变为图 3-26 左图中的 A、C、B，则磁场转向由顺时针变为图 3-26 右图的逆时针。

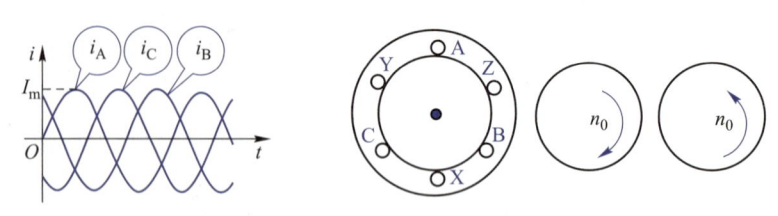

图 3-26 磁场方向控制

（2）旋转磁场的转速大小

一个电流周期，旋转磁场在空间转过 360°，则同步转速（旋转磁场相对定子的旋转速度称为同步转速，用 $n_0$ 表示）为：

$$n_0 = 60f \tag{3-2}$$

其中，$f$ 为交流电的频率，工频时，$f = 50$ Hz。$n_0$ 的单位为 r/min。

（3）极对数对转速的影响

当三相定子绕组按图 3-20 右图所示排列时，产生一对磁极的旋转磁场，此种接法下，合成磁场只有一对磁极，则极对数为 1，即 $p = 1$。

将每相绕组分成两段，如图 3-27 所示放入定子槽内，形成的磁场则是 2 对磁极。

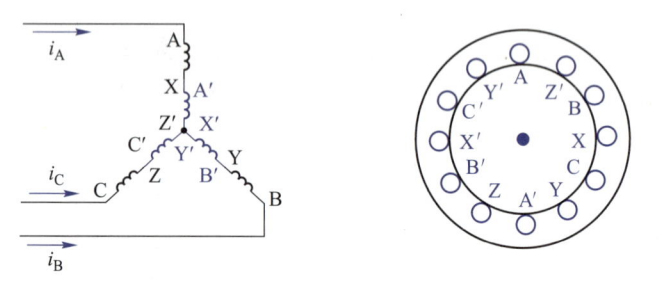

图 3-27 极对数为 2 时的情况

当 $t = 0$，$\omega t = 0°$ 时，如图 3-28(a) 所示。由式 3-1 得 $i_A = 0$，$i'_A = 0$；$i_B = -0.87I_m$，$i'_B = -0.87I_m$；$i_C = 0.87I_m$，$i'_C = 0.87I_m$。$i_B$、$i'_B$ 为负，B 端、B' 端电流流出，Y 端、Y' 端电流流入；$i_C$、$i'_C$ 为正，C 端、C' 端电流流入，Z 端、Z' 端电流流出。所以合成磁场方向根据安培定则（右手螺旋定则），如图 3-28(b) 所示。

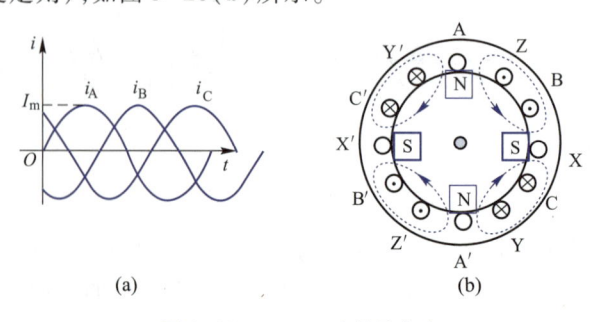

图 3-28 $\omega t = 0°$ 时磁场方向

当 $t=T/6$, $\omega t=60°$ 时, 如图 3-29(a) 所示。由式 3-1 得 $i_A=0.87$, $i'_A=0.87$; $i_B=-0.87I_m$, $i'_B=-0.87I_m$; $i_C=0$, $i'_C=0$。$i_A$、$i'_A$ 为正, A 端、A′ 端电流流入, X 端、X′ 端电流流出; $i_B$、$i'_B$ 为负, B 端、B′ 端电流流出, Y 端、Y′ 端电流流入。所以合成磁场方向根据安培定则, 可知磁场顺时针转过 30°, 如图 3-29(b) 所示。

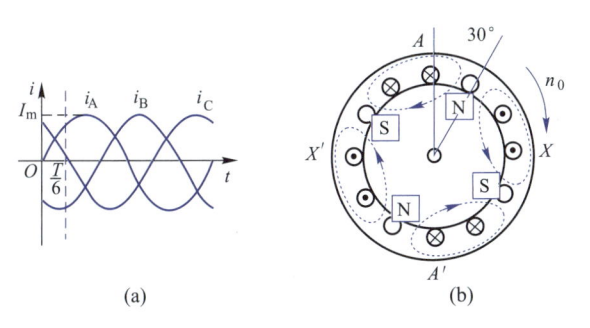

图 3-29 $\omega t=60°$ 时磁场方向

所以, 可知旋转磁场的转速取决于磁场的极对数:

$$n_0 = \frac{60f}{p} \tag{3-3}$$

（4）工作原理总结

三相异步电动机的转子之所以能够旋转, 是因为经过了如下过程。

① 三相交流电源接通三相定子绕组。
② 定子绕组产生三相对称电流。
③ 三相对称电流在电动机内部建立旋转磁场。
④ 旋转磁场与转子绕组产生相对运动。
⑤ 转子绕组中产生感应电流。
⑥ 感应电流转子绕组在磁场中受到电磁力的作用。
⑦ 在电磁力作用下, 转子沿逆时针方向开始旋转, 转速为 $n$。

由此可知, 三相异步电动机是通过载流的转子绕组在磁场中受力而使电动机转子旋转的, 而转子绕组中的电流由电磁感应产生, 并非外部输入, 故异步电动机又被称为感应电动机。

（5）转差率

由前面分析可知, 电动机转子转动方向与磁场旋转方向一致, 但转子转速不可能与旋转磁场转速相等。

如果二者相等, 则转子与旋转磁场间没有相对运动, 磁通不切割转子; 无转子电动势和转子电流, 进而无转矩; 因此, 转子转速必须小于旋转磁场转速。

旋转磁场转速（同步转速）与转子（电动机）转速之差称为转差, 转差与旋转磁场转速之比称为转差率, 用 $s$ 表示, 即

$$s = \frac{n_0-n}{n_0} \times 100\% \tag{3-4}$$

$s$ 是一个没有单位的数。正常运行的异步电动机, 转子转速 $n$ 接近于同步转速 $n_0$, 转差率 $s$ 很小, 一般 $s=0.015\sim0.06$。转子转速也可由转差率求得:

$$n = (1-s)n_0 \tag{3-5}$$

利用转差率还可以计算转子电流频率,即转子绕组电流频率,用 $f_2$ 表示。设电源频率为 $f_1$,转差率为 $s$,转子电流频率计算公式为:

$$f_2 = s \times f_1 \tag{3-6}$$

转子不动时,由定子产生的旋转磁场相对于转子绕组的速度与相对于定子绕组的速度完全一样。于是,转子电流频率 $f_2$ 与定子电流频率 $f_1$ 相等。当转子以同步速旋转时,旋转磁场与转子之间没有相对运动,转子电流频率为零。在其他转速下,转子电流频率正比于转差率 $s$。

**例 3-1** 一台三相异步电动机,其额定转速 $n = 975$ r/min,电源频率 $f = 50$ Hz。试求电动机的极对数和额定负载下的转差率。

**解**:根据异步电动机转子转速与旋转磁场同步转速的关系可知,$n_0 = 1\,000$ r/min,由式 3-3 得 $p = 3$。

由式 3-4 得额定转差率 $s$ 为:

$$s = \frac{n_0 - n}{n_0} \times 100\% = \frac{1\,000 - 975}{1\,000} \times 100\% = 2.5\%$$

### 3.2.3 三相异步电动机的转矩与机械特性

#### 1. 异步电动机的电磁转矩

异步电动机的电磁转矩等于转子中各载流导体在旋转磁场作用下,受到电磁力所形成的转矩之总和,即:

$$T = K_T \Phi I_2 \cos \varphi_2 \,(\text{N} \cdot \text{m}) \tag{3-7}$$

其中,$K_T$——电动机结构常数;

$\Phi$——每极下工作主磁通;

$I_2$——转子电流;

$\cos \varphi_2$——转子电路功率因数;

$I_1$——定子电流。

电磁转矩的另一种表达形式为:

$$T = K \frac{sR_2}{R_2^2 + (sX_{20})^2} \cdot U_1^2 \tag{3-8}$$

式中,$K$——与电动机结构参数、电源频率有关的一个常数;

$U_1$——电源电压;

$R_2$——转子每相绕组的电阻;

$s$——转差率;

$X_{20}$——电动机不动($s=1$)时转子每相绕组的感抗。

式 3-8 说明,只要电动机参数不发生变化,电磁转矩就正比于电源电压的二次方。这反映了电动机的电磁转矩在负载不变的情况下,其大小取决于电源电压的高低。但这并不意味着电动机的工作电压越高,电动机实际输出的电磁转矩就越大。电动机拖动机械负载运行时,输出机械转矩的大小实际上取决于来自电动机轴上负载转矩的大小。换言之,当电磁转矩 $T$ 等于负载转矩 $T_L$ 时,电动机就会在某一速度下稳定运行;

若 $T>T_L$，电动机就会加速运行；若 $T<T_L$，电动机则要减速运行直至停转。

根据式 3-8，可得异步电动机的电磁转矩特性曲线，如图 3-30 所示。其中，$T_m$ 对应最大电磁转矩；$s_m$ 对应最大电磁转矩的临界转差率。

2. 异步电动机的机械特性

在异步电动机中，转速 $n=(1-s)n_0$，为了符合习惯画法，可将曲线换成转速与转矩之间的关系曲线（把转矩特性曲线旋转 90°），即得到异步电动机的机械特性曲线，如图 3-31 所示。

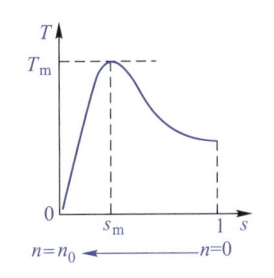

图 3-30　电磁转矩特性曲线　　图 3-31　机械特性曲线

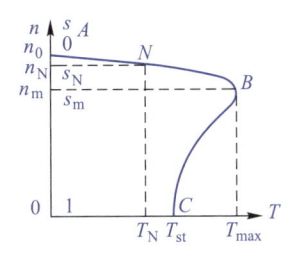

异步电动机在额定电压和额定频率下，用规定的接线方式，定子和转子电路中不串联任何电阻或电抗时的机械特性称为固有（自然）机械特性。

从特性曲线上可以看出，机械特性曲线可分为稳定运行区 AB 段和非稳定运行区 BC 段两部分。

电动机运行在 AB 段，其电磁转矩可以随负载的变化而自动调整，这种能力称为自适应负载能力。

电动机稳定运行时，$T_L=T_N$。当负载增加时，$T'_L>T_N$，动力小于阻力，电动机的稳定运行状态被破坏。这时，转速 $n$ 下降，转差率 $s$ 上升，转子电路感应电动势增加，电流 $I_2$ 增大，定子电流 $I_1$ 随之增大，电磁转矩 $T$ 增大至 $T'$。当 $T'=T'_L$ 时，电动机转速重新稳定在 $n'$ 上，此时 $n'<n$。特性曲线的 N 点向右移。

当负载减少时，$T''_L<T_N$，动力大于阻力，电动机的稳定运行状态被破坏。这时，转速 $n$ 上升，转差率 $s$ 下降，转子电路感应电动势减小，电流 $I_2$ 减小，定子电流 $I_1$ 随之减小，电磁转矩 $T$ 减小至 $T''$。当 $T''=T''_L$ 时，电动机转速重新稳定在 $n''$ 上，此时 $n''>n$。特性曲线的 N 点向左移。

机械特性曲线上有 4 个特殊点，分别介绍如下。

（1）理想空载工作点

图 3-31 中的 A 点，表示电动机处于理想空载工作点，此时电动机的转速为理想空载转速。此时：$T=0, n=n_0, s=0$。

（2）电动机额定工作点

电动机额定电压下以额定转速 $n_N$ 运行，输出额定机械功率 $P_N$ 时，电动机转轴上对应输出的机械转矩为额定电磁转矩 $T_N$。

此时额定转矩、额定转速和额定转差率分别为：

$$T=T_N, n=n_N, s=s_N$$

其中：

$$T_N = \frac{P_N}{\frac{2\pi n_N}{60}} = 9.55 \frac{P_N(W)}{n_N(r/min)}(N \cdot m), \quad s_N = \frac{n_0 - n_N}{n_0} \tag{3-9}$$

式中，$P_N$——电动机的额定功率；

$T_N$——电动机的额定转矩；

$n_N$——电动机的额定转速，一般 $n_N = (0.94 \sim 0.985)n_0$；

$s_N$——电动机的额定转差率，一般 $s_N = 0.06 \sim 0.015$。

(3) 电动机启动工作点

图 3-31 中的 $C$ 点。启动工作点的启动转矩反映了异步电动机带负载启动时的性能。此时转矩和转差率为：$T = T_{st}, n = 0, s = 1$。

将 $s = 1$ 代入转矩公式 3-8 中，可得：

$$T_{st} = K \frac{R_2 U^2}{R_2^2 + X_{20}^2}$$

可见，异步电动机的启动转矩 $T_{st}$ 与 $U$、$R_2$ 及 $X_{20}$ 有关。当施加在定子每相绕组上的电压降低时，启动转矩会明显减小；当转子电阻适当增大时，启动转矩会增大；而若增大转子电抗，则会使启动转矩大为减小。

通常把在固有机械特性曲线上的启动转矩 $T_{st}$ 与额定转矩 $T_N$ 之比称作电动机的启动能力系数：

$$\lambda_{st} = T_{st}/T_N \tag{3-10}$$

$\lambda_{st}$ 作为衡量异步电动机启动能力的一个重要数据，通常在 1.4~1.8 之间。如果电动机的启动转矩 $T_{st}$ 小于电动机轴上的负载转矩 $T_L$ 时，电动机将无法启动。

(4) 电动机临界工作点

电动机转矩最大值的点称为临界工作点，如图 3-31 中的 $B$ 点。此时转矩（最大转矩）和转差率（临界转差率）为 $T = T_{max}, n = n_m, s = s_m$。

欲求转矩的最大值，可以把转矩 $T$ 对转速 $n$ 求导。把 $n = (1-s)n_0$ 代入式 3-8，可令 $d_T/d_n = 0$；得临界转差率 $s_m = R_2/X_{20}$，再将 $s_m$ 代入转矩公式 3-8 中，即可得：

$$T_{max} = K \frac{U^2}{2X_{20}}$$

通常把在固有机械特性曲线上的最大电磁转矩 $T_{max}$ 与额定转矩 $T_N$ 之比称为电动机的过载能力系数：

$$\lambda_m = T_{max}/T_N \tag{3-11}$$

$\lambda_m$ 表征电动机能够承受冲击负载的能力大小，是电动机的又一个重要运行参数。笼型异步电动机的 $\lambda_m(1.8 \sim 2.2)$ 一般小于绕线式异步电动机的 $\lambda_m(2.5 \sim 2.8)$。

### 3.2.4 三相异步电动机的启动与制动

**1. 启动性能分析**

三相异步电动机启动时，$n = 0, s = 1$，接通电源。

(1) 启动问题分析

这时，启动电流大，启动转矩小。一般中小型笼型电动机启动电流为额定电流的

5~7 倍;电动机的启动转矩为额定转矩的 1.0~2.2 倍。

(2) 原因分析

之所以启动电流非常大,是因为启动时,$n=0$,由于旋转磁场与转子之间相对速度很大,转子导体切割磁力线速度很大,转子感应电动势大导致转子电流大。

因为转子电流增加,磁通随之增加,根据电磁感应定律,磁通将反对原有磁通的变化,因而去磁作用增加,这样,铁心中磁通将减少,定子绕组的自感电动势(反电动势)随之下降,由于电源电压不变,因此定子电流必然增加,直到产生足够的磁通以补偿去磁作用为止。

(3) 后果分析

启动电流远大于额定电流,很大的启动电流会引起输电线上电压降的增加,造成供电电压的明显下降,不仅影响同一供电系统中其他负载的工作,而且会延长电动机的启动时间。此外在启动过于频繁时,还会引起电动机过热,在这两种情况下,就必须设法降低启动电流。

**2. 启动方法**

三相异步电动机的启动方法有以下 3 种。

(1) 直接启动

对容量较小,二三十千瓦以下的,并且工作要求简单的电动机,如小型台钻、砂轮机、冷却泵的电动机可用手动开关在动力电路中接通电源直接启动。一般中小型机床的主电动机采用接触器直接启动。

(2) 降压启动

容量大于 10 kW 的笼型异步电动机直接启动时,启动冲击电流为额定值的 5~7 倍,故一般均需采取相应措施降低电压,即减小与电枢电压成正比的电枢电流,从而在电路中不至于产生过大的电压降。降压启动的方法主要包括:星形-三角形(Y-△)换接启动和自耦降压启动。

① Y-△换接启动

Y-△换接启动是电动机启动时定子绕组连成星形,启动后转速升高,当转速基本达到额定值时再切换成三角形联结的启动方法,如图 3-32 所示。

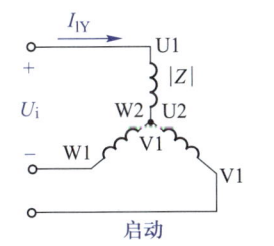

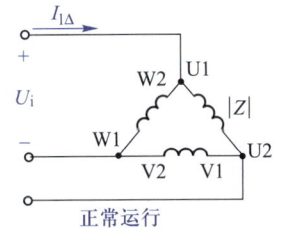

图 3-32 Y-△换接启动

启动电流和正常运行电流分别为:

$$I_{1Y}=\frac{U_1}{\sqrt{3}Z}, \quad I_{1\triangle}=\sqrt{3}\frac{U_1}{Z}$$

所以:$\dfrac{I_{1Y}}{I_{1\triangle}}=\dfrac{1}{3}$

可见，降压启动时的电流为直接启动时的三分之一。Y-△换接启动适用于正常运行时定子绕组为三角形联结，且每相绕组都有两个引出端子的电动机，适合于空载或轻载启动的场合。

三相笼型异步电动机采用 Y-△降压启动的优点是定子绕组星形接法时，启动电流为三角形接法时的 1/3，因而启动电流特性好，线路较简单，投资少。

其缺点是启动转矩也相应下降为三角形接法的 1/3，转矩特性差。

② 自耦降压启动

自耦降压启动适合于容量较大的或正常运行时接成星形不能采用 Y-△换接启动的笼型异步电动机。

首先合刀闸开关 Q，再合上 Q2，接入自耦变压器，降压启动。达到一定的转速后，断开 Q2，切除自耦变压器，电动机进行全压工作，过程如图 3-33 所示。

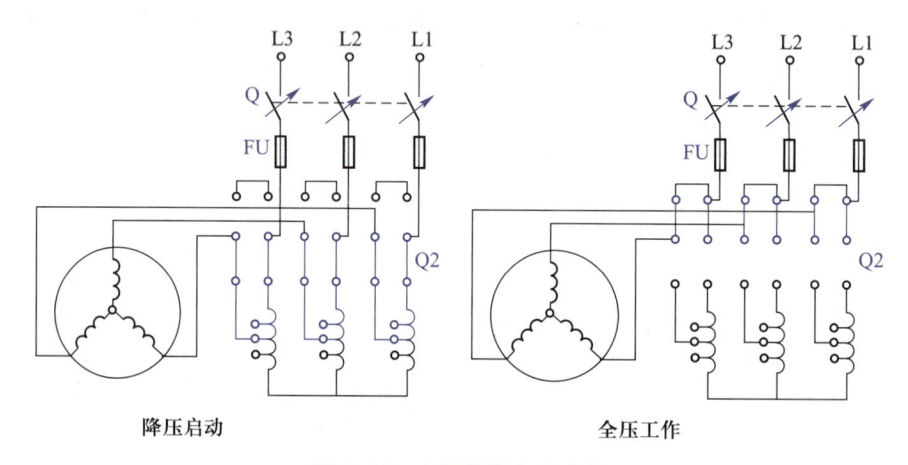

降压启动　　全压工作

图 3-33　自耦降压启动过程

采用自耦降压法启动时，若加到电动机上的电压与额定电压之比为 $K$，则线路启动电流 $I''_{st} = K^2 I_{st}$；电动机的启动转矩 $T'_{st} = K^2 T_{st}$。

（3）转子串接电阻启动

转子串接电阻启动主要适用于绕线式电动机。启动时将适当的电阻 $R$ 串入转子电路中，降低启动电流。启动达到一定的转速后切除启动电阻，将电阻 $R$ 短路，电动机全速运行。电路如图 3-34 所示。

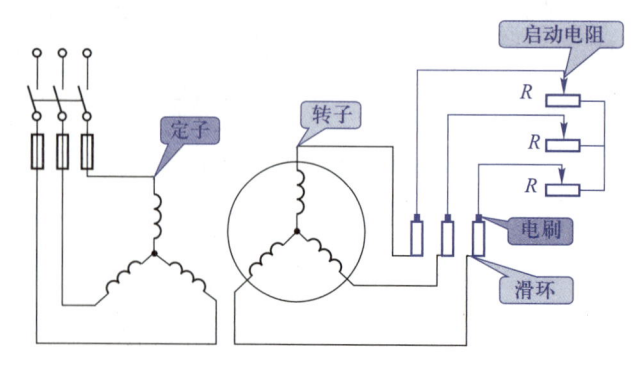

图 3-34　转子串接电阻启动电路

由公式 $I_{2st}=\dfrac{E_{20}}{\sqrt{R'^2+(X_{20})^2}}$，当转子电枢电阻增大时，转子电枢电流减小，所以定子线圈电流减小。

绕线式异步电动机转子串入附加电阻，使电动机的转差率加大，电动机在较低的转速下运行。串入的电阻越大，电动机的转速越低。

① 串电阻启动增加启动转矩，启动达到一定的转速后切除启动电阻（就是短接转子回路）全速运行。

② 串电阻启动（电阻最大值启动），根据需要调整电阻的阻值，可以改变电动机的运行速度。绕线式电动机的启动电流是可调的，通过调整转子串联的电阻大小，可以调节绕线式电动机的启动电流。

**例 3-2** 三相异步电动机在一定的负载转矩下运行时，如电源电压降低，电动机的转矩、电流及转速有无变化？

**解**：电动机电磁转矩 $T \propto U_1^2$，当电源电压下降低时，电磁转矩减小，使转速下降，转差率增加，转子电流和定子电流都会增大。稳定时，电磁转矩 $T$ 等于机械负载转矩 $T_L$，但转矩降低了，定、转子电流却增大了。过程如下：

$$U_1\downarrow \to T\downarrow \to n\downarrow \to s\uparrow \to I_2\uparrow \to I_1\uparrow \to T\uparrow$$，最终使 $T=T_L$。

### 3. 制动

三相异步电动机的制动包括机械制动和电气制动。电气制动又可工作于回馈制动、反接制动及能耗制动三种制动状态。其共同特点是电动机转矩与转速的方向相反，以实现制动。此时，电动机由轴上吸收机械能，并转换为电能。

（1）能耗制动

在断开三相电源的同时，给电动机其中两相绕组通入直流电流，直流电流形成的固定磁场与旋转的转子作用，产生了与转子旋转方向相反的转矩（制动转矩），使转子迅速停止转动。

（2）反接制动

为了迅速停车或反向，可将定子两相反接，在两相反接时，电动机的转矩为 $-T$，与负载转矩共同作用下，电动机转速很快下降，这称为定子两相反接的反接制动。

在转速接近于 0 时，若想快速停车，应切断电源，如不切断电源，电动机将反向加速。

（3）回馈制动

例如在下放重物时，电动机转速高于同步速度，异步电动机既回馈电能，又在轴上产生机械制动转矩，即在制动状态下工作。

## 3.2.5 三相异步电动机的调速

在宽调速和快速可逆拖动系统中，多采用直流电动机拖动，主要是因为直流电动机具有良好的调速性能。但是直流电动机存在价格高、维护困难、需要专门的直流电源等缺点。而交流电动机具有价格低、运行可靠、维护方便等一系列优点。又由于电力电子技术和计算机技术的日益成熟，交流电动机越来越多地应用在上述领域，逐渐取代了直流调速。

交流电动机调速分为异步电动机调速和同步电动机调速,根据二者的结构特点,异步电动机一般应用于调速,而同步电动机一般应用于伺服。

由式 3-3 和式 3-5 可知,三相异步电动机的转子转速为:

$$n = (1-s)n_0 = (1-s)\frac{60f}{p} \tag{3-12}$$

分析式 3-12 可以得到三相异步电动机的三种调速方法:改变电源频率 $f$ 调速;改变定子极对数 $p$ 调速;改变转差率 $s$ 调速。

1. 变频调速

(1) 认识变频调速

交流变频调速技术的原理是把工频 50 Hz 的交流电转换成频率和电压可调的交流电,通过改变交流异步电动机定子绕组的供电频率,在改变频率的同时也改变电压,从而达到调节电动机转速的目的。

应用变频技术与微电子技术,通过改变电动机工作电源频率方式来控制交流电动机的电力控制设备称为变频器。变频器的英文译名是 VFD(Variable-frequency Drive)。变频器在我国、韩国等亚洲地区受日本厂商影响,曾被称为 VVVF(Variable Voltage Variable Frequency Inverter)。

变频调速与直流调速系统相比具有以下显著优点。

① 变频调速装置具有大容量化。

② 变频调速系统调速范围宽,能平滑调速,其调速静态精度及动态品质好。

③ 变频调速系统可以直接在线启动,启动转矩大,启动电流小,减小了对电网和设备的冲击,并具有转矩提升功能,节省软启动装置。

④ 变频器内置功能多,可满足不同工艺要求;保护功能完善,能自诊断显示故障所在,维护简便;具有通用的外部接口端子,可同计算机、PLC 联机,便于实现自动控制。

⑤ 变频调速系统在节约能源方面有着很大的优势,是目前世界公认的交流电动机最理想、最有前途的调速技术。其中以风机、泵类负载的节能效果最为显著,节电率可达到 20%~60%。

(2) 软启动器与变频器的比较

软启动器和变频器是两种完全不同用途的产品。

① 变频器是用于需要调速的地方,其输出不但改变电压而且同时改变频率。

② 软启动器实际上是个调压器,用于电动机启动时,输出只改变电压并没有改变频率。

③ 变频器具备所有软启动器功能,但它的价格比软启动器贵得多,结构也复杂得多。

2. 变极调速

(1) 变极调速原理

由电动机学原理可知,只有定子和转子具有相同的极数时,电动机才具有恒定的电磁转矩。由于笼型异步电动机的转子极数能自动地跟随定子极数的变化,所以变极对数调速只能用于笼型异步电动机。

由式 3-3 可知,电动机的同步转速反比于磁场的极对数。而磁极对数 $p$ 的改变,取决于电动机定子绕组的结构和接线。通过改变定子绕组的接线,就可以改变电动机的磁极对数。

下面以 4 极变 2 极为例来分析变极调速。

如图 3-35 左图所示为 4 极电动机 U 相绕组的两个线圈,每个线圈代表 U 相绕组的一半,称为半相绕组。

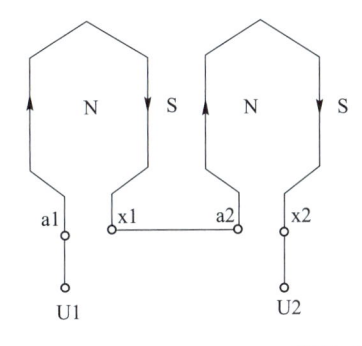

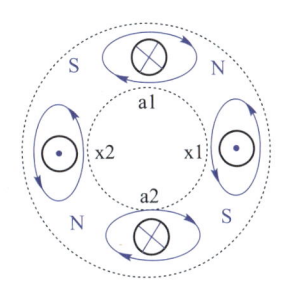

图 3-35　4 极绕组

两个半相绕组顺向串联(首尾相接)时,根据线圈中电流方向,a1、a2 电流流入,x1、x2 电流流出,根据安培定则(右手螺旋定则),定子绕组产生 4 极磁场,即 $2p=4$,方向如图 3-35 右图所示。

当将两个半相绕组的连接方式改变为图 3-36 左图所示方式,进行反向串联或反向并联时,使其中的一个半相绕组 a2、x2 中电流反向,此时定子绕组便产生 2 极磁场,如图 3-36 右图所示。由此可见,使定子每相的一半绕组中电流改变方向,就可以改变磁极对数。

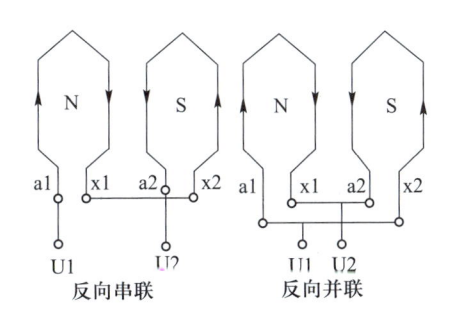

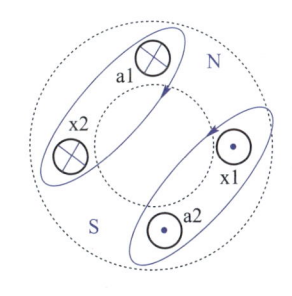

图 3-36　2 极绕组

(2) 常用的变极对数接线方法

如图 3-37 所示,表示由单星形联结改接成并联的双星形联结,写作 Y-YY。Y-YY 后,使每相的一半绕组内的电流改变了方向,因而定子磁场的极对数减少了一半。所以,转速增大一倍,即 $n_{YY}=2n_Y$,容许输出功率增大一倍,而容许输出转矩保持不变,所以这种变极调速属于恒转矩调速,它适用于恒转矩负载。

如图 3-38 所示,表示由三角形联结改接成双星形联结,写作 △-YY。△-YY 后,使每相的一半绕组内的电流改变了方向,因而定子磁场的极对数减少了一半。所以,转速增大一倍,即 $n_{YY}=2n_{\triangle}$,容许输出功率近似不变,所以这种变极调速属于恒功率调速,它适用于恒功率负载。

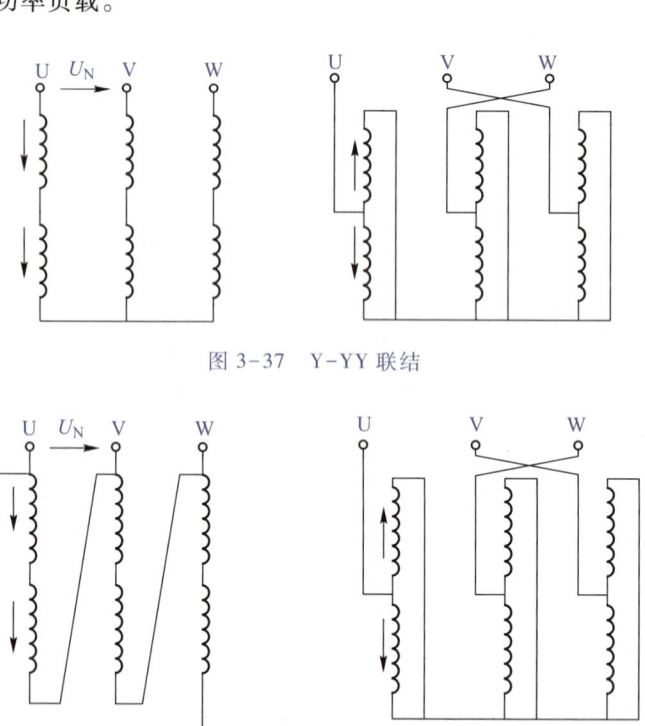

图 3-37  Y-YY 联结

图 3-38  △-YY 联结

如图 3-37、图 3-38,当改变定子绕组接线时,应同时改变定子绕组的相序(对调任意两相绕组出线端),以保证调速前后电动机的转向不变。

例如,当 $p=1$ 时,U、V、W 三相绕组在空间分布的电角度依次为 0°、120°、240°;当变为 $p=2$ 时,三相绕组分别变为 0°、240°、480°(即 120°)。可见,变极前后相序发生了变化。

变极对数调速时,转速几乎是成倍变化,所以调速的平滑性差。但它在每个转速等级运转时,和通常的异步电动机一样,具有较硬的机械特性,稳定性较好。变极对数调速既可以用于恒转矩负载,又可用于恒功率负载,所以对于不需要无级调速的生产机械,如金属切削机床、通风机、升降机等都可以采用该调速方法。

3. 变转差率调速

三相异步电动机的变转差率调速包括:绕线式转子异步电动机的转子串接电阻调速;绕线式转子异步电动机的串级调速;异步电动机的定子调压调速。

(1) 绕线式转子异步电动机的转子串接电阻调速

转子回路串接对称电阻如图 3-39 所示,其机械特性如图 3-40 所示。转子串接电阻时,$n_0$、$T_m$ 不变,$s_m$ 增大,机械特性斜率增大。当机械负载转矩 $T_L$ 一定时,工作点的转差率随转子串联电阻的增大而增大,转速减小。

这种调速方法一般应用在起重机类对调速性能要求不高的恒转矩负载上。

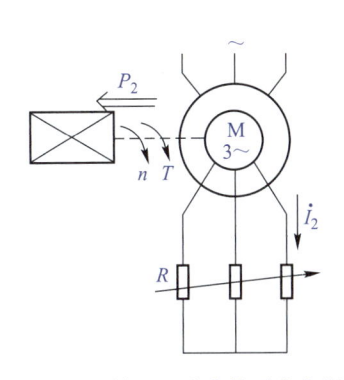

图 3-39　转子回路串接对称电阻 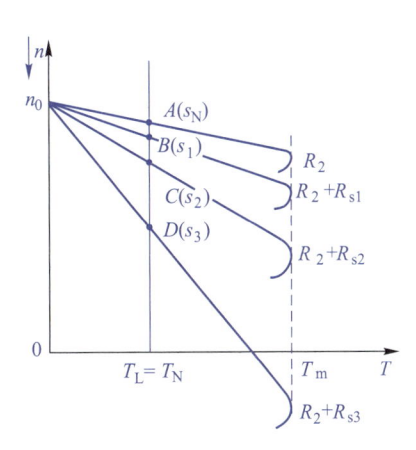　　　　图 3-40　串接对称电阻机械特性

优点：设备简单、易于实现。

缺点：有级调速、不平滑、机械特性变软，负载波动时会引起较大的转速变化；在负载转矩不变的条件下，异步电动机的电磁功率为常数，转子的铜耗与转差率成正比，故铜耗又称为转差功率。转子串接电阻调速时，转速调得越低，铜耗越大，输出功率越小，效率越低，很不经济。

（2）绕线式转子异步电动机的串级调速

转子回路串级调速如图 3-41 所示。若转子回路不串接电阻，而是串接一个电动势 $E_{add}$（与转子电动势同频率），通过改变 $E_{add}$ 的幅值大小和相位，同样可以实现调速。

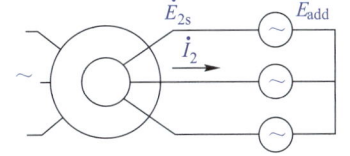

低速运行时，转子中的转差功率只有小部分被转子绕组的电阻所消耗，而其余大部分被附加电动势所吸收，利用产生该附加电动势的装置可以把这部分转差功率回馈给电网，使其在低速运行时仍具有较高的效率，该方法称为串级调速。

图 3-41　转子回路串级调速

串级调速克服了转子串接电阻调速的缺点，具有高效率、无级平滑调速、机械特性较硬等优点。

（3）异步电动机的定子调压调速

如图 3-42 所示，当定子电压降低时（$U_2<U_1<U_N$），电动机的同步转速和临界转差率均不变，而最大电磁转矩和启动转矩随电压平方关系减小。

对于通风机类负载，电动机在全段机械特性上都能稳定运行。图 3-42 中，在不同电压下的稳定工作点分别为 $C$、$D$、$E$，所以，改变定子电压可以获得较低的稳定运行速度。

对于恒转矩负载，电动机只能在机械特性的线性段（$0<s<s_m$）上稳定运行。图 3-42 中，在不同电压下的稳定工作点分别为 $A$、$B$，调速范围较窄。

调压调速一般在高转差率（具有较大转子电阻）异步电动机上采用，如图 3-43 所示，即使恒转矩负载，也能获得较宽的调速范围。只是在低速时机械特性太软，往往不能满足生产工艺要求。因此，现代的调压调速系统通常采用速度反馈的闭环控制，以提高低速时机械特性的硬特性。

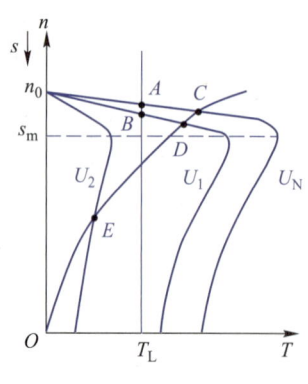

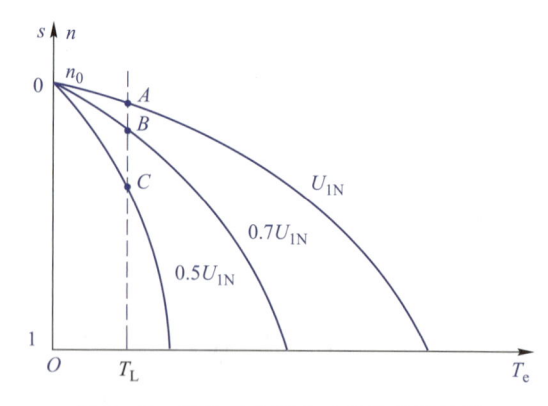

图 3-42　降压时机械特性　　　　图 3-43　高转子电阻电动机的机械特性

## 任务实施

### 3.2.6　三相异步电动机的铭牌分析与选型

**1. 三相异步电动机的铭牌数据**

每台异步电动机的机座上都有一块铭牌,上面标有该电动机的主要数据。为了能正确选择并使用电动机,需要了解铭牌上的内容。电动机铭牌如图 3-44 所示。

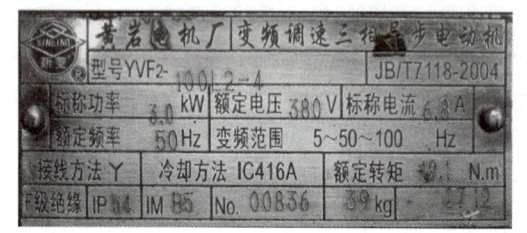

图 3-44　电动机铭牌

（1）型号

型号主要用以表明电动机的系列、几何尺寸和极数等。如表 3-1 所示列出了异步电动机系列代号。

表 3-1　异步电动机系列代号

| 产品名称 | 新代号 | 汉字意义 | 旧代号 |
| --- | --- | --- | --- |
| 异步电动机 | Y | 异 | J、JO |
| 绕线式异步电动机 | YR | 异绕 | JR、JRO |
| 防爆型异步电动机 | YB | 异爆 | JB、JBO |
| 高启动转矩异步电动机 | YQ | 异起 | JQ、JQO |

型号举例：Y 132M-4。其中 Y：三相异步电动机；132：机座中心高,单位为 mm；M：机座长度（S-短机座；M-中机座；L-长机座）；4：磁极数（极对数 $p=2$）。

（2）定子绕组接线方式

接线方式主要分为星形（Y）联结和三角形（△）联结。定子接线盒内部连接如图 3-13 所示。Y 联结如图 3-45 所示，△联结如图 3-46 所示。

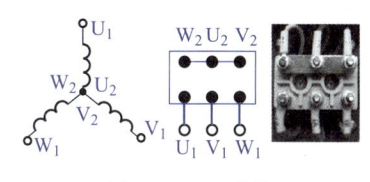

图 3-45　Y 联结

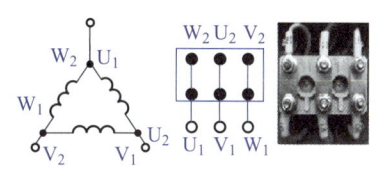

图 3-46　△联结

（3）额定电压

电动机在额定运行时定子绕组上应加的线电压值。一般规定，电动机的运行电压不能高于或低于额定值的 5%。因为在电动机满载或接近满载情况下运行时，电压过高或过低都会使电动机的电流大于额定值，从而使电动机过热。三相异步电动机的额定电压有 380 V、3 000 V 及 6 000 V 等多种。

例如，380/220 V、Y/△表示线电压为 380 V 时，采用 Y 联结；线电压为 220 V 时采用△联结。

（4）额定电流

电动机在额定运行时定子绕组的线电流值。

例如，Y/△ 6.73/11.64 A 表示 Y 联结下电动机的线电流为 6.73 A；△联结下电动机的线电流为 11.64 A。两种接法的相电流均为 6.73 A。

（5）效率与额定功率

效率是指电动机在额定状态下运行时，输出的功率与定子输入功率的比值，用 $\eta$ 表示。对于笼型异步电动机，$\eta = 72\% \sim 93\%$。

额定功率是指电动机在额定运行时，轴上输出的机械功率 $P_2$，它不等于从电源吸取的电功率 $P_1$。

两者的关系为 $P_2 = \eta \times P_1$。对于 $P_1$ 有：

$$P_1 = \sqrt{3}\, U_N I_N \cos\varphi \tag{3-13}$$

式中，$U_N$——电源输入的线电压；

$I_N$——电源输入的线电流；

$\cos\varphi$——功率因数；

$\varphi$——电压与电流的相位角。

（6）功率因数

功率因数（Power Factor）是电力系统中一个重要的技术数据。功率因数是衡量电气设备效率高低的一个系数。功率因数低，说明电路用于交变磁场转换的无功功率大，从而降低了设备的利用率，增加了线路供电损失。

在交流电路中，电压与电流之间的相位角 $\varphi$ 的余弦就是功率因数。在数值上，功率因数是有功功率与总功率的比值，即 $\cos\varphi = P/S$。显然在任何情况下功率因数都不可能大于 1。

功率因数的大小与电路的负荷性质有关，如白炽灯泡、电阻炉等电阻负荷的功率

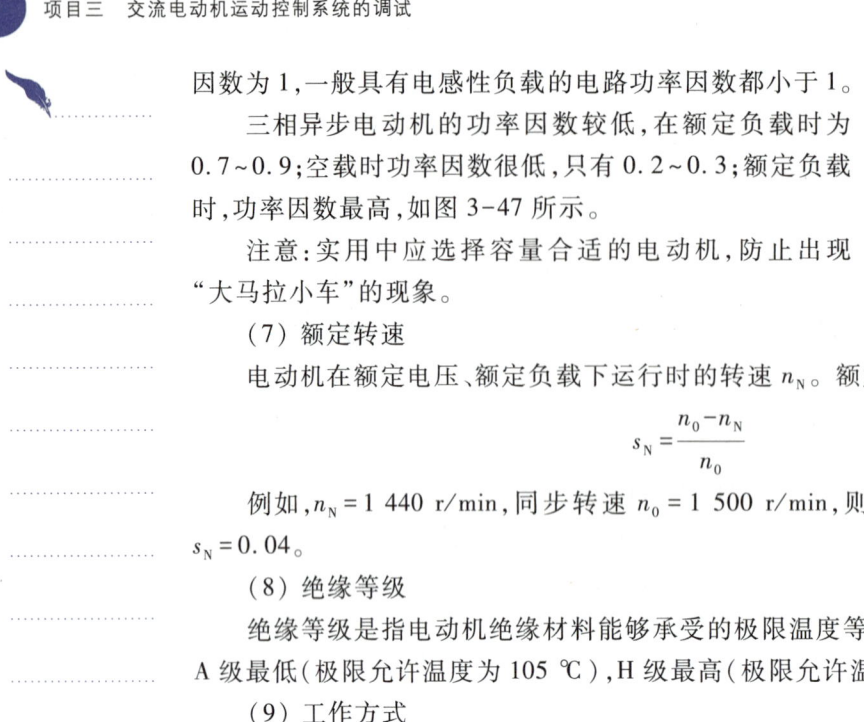

因数为1,一般具有电感性负载的电路功率因数都小于1。

三相异步电动机的功率因数较低,在额定负载时为 0.7~0.9;空载时功率因数很低,只有 0.2~0.3;额定负载时,功率因数最高,如图 3-47 所示。

注意:实用中应选择容量合适的电动机,防止出现"大马拉小车"的现象。

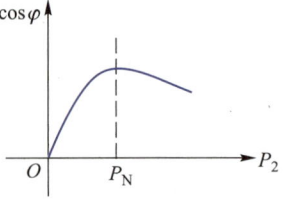

图 3-47  功率因数与负载

(7) 额定转速

电动机在额定电压、额定负载下运行时的转速 $n_N$。额定转差率为:

$$s_N = \frac{n_0 - n_N}{n_0}$$

例如,$n_N = 1\,440\text{ r/min}$,同步转速 $n_0 = 1\,500\text{ r/min}$,则可以通过上述公式计算得 $s_N = 0.04$。

(8) 绝缘等级

绝缘等级是指电动机绝缘材料能够承受的极限温度等级,分为 A、E、B、F、H 五级,A 级最低(极限允许温度为 105 ℃),H 级最高(极限允许温度为 180 ℃)。

(9) 工作方式

工作方式是对电动机按铭牌上等额定功率持续运行时间的限制,分为"连续""短时""断续"等。S1 工作制是连续工作制;S2 工作制是短时工作制;S3 是断续周期工作制。

**2. 三相异步电动机的选型**

在选择电动机时,要根据生产机械的技术要求和使用环境的特点来进行合理地选用:既要保证运行安全,又要注意维护方便,并且能节省投资和运行费用。

(1) 种类的选择

选择电动机的种类是从交流或直流、机械特性、调速与启动性能、维护及价格等方面来考虑的。

① 交、直流电动机的选择

如没有特殊要求,一般都应采用交流电动机。

② 笼型与绕线式的选择

三相笼型异步电动机结构简单、坚固耐用、工作可靠、价格低廉、维护方便,但调速困难、功率因数较低、启动性能较差。因此在要求机械特性较硬而无特殊调速要求的一般生产机械的拖动应尽可能采用笼型电动机。只有在不方便采用笼型异步电动机时才采用绕线式电动机。

(2) 结构的选择

电动机的结构选择主要考虑电动机的绝缘等级和防护等级。由低到高绝缘等级包括 A 级、E 级、B 级、F 级、H 级、C 级,在直流电动机运动控制系统中已介绍过。防护等级是针对电气设备外壳对异物侵入的防护能力规定的等级。电动机常用的防护等级有 IP23、IP44、IP54、IP55、IP56、IP65。

IP 防护等级是由两个数字所组成,第 1 个数字表示灯具离尘、防止外物侵入的等级,第 2 个数字表示灯具防湿气、防水侵入的密闭程度,数字越大表示其防护等级越高。电动机防护等级见表 3-2。

表 3-2　电动机防护等级

| 等级 | 防尘等级(第一个数字) | | 防水等级(第二个数字) | | |
|---|---|---|---|---|---|
| | 防护范围 | | | 防护范围 | |
| | 名称 | 说明 | | 名称 | 说明 |
| 0 | 无防护 | — | 0 | 无防护 | — |
| 1 | 防护直径为 50 mm 或更大的固体外来体 | 探测器,球体直径为 50 mm,不应完全进入 | 1 | 水滴防护 | 垂直落下的水滴不应引起损害 |
| 2 | 防护直径为 12.5 mm 或更大的固体外来体 | 探测器,球体直径为 12.5 mm,不应完全进入 | 2 | 柜体倾斜 15°时,防护水滴 | 柜体向任何一侧倾斜 15°角时,垂直落下的水滴不应引起损害 |
| 3 | 防护直径为 2.5mm 或更大的固体外来体 | 探测器,球体直径为 2.5 mm,不应完全进入 | 3 | 防护溅出的水 | 以 60°角从垂直线两侧溅出的水不应引起损害 |
| 4 | 防护直径为 1.0mm 或更大的固体外来体 | 探测器,球体直径为 1.0 mm,不应完全进入 | 4 | 防护喷水 | 从每个方向对准柜体的喷水都不应引起损害 |
| 5 | 防护灰尘 | 不可能完全阻止灰尘进入,但灰尘进入的数量不会对设备造成伤害 | 5 | 防护射水 | 从每个方向对准柜体的射水都不应引起损害 |
| 6 | 灰尘封闭 | 机体内在 20 mbar(1 bar=100 kPa)的低压时不应进入灰尘 | 6 | 防护强射水 | 从每个方向对准柜体的强射水都不应引起损害 |
| | 注:测试时,探测器的直径不应穿过机体的孔 | | 7 | 防护短时浸水 | 在标准压力(1 m 水深)下短时间(30 min)浸入水中时,不应有能引起损害的水量浸入 |
| | | | 8 | 防护长期浸水 | 可以在特定的条件下浸入水中,不应有能引起损害的水量浸入 |

例如,开启式电动机防护等级为 IP00,在构造上无特殊防护装置,用于干燥无灰尘的场所,通风非常良好。

再如,封闭式电动机,防护等级为 IP65 时,称为全封闭式,电动机外壳具有完全的封闭性能,能有效地隔离外界灰尘、水汽和其他污染物质的侵害。

封闭式电动机具有以下特点:① 外壳完全封闭,能在室内和室外恶劣环境下应用;② 耐高温、耐腐蚀、耐磨损,适用于船舶、冶金、矿山等恶劣条件下的使用;③ 安全可靠,能有效预防人员误操作和灰尘、水汽等对电动机内部的侵害。

此外还有密封式、防爆式等电动机,分别适用于水下和易爆气体场合等工作环境。

（3）安装结构形式的选择

主要是选择机座及端盖的形式。主要有 3 种,应根据安装空间及安装要求选择,如图 3-48 所示。

机座带底脚，端盖无凸缘　　　机座不带底脚，端盖有凸缘　　　机座带底脚，端盖有凸缘

图 3-48　电动机安装结构

（4）电压和转速的选择

① 电压的选择

电动机电压等级的选择，要根据电动机类型、功率以及使用地点的电源电压来决定。Y 系列笼型电动机的额定电压只有 380 V 一个等级。只有大功率异步电动机才采用 3 000 V 和 6 000 V。

② 转速的选择

电动机的额定转速是根据生产机械的要求而选定的。但通常转速不低于 500 r/min。因为当功率一定时，电动机的转速越低，则其尺寸越大，价格越贵，且效率也较低。购买一台高速电动机，另配减速器方案更合理。

（5）功率的选择

电动机的功率应与负载情况相符，选大了虽然能保证正常运行，但是不经济，电动机的效率和功率因数都不高；选小了就不能保证生产机械正常运行，并使电动机由于过载而过早地损坏。

① 连续运行电动机功率的选择。对连续运行的电动机，先算出生产机械的功率，所选电动机的额定功率等于或稍大于生产机械的功率即可。

② 短时运行电动机功率的选择。如果没有合适的专为短时运行设计的电动机，可选用连续运行的电动机。由于发热惯性，在短时运行时可以容许过载。工作时间越短，则过载可以越大。但电动机的过载是受到限制的。通常是根据过载系数 $\lambda$ 来选择短时运行电动机的功率。电动机的额定功率可以是生产机械所要求的功率的 $1/\lambda$。

## 相关知识

### 3.2.7　变频器的分类与现状

变频器是一种控制交流电动机运转的控制器。它把固定频率（我国为 50 Hz）的交流电源变成频率电压可调的交流电源，从而控制电动机的转速。利用变频器，可以实现被控制的交流电动机变频调速、改变功率因数、过电流过电压保护、过载保护等，从而更好地控制整个电动机的运行，提高电能的利用率和整个系统的工作效率。变频器

的问世,使得交流调速在很大程度上取代了直流调速。常用变频器外形如图 3-49 所示。

图 3-49 常用变频器外形

1. 变频器的分类

（1）根据供电电源分

根据供电电源变频器可分为高压变频器和低压变频器。按照国家标准 GB/T 156—2017《标准电压》的规定,将电压分为 1 kV、1~35 kV、35~220 kV、>220 kV,共 4 个等级。

低压变频器通常指额定电压在 1 000 V 以下的设备,适用于较小功率的电动机控制。我国使用 220 V、380 V、480 V、660 V 共 4 个标准电压。

低压变频器具有以下优势：

① 价格相对较低：低压变频器的生产工艺相对成熟,市场竞争激烈,价格相对较低,适用于预算有限的项目。

② 安装方便：低压变频器体积相对较小,质量较轻,易于安装和维护。

③ 调速精度高：低压变频器采用先进的调速算法和控制策略,具有较高的调速精度和稳定性。

④ 适用范围广：低压变频器适用于多种场景,如风机、水泵、输送机等。

高压变频器通常指额定电压在 1 000 V 以上的设备,适用于大功率电动机控制。在 1~35 kV 电压段,我国使用 3 kV、6 kV、10 kV 和 35 kV 共 4 个标准电压。

高压变频器具有以下优势：

① 适用于大功率电动机：高压变频器可以满足大功率电动机的调速需求,广泛应用于冶金、石化、水泥等行业。

② 抗干扰能力强：高压变频器采用抗干扰设计,能在高电磁环境下稳定运行。

③ 故障自检功能：高压变频器具备自动故障检测和排除功能,能够降低故障率和维修成本。

④ 操作界面友好：高压变频器通常配备大屏幕触摸操作界面,操作简便,便于工程师进行参数设置和监控。

尽管如此,中高压变频器也存在一些不足,如价格较高、安装要求较高等。

（2）按工作原理分

按照工作原理可分为 V/f 控制、转差频率控制和矢量控制变频器。

① V/f 控制变频器。V/f 控制变频器就是保证输出电压跟频率成正比的控制。这

样可以使电动机的磁通保持一定,避免弱磁和磁饱和现象的产生,多用于风机、泵类节能。

② 转差频率控制变频器。转差调速即改变异步电动机的滑差来调速,滑差越大速度越慢。转差频率控制技术的采用,使变频调速系统在一定程度上改善了系统的静态和动态性能,同时它又比矢量控制方法简便,具有结构简单、容易实现、控制精度高等特点,广泛应用于异步电动机的矢量控制调速系统中。

③ 矢量控制变频器。根据直流电动机调速控制的特点,将异步电动机定子绕组电流按矢量变换的方法分解并形成类似于直流电动机的磁场电流分量和转矩电流分量,只要控制异步电动机定子绕组电流的大小和相位,就可以控制励磁电流和转矩电流,得到良好的调速控制效果。

它的主要特点是低频转矩大、动态响应快、控制灵活,一般是应用在恶劣的工作环境、要求高速响应和高精度的电力拖动的系统等。

(3) 按变换方法分

按变换方法可分为交-直-交变频器和交-交变频器。

① 交-直-交变频器。这种变频器也称为通用变频器,由整流器、滤波系统和逆变器3部分组成。工作原理是先把工频交流通过整流器变成直流,然后再把直流变换成频率电压可调的交流。其又被称为间接式变频器,它在工业自动化领域和不间断电源领域应用广泛。

② 交-交变频器。这种变频器把工频交流直接变换成频率、电压可调的交流,采用晶闸管自然换流方式,工作稳定、可靠,又称为直接式变频器。最高输出频率是电网频率的 1/3～1/2,在大功率低频范围有很大的优势。由于没有直流环节,变频效率高、主回路简单、不含直流电路及滤波部分、与电源之间无功功率处理以及有功功率回馈容易,在传统大功率电动机调速系统中应用较多。

**2. 应用现状**

自 20 世纪 90 年代以来,随着工业生产对自动化需求程度的提高和社会节能环保意识的加强,变频调速器的应用越来越普及。其广泛应用于:① 石油、化工、冶金等大型生产线;② 装备制造业,如电力机车、塔吊、机床、纺织机械、印刷等;③ 民用行业,如商用空调、电梯、供水、家电、健身器材等。

市面上出售的变频器大多数为交-直-交电压源型第三代变频器。产品主要来自日本的一些厂家。其他的如西门子、ABB 等销售也比较多。

(1) 日本品牌变频器市场占有率仍比较高

日本变频器公司进入中国市场较早,并且一直有针对性地推出产品。目前,市场占有率高达 60% 以上,如富士、三菱及安川三家公司的变频器市场占有率最大。

(2) 增长迅速的欧美品牌变频器

欧美公司进入中国市场较晚,但产品档次高、容量大,价格也比较高。目前市场份额达到 30% 左右,如西门子、ABB 等。

(3) 我国企业市场占有率提升

我国企业品牌的变频器占据 15% 左右的市场份额。其中台湾品牌的变频器优势大,例如台湾的普传、台达等。真正大陆品牌的变频器市场占有率低,但大陆新兴变频企业的增长速度很高,市场占有率显著提升。

# 拓展知识

## 3.2.8 变频器的基本原理

### 1. 变压变频调速的调速原理

在电动机进行变频调速时,通常要考虑的一个重要因素是:希望保持电动机中每极磁通量 $\Phi_m$ 为额定值不变。如果磁通太弱,没有充分利用电动机的铁心,是一种浪费;如果过分增大磁通,又会使铁心饱和,导致过大的励磁电流,严重时会因绕组过热而损坏电动机。

根据三相异步电动机定子绕组的反电动势 $E_g$ 表达式为:

$$E_g = 4.44 f_1 N_s k_{Ns} \Phi_m = U_s + \Delta U \tag{3-14}$$

式中,$f_1$——定子绕组感应电动势的频率,即电源的频率;

$N_s$——定子每相绕组的匝数;

$k_{Ns}$——定子绕组的基波绕组系数,$k_{Ns} < 1$;

$U_s$——定子的相电压;

$\Delta U$——漏阻抗压降,可忽略。

由式 3-14 可知,只要控制好 $E_g$ 和 $f_1$,便可达到控制磁通 $\Phi_m$ 的目的。

(1) 基频以下调速

要保持 $\Phi_m$ 不变,当频率 $f_1$ 从额定值 $f_{1N}$ 向下调节时,应同时降低 $E_g$,使 $E_g/f_1 =$ 常值,即恒电动势频率比的控制方式。但是,绕组中的感应电动势是难以直接控制的。

由式 3-14,$E_g = U_s + \Delta U$,忽略 $\Delta U$ 可得 $E_g/f_1 \approx U_s/f_1 =$ 常值,这就是恒压频比的控制方式。

但是,在低频时 $U_s$ 和 $E_g$ 都较小,定子阻抗、感抗压降所占的分量比较显著,不能再忽略。这时,需要人为地把电压 $U_s$ 抬高一些,以便近似地补偿定子压降,如图 3-50 所示。

在实际应用中,由于负载大小不同,需要补偿的定子压降值也不同,在控制软件中,需备有不同斜率的补偿特性,以便用户选择。

(2) 基频以上调速

在基频以上调速时,频率应该从 $f_{1N}$ 向上升高,但定子的相电压 $U_s$ 却不可能超过额定电压 $U_{sN}$,最多只能保持 $U_s = U_{sN}$,这将迫使磁通与频率成反比地降低,弱磁升速。

根据异步电动机转矩的表达式 $T = C_M \Phi_m I_2 \cos \varphi_2$ 可知,电动机在变频调速过程中,若电动机的转子额定有功电流、磁通 $\Phi_m$ 保持不变,那么电动机的输出转矩也是恒定的,即变频调速前后,输出转矩不变,可实现恒转矩调速。

所以,在基频以下,磁通恒定时转矩也恒定,属于"恒转矩调速"性质,而在基频以上,转速升高时转矩降低,基本上属于"恒功率调速",如图 3-51 所示。

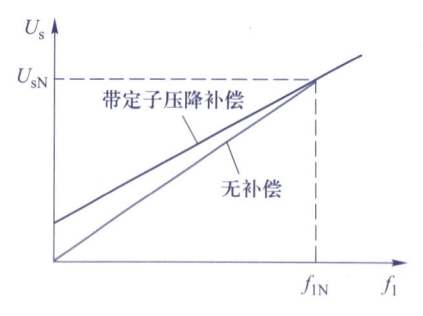

图 3-50　恒压频比控制特性

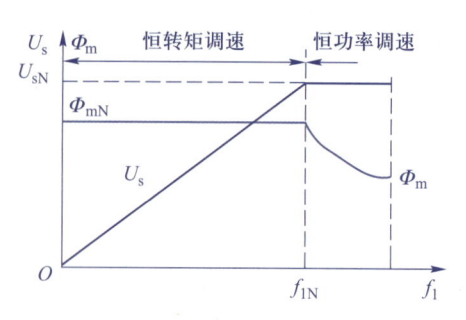

图 3-51　变压变频调速的控制特性

（3）结论

恒转矩调速如图 3-52 所示，其结论如下：

① 保持 $U_1/f_1$ 恒定进行变频调速时，最大输出转矩将随 $f_1$ 的降低而降低；

② $s$ 很小时，机械特性近似为直线，进行变频调速时，对应于同一转矩 $T$，转速降基本不变，即直线部分斜率不变（硬特性相同）；

③ 在负载转矩不变时，电动机的过载能力降低。

恒功率调速如图 3-53 所示，其结论如下：

① 保持电压为额定值进行变频调速时，最大转矩将随 $f_1$ 的升高而减小；

② 当 $s$ 很小时，$T$ 与 $s$ 关系近似为一条直线；

③ 当保持电压为额定值且 $s$ 变化范围不大时，随着频率增加，转矩减小，而转速增加，可近似地看作恒功率调速。

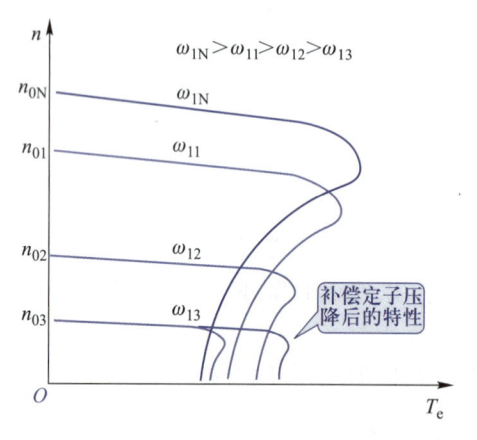

图 3-52　恒转矩调速控制特性

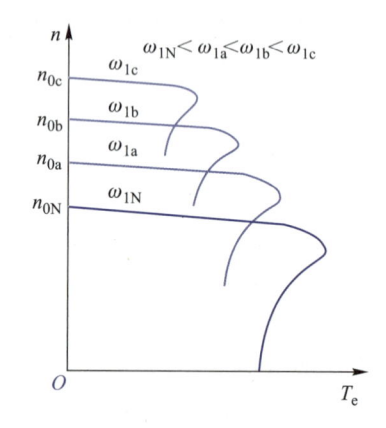

图 3-53　恒功率调速控制特性

所以，在实际应用中，要将两种控制方法结合起来使用。当从额定频率往低调速时，采用恒转矩控制（必要时加补偿）；当从额定频率往高调速时，采用恒功率控制。

2．变频器调速的实现

（1）变频器原理

这里主要介绍交-直-交变频器，其结构简单、功率因数高、应用广泛。其系统主要由 4 个部分组成，如图 3-54 所示。

① 整流部分。整流器与三相交流电源相连接，产生脉动的直流电压。整流器是将交流电变换成直流的电力电子装置，其输入电压为正弦波，输入电流非正弦，谐波丰富。

② 滤波部分。也称中间电路，使脉动的直流电压变得稳定或平滑，也能将整流后固定的直流电压变换成可变的直流电压。

③ 逆变部分。经过整流和中间电路所得的直流电压再经过逆变器产生电压、频率可变的变频交流电供给电动机。

④ 控制电路部分。控制电路部分是指如图 3-54 所示的"控制运算电路"线框内部，是整个系统的核心电路，系统所实现的各种不同功能主要是由其控制电路决定的。控制电路将信号传递给整流器、中间电路和逆变器，同时也接受其反馈信号。控制电路的结构和复杂程度取决于不同的变频器设计。首先，控制电路根据所需调节的速度计算出所需要的频率。其次，根据恒压频比规律推出电压值和频率值。电源电压、频率已知后作为给定量，再通过逆变部分复现这个电源，输出给三相异步电动机。

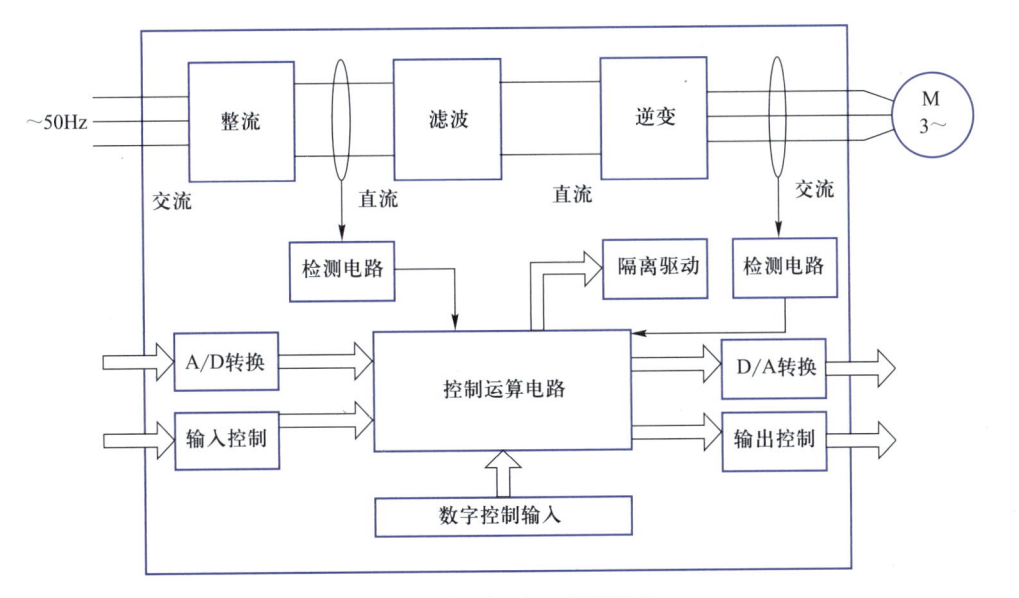

图 3-54 交-直-交变频器原理

（2）逆变电路简介

以单相逆变工作电路为例，如图 3-55 所示。

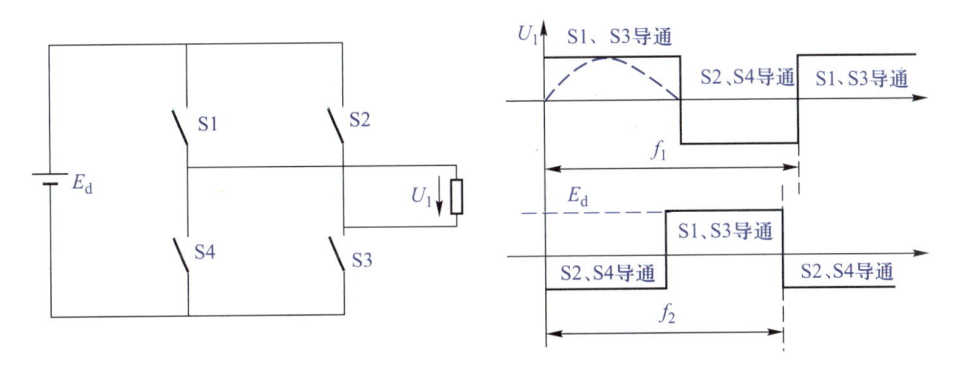

图 3-55 单相逆变工作电路及输出电压

当 S1、S3 导通时，$U_1$ 等于 $E_d$，当 S2、S4 导通时，$U_1$ 等于 $-E_d$。通过改变开关管导

通时间改变输出电压的频率;通过改变开关管导通顺序改变输出电压的相序。这种方式简单,但缺点明显:输出电压的谐波分量太大;电动机谐波损耗增加,发热严重甚至烧坏电动机;转矩脉动较大,低速运行时影响转速的平稳。

采用PWM(参见项目二的2.2.6)调制可以较好地解决上述问题,PWM波形直接控制各个开关,可以得到脉冲宽度和各脉冲间的占空比可变的,呈正弦变化的输出脉冲电压,能获得理想的控制效果,输出电流近似正弦,如图3-56所示。

图3-56 正弦波的输出复现

新型变频器均采用高速运算单片机,它从外部输入速度(位置)指令及励磁指令,由传感器输入电动机的电压和电流信号用于速度推算或电流反馈,最后由单片机输出控制信号。电力变流电路(PWM)接受单片机输出的控制信号。

（3）变频器结构

根据变频器的工作原理,一个完整的变频器主要由如图3-57所示各部分组成。

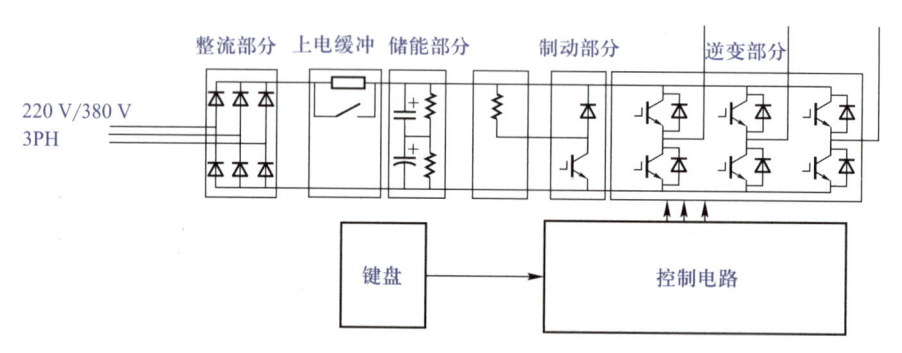

图3-57 交-直-交变频器结构

变频器主要由3个部分构成,分别是主回路部分、控制回路部分和辅助部分。其说明见表3-3。

表3-3 变频器各部分说明

| 类别 | | 作用 | 主要构成器件 |
|---|---|---|---|
| 主回路 | 整流部分 | 将工频交流变成直流,输入无相序要求 | 整流桥 |
| | 逆变部分 | 将直流转换为频率电压均可变的交流电 | IGBT |
| | 制动部分 | 消耗过多的回馈能量,保持直流母线电压不超过最大值 | 单管IGBT和制动电阻,大功率制动单元外置 |
| | 上电缓冲 | 降低上电冲击电流,上电结束后接触器自动吸合,而后变频器允许运行 | 限流电阻和接触器 |
| | 储能部分 | 保持直流母线电压恒定,降低电压脉动 | 电解电容和均压电阻 |
| 控制回路 | 键盘 | 对变频器参数进行调试和修改,并实时监控变频器状态 | MCU(单片机) |
| | 控制电路 | 交流电动机控制算法生成,外部信号接收处理及保护 | DSP或两个MCU |

续表

| 类别 | | 作用 | 主要构成器件 |
|---|---|---|---|
| 辅助部分 | 散热器 | 将整流桥、逆变器产生的热量散发出去 | 散热片或风扇 |
| | 温度传感器 | 检测散热器温度,确保模块工作在允许温度环境下 | 传感器模块 |
| | 风扇 | 配合散热器,将变频器内部的热量带走 | 24 V 直流风扇或交流风扇 |

## 任务实施

### 3.2.9 变频器的选型

**1. 变频器选型需要考虑的问题**

（1）变频器类型选择

变频器可分为通用型和专用型,对一般的机械负载和要求高过载的情况,选择通用型变频器。专用型变频器又可分为风泵专用型、电梯专用型、张力控制专用型等,应根据环境加以选择。

（2）变频器容量选择

变频器的容量选择非常重要。应从实际负荷电流、启动转矩、控制方式来合理选择。如负载是风机、水泵,则选择风泵专用型,且与电动机同功率的变频器;深井泵应选择风泵专用型,且比电动机功率大一挡的变频器。对大惯量负载,要充分考虑启动转矩,变频器要比电动机功率加大数挡。

需要注意,变频器的额定容量及参数是针对一定的海拔高度和环境温度而标出的,一般指海拔 1 000 m 以下,温度在 40 ℃ 或 25 ℃ 以下。若使用环境超出该标定,则在确定变频器参数、型号时要考虑到环境造成的降容因素。

（3）变频器性价比选择

应按实际的负载特性,以满足使用要求为准,做到量才使用、经济实惠。

（4）变频器售后服务选择

变频器的售后服务是选择品牌的关键,进口品牌质量可靠、价格高、售后服务好,但是过了保修期,维修的价格非常高。国产品牌质量良莠不齐,质量好的已和进口品牌不相上下,质量差的就不好说了。售后服务好,即使过了保修期,维修价格也算公道。

**2. 变频器的外部配置及应注意的问题**

（1）选择合适的外部熔断器

选择合适的外部熔断器以避免因内部短路对整流器件的损坏。变频器的型号确定后,若变频器内部整流电路前没有保护元器件的快速熔断器,变频器与电源之间应配置符合要求的熔断器和隔离开关,不能用空气断路器代替熔断器和隔离开关。

（2）选择变频器的引入和引出电缆

要根据变频器的功率选择导线截面合适的三芯或四芯屏蔽动力电缆。尤其是从变频器到电动机之间的动力电缆一定要选用屏蔽结构的电缆,且要尽可能短,这样可降低电磁辐射和容性漏电流。

当电缆长度超过变频器所允许的输出电缆长度时,电缆的杂散电容将影响变频器的正常工作,为此要配置输出电抗器。对于控制电缆,尤其是 I/O 信号电缆也要用屏蔽结构。变频器的外围元件与变频器之间的连接电缆长度不得超过 10 m。

(3) 在输入侧装交流电抗器或 EMC 滤波器

若变频器工作时已影响到其他设备的正常运行,可在变频器输入侧装交流电抗器或 EMC 滤波器,抑制由功率器件通断引起的电磁干扰。若与变频器连接的电网的变压器中性点不接地,则不能选用 EMC 滤波器。

当变频器用 500 V 以上电压驱动电动机时,需在输出侧配置滤波器,以抑制逆变输出电压尖峰和电压的变化,有利于保护电动机,同时也降低了容性漏电流和电动机电缆的高频辐射,以及电动机的高频损耗和轴承电流。使用滤波器时要注意滤波器上的电压降将引起电动机转矩的微降。变频器与滤波器之间电缆长度不得超过 3 m。

### 3.2.10 其他元器件的选型

#### 1. 电源断路器的选择

主要确定图 3-2 中的 D1-QF1 和图 3-6 中的 E1-QM1 的电流。电源断路器 QF1 的选择主要考虑图 3-3 中的 H1-M1 和图 3-6 中的 E1-QM1 电动机的额定电流。

此处选用低压断路器,当工作电流超过额定电流、短路、失压等情况下,断路器自动切断电路,对电器元件起到保护作用。

例如,型号 DZ47-60A,DZ 和 DW 型一般用于工业上的动力电路。DZ 表示塑料外壳式断路器,47 是设计代号,额定电流 60 A,在线路中起过载、短路保护,同时也可以在正常情况下不频繁地通断电器装置。

再如,型号 C20,这是小型断路器的额定电流标法。C 型一般用于普通配电,额定电流 20 A。

断路器额定电流规格一般为 1、2、3、4、6、10、13、16、20、25、32、40、50、63、100 A,其中 16~63 A 规格的比较常见。

工业上动力电路有以下 3 种应用场合:

① 电动机的启动、运转中的通断电使用交流接触器,过载保护采用热继电器,而断路器用于短路保护,由于使用了接触器来通断电路,因此,可比较频繁地操作。

② 使用接触器控制电动机的启动和停止,电动机的过载、短路和欠电压等故障由断路器承担。

③ 电动机的启动、运转中通断电以及过载、短路、欠压均由 1 台断路器来操作和保护,但它不能频繁使用。

第①种应用场合主要考虑电动机的启动电流和启动冲击电流的影响。电动机的电流和功率因数及转差率 $s$ 有关,启动时 $s \approx 1$,启动电流很大,可以达到 5~7 倍的额定电流。但是启动电流时间不长,选择断路器额定电流时,电动机的额定电流乘以 2.5 倍,整定电流是电动机的 1.5 倍就可以了,这样保证断路器频繁启动,也保证短路动作灵敏。

(1) 断路器 E1-QM1 的电流计算

首先要计算电动机的额定电流。对于单相电路而言,电动机额定功率、额定电压与额定电流之间的计算公式为 $P=iu\cos\varphi$。

对于三相平衡电路而言,三相电动机额定功率、额定电压与额定电流之间的计算公式见式 3-13,即 $P_1=\sqrt{3}U_NI_N\cos\varphi$,$P_1$ 为电动机额定功率,任务给定为 125 W,$U_N$ 为电源输入的线电压,此处是 380 V,$\cos\varphi$ 是电动机的功率因数,取 0.72~0.93,此处可取 0.75。

冷却电动机的额定电流:$I_N=P_1/(\sqrt{3}U_N\cos\varphi)=125/(1.732\times380\times0.75)\approx0.253$ A。

根据前面所出,选择断路器额定电流是电动机的额定电流乘 2.5 倍,所以选断路器的额定电流:0.253 A×2.5≈0.63 A。根据电流系列,选择断路器为 AC 380 V、额定电流 1 A。

(2) 断路器 D1-QF1 的电流计算

主轴电动机采用变频器控制、启动,为三相 380 V 交流异步电动机,其额定电流 $I_N=P_1/(\sqrt{3}U_N\cos\varphi)=3\,000/(1.732\times380\times0.75)$ A≈6.1 A。所以此电动机断路器需要的额定电流为 6.1 A×2.5=15.25 A。

总断路器工作电流取电动机 H1-M1 和 E1-M1 的额定电流之和。所以断路器电流 $I_{D1-QF1}=0.253$ A+15.25 A≈15.5 A。根据电流系列,再考虑除了电动机还有其他电器元件,所以选择断路器为 AC 380 V、额定电流为 20 A。

2. 接触器的选择

根据接触器所控制负载回路的电压、电流及所需触点的数量来选择接触器。持续运行的设备,接触器按 67%~75%算。即安全系数 $K=1.3~1.5$。

(1) H1-K1 接触器选择

图 3-3 中的 H1-K1 用来控制主轴电动机的 H1-M1 变频器得电,主轴电动机的额定电流:$I_N=P_1/(\sqrt{3}U_N\cos\varphi)=3\,000/(1.732\times380\times0.75)=6.1$ A。控制回路电源为 220 V,需主触点 3 对,辅助常开触点两对,主触点电流 $I_C=K(P_N/U_N)=6.1$ A×1.5=9.15 A。

交流接触器额定电流系列通常有 5 A、10 A、20 A、40 A、60 A 等。故选择 10 A,所以选择 CJ10-10 型接触器,CJ 表示交流接触器,线圈电压为 220 V,10 是设计序号,后面的-10 表示接触器额定工作电流是 10 A。

(2) E1-K1 接触器选择

图 3-4 中的 E1-K1 用来控制冷却泵电动机 E1-M1 的上电与断电,需主触点 3 对。因为冷却电动机的额定电流:$I_N=P_1/(\sqrt{3}U_N\cos\varphi)=0.253$ A。所以根据接触器额定电流系列,选择 CJ10-5 型接触器,主触点电流为 5 A,线圈电压为 220 V。

3. 中间继电器的选择

图 3-5 中的直流中间继电器 M1-K1 用于急停控制。图 3-7 中的 M3-K1~M3-K4 分别控制主电动机的通断、主轴的正反转和冷却电路的通断,其额定电流都较小,线圈电压为 24 V,故 M1-K1 和 M3-K1~M3-K4 都选用普通型 JZ8-ZP 直流中间继电器,每个中间继电器动合、动断触点各有 4 对,额定电流为 5 A,线圈电压为 24 V。

图 3-5 中的交流继电器 M1-K2 用于交流控制回路上电控制,220 V,额定电流为

5 A,动合、动断触点各有 4 对。

#### 4. 按钮的选择

图 3-6 中的主轴接通按钮 M2-SB1、正反转按钮 M2-SB3 和 M2-SB4 选择 LA18 型按钮,其颜色为绿色;钥匙开关 M1-SA1 为 220 V。

图 3-6 中的冷却液通断手动开关 M2-SA1 为 24 V;图 3-5 中的急停按钮 M1-SB1 采用紧急式按钮,红色;图 3-6 中的主轴断电按钮 M2-SB2 选择 LA18 型按钮,其颜色为红色。

#### 5. 熔断器的选择

电动机电路中熔体额定电流的选择可以按以下两条原则。

① 当电路中只有一台电动机时:熔体额定电流(A)≥(1.5~2.5)×电动机的额定电流(A)。当电动机额定容量小,轻载或有降压启动设备时,倍数可选取小些;重载或直接启动时,倍数可取大些。

② 当一条电路中有几台电动机时:总熔体额定电流(A)≥(1.5~2.5)×容量最大的一台电动机的额定电流(A)+其余电动机的额定电流(A)。

图 3-2 中的熔断器 D1-FU1 主要考虑主轴电动机的额定电流,$I_{D1-FU1}=(1.5\sim2.5)I_N=(1.5\sim2.5)I_{H1-M1}=6.1\ A\times2.5=15.25\ A$。

熔断器额定电流系列通常有 1 A、2 A、4 A、6 A、10 A、16 A、20 A、25 A、32 A、40 A、50 A 等。故选用 RT28-32 熔断器,配用 16 A 熔体。熔断器 FU2、FU3、FU4 和 FU5 的选择将同控制变压器、电源开关的选择结合进行。

#### 6. 开关电源的选择

开关电源是利用现代电力电子技术,控制开关管开通和关断的时间比率,进而维持稳定输出电压的一种电源,开关电源一般由脉冲宽度调制(PWM)控制 IC 和 MOSFET 构成。本项目开关电源的功能是将非稳定交流电源变成 24 V 直流电源。主要根据负载功率来选择开关电源。负载功率 $P_{-VC}$ 包括 PLC、指示灯和继电器消耗的功率。已知 PLC 的额定电流为 2 A,中间继电器线圈额定功率为 2 W,计算如下:

$P_{-VC}=P_{PLC}+P_{KA}=2\ A\times24\ V+12\ W=60\ W$。根据开关电源输出功率有 15 W、30 W、50 W、70 W、100 W、120 W 等系列,选取开关电源额定功率为 100 W,额定输出电压为 DC 24 V。

开关电源处熔断器的主要作用是保护开关电源,$I_{-FU5}\geqslant P/U=100\ W/24\ V\approx4.17\ A$,取熔体电流为 6 A,因此选 RT18-32 型。

#### 7. 控制变压器的选择

选用变压器时,如果容量选择过大,就会形成"大马拉小车"的现象,这样不仅增加了设备投资,而且还会使变压器长期处于一个空载的状态,使无功损失增加;如果变压器容量选择过小,将会使变压器长期处于过负荷状态,易烧毁变压器。一般可按负载功率的 1.2 倍选用变压器的容量。

已知开关电源功率 $P_{-VC}=100\ W$。设接触器能效等级为 3 级,则可查相关表格,H1-K1 接触器最大吸持功率 $P_{H1-K1}=9.5\ W$,E1-K1 接触器最大吸持功率 $P_{E1-K1}=9\ W$,M1-K2 接触器最大吸持功率 $P_{M1-K2}=8\ W$。

负载功率为 $P_{-TC}=P_{-VC}+P_{H1-K1}+P_{E1-K1}+P_{M1-K2}=100\ W+9.5\ W+9\ W+8\ W=126.5\ W$。

按照变压器容量系列,可选变压器 BK-300,160 VA,380 V/220 V。

相应熔断器选择:因为 $I_{-FU2} \geqslant P_{-TC}/U = 160$ W/380 V ≈ 0.42 A,$I_{-FU3} \geqslant P_{-VC}/U = 100$ W/220 V ≈ 0.45 A。$I_{-FU4} \geqslant P_{-VC}/U = (9.5$ W+9 W+8 W) W/220 V ≈ 0.12 A。按照安全系数为 2.5,故熔断器 FU2、FU3 和 FU4 可均选 RT18-32 型,熔体为 1 A。

**8. 指示灯的选择**

指示灯选用发光二极管,24 V,红色一个、绿色两个。

## 任务 3　程序设计与调试

### ■ 任务分析

根据本项目任务 1 的控制系统方案及电气原理图,以及任务 2 的相应元器件选型,完成整个控制系统的设计及调试。本任务包括 I/O 地址分配、编程,以及参数设置与调试等工作。能够掌握编程、参数设置、系统调试的技能,并对整个项目的实施有一个完整的学习、实践过程。

### ■ 教学目标

1. 知识目标
① 掌握 I/O 地址的分配。
② 掌握 PLC 的软件编程。
③ 掌握变频器的参数应用。
④ 掌握常见故障排除方法。

2. 技能目标
① 具有编程软件的应用能力。
② 具有变频器参数的设置与设备调试能力。
③ 具有系统联调与分析能力。

3. 素养目标
① 具有严谨、全面、高效、负责的职业素质。
② 具有查阅资料、勤于思考、勇于探索的良好作风。
③ 具有善于自学及归纳分析的学习能力。

### 任务实施

#### 3.3.1　PLC 的 I/O 地址分配

在进行编程调试时,应根据控制方案及电气原理图绘制 I/O 地址分配表。本项目 I/O 地址分配表分为输入、输出两个部分。输入部分主要为急停开关、动合点动按钮、动断点动按钮、冷却液输入开关和变频器报警输入等信号;输出部分主要是中间继电器、指示灯等器件,具体见表 3-4。

表 3-4 I/O 地址分配表

| 输入名称 | 符号 | 输入地址 | 输出名称 | 符号 | 输出地址 |
|---|---|---|---|---|---|
| 主轴电动机上电 | SB1 | I0.0 | 接通主轴电动机 | M3-K1 | Q0.0 |
| 主轴电动机断电 | SB2 | I0.1 | 接通冷却液电动机 | M3-K2 | Q0.1 |
| 冷却液接通 | SA1 | I0.2 | 主轴正转 | M3-K3 | Q0.2 |
| 急停 | SB3 | I0.3 | 主轴反转 | M3-K4 | Q0.3 |
| 主轴正转 | SB4 | I0.4 | 机床正常灯 | M3-HL1 | Q0.4 |
| 主轴反转 | SB5 | I0.5 | 机床故障灯 | M3-HL3 | Q0.5 |
| 保护开关正常 | E1-QM1 | I0.6 | | | |
| 主轴变频器报警 | PLC-BC | I0.7 | | | |

### 3.3.2 程序设计

**1. 工艺与动作要求**

设备具体操作有开始、停止、急停等功能。工艺要求如下所述。

① 在急停、保护开关非正常和主轴变频器报警的情况下,机床故障灯亮,主轴运行及冷却液功能停止。

② 在无上述 3 种情况时,机床正常灯亮,为主轴运行及冷却液工作做准备。

③ 按下 SB1 按钮,主轴电动机上电;按下 SB2 按钮,主轴电动机断电。

④ 打开 SA1 按钮,冷却液出;断开 SA1 按钮,冷却液关。

⑤ 按下 SB4 按钮,主轴电动机正转。

⑥ 按下 SB5 按钮,主轴电动机反转。

**2. 程序流程图设计**

程序流程图用于描述程序内部各种问题的解决方法、思路或算法,其对于编程与调试具有重要作用。根据以上工艺与动作要求,绘制程序流程图如图 3-58 所示。

### 3.3.3 编程与调试

**1. SIMATIC S7-1200 可编程控制器**

本项目的控制器采用西门子 SIMATIC S7-1200 可编程控制器,其具有集成 PROFINET 接口、强大的集成工艺功能和灵活的可扩展性等特点,能充分满足中小型自动化的系统需求。

(1) 安装简单方便

所有的 SIMATIC S7-1200 硬件都具有内置安装夹,能够方便地安装在一个标准的 35 mm DIN 导轨上。这些内置的安装夹可以咬合到某个伸出位置,以便在需要进行背板悬挂安装时提供安装孔。SIMATIC S7-1200 硬件可进行竖直安装或水平安装。

(2) 可拆卸的端子

所有的 SIMATIC S7-1200 硬件都配备了可拆卸的端子板,只需要进行一次接线即可。在项目的启动和调试阶段节省了宝贵的时间。此外,它还简化了硬件组件的更换过程。

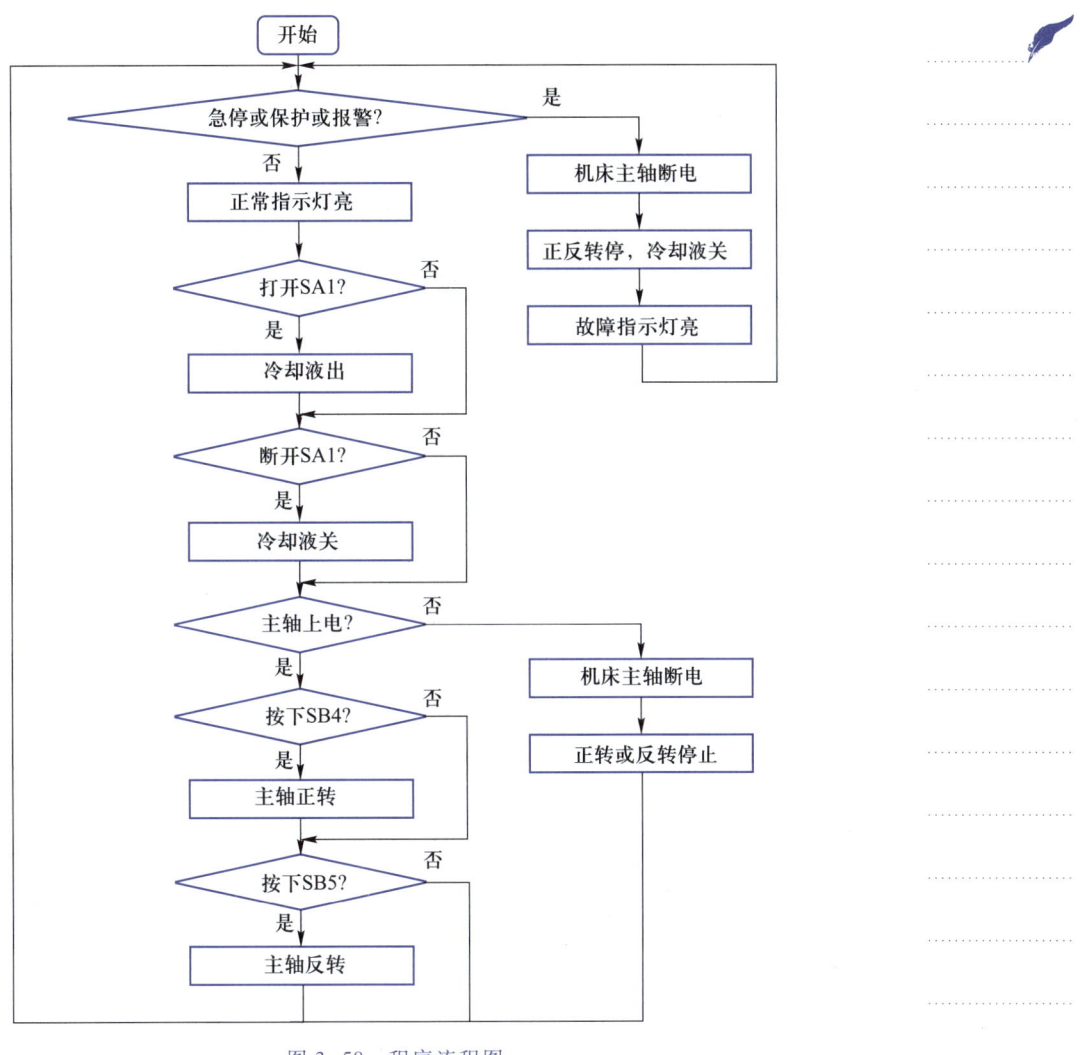

图 3-58　程序流程图

（3）紧凑的结构

所有的 SIMATIC S7-1200 硬件结构紧凑，在控制柜中的安装占用空间小。例如 CPU 1214C 的宽度仅有 110 mm。通信模块和信号模块的体积也十分小巧。这些使得 PLC 在安装过程中具有高效率和灵活性。

2. 软件应用与编程

（1）软件简介

本项目采用 TIA 博途软件进行编程、调试。TIA 博途是全集成自动化软件 TIA portal 的简称，是西门子工业自动化集团发布的一款全新的全集成自动化软件。TIA 博途采用统一软件框架，可在同一开发环境中组态西门子的所有可编程控制器、人机界面和驱动装置。可对西门子全集成自动化中所涉及的所有自动化和驱动产品进行组态、编程和调试。

软件提供了项目视图，包括了标题栏、工具栏、编辑区和状态栏等。它是一个包含所有项目组建的结构视图，在项目视图中可以直接访问所有的编辑器、参数和数据，并进行高效的工程组态和编程,软件界面如图 3-59 所示。

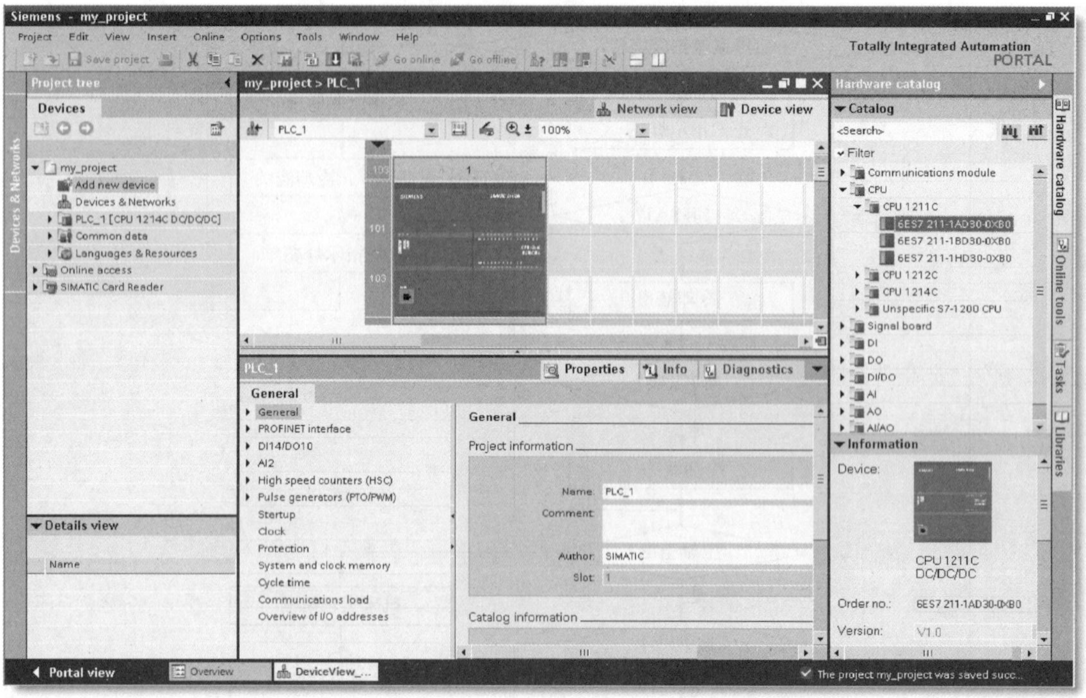

图 3-59 软件界面

利用软件调试程序主要包括以下步骤。

① 建立项目;② 添加组态新设备;③ 设置计算机有线网络的 IP 地址和 PLC 的 IP 地址,用于 PC 与 PLC 的以太网通信;④ 添加变量表,建立所需变量;⑤ 在主程序块中写程序(也可添加 FC、FB 作为子程序);⑥ 编译与下载;⑦ 在线运行调试程序。

关于项目建立与程序调试,可扫描边栏二维码,查看微课"项目三-任务 3-编程与调试"进行学习。

(2) 梯形图

根据工艺与动作要求,参照程序流程图在 OB1 中输入如图 3-60 所示梯形图程序。

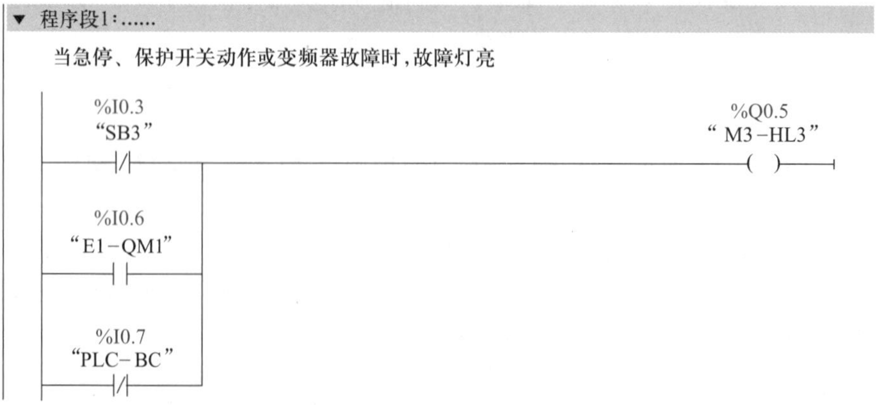

▼ 程序段1:……

当急停、保护开关动作或变频器故障时,故障灯亮

```
   %I0.3                                        %Q0.5
   "SB3"                                      " M3-HL3"
────┤/├──────────────────────────────────────────( )────

   %I0.6
   "E1-QM1"
────┤/├────

   %I0.7
   "PLC-BC"
────┤/├────
```

▼ 程序段2：......

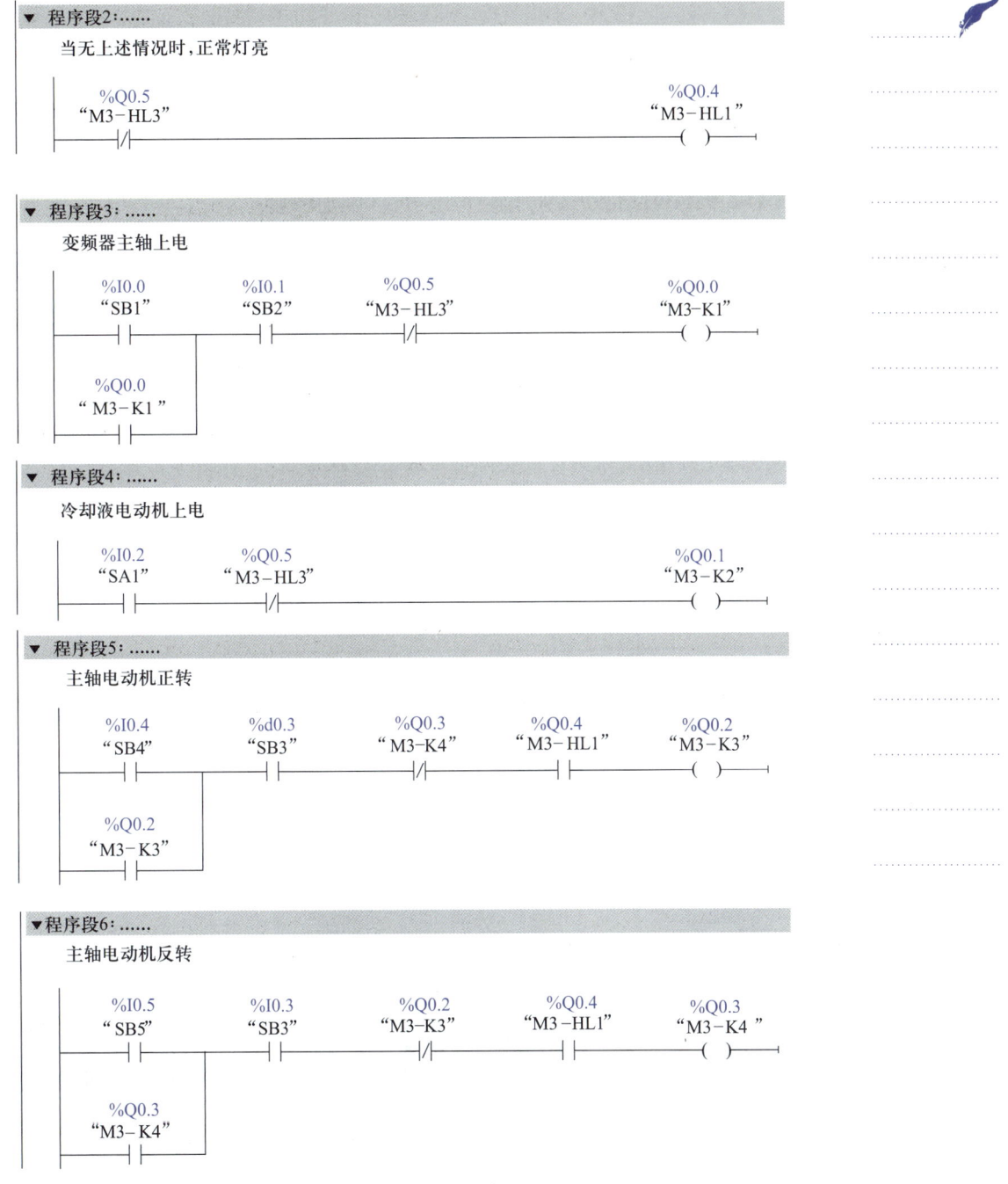

当无上述情况时,正常灯亮

```
  %Q0.5                                          %Q0.4
"M3-HL3"                                       "M3-HL1"
───┤/├──────────────────────────────────────────( )───
```

▼ 程序段3：......

变频器主轴上电

```
  %I0.0      %I0.1      %Q0.5              %Q0.0
  "SB1"      "SB2"     "M3-HL3"           "M3-K1"
───┤ ├───────┤ ├────────┤/├─────────────────( )───
   │
  %Q0.0
 "M3-K1"
───┤ ├───
```

▼ 程序段4：......

冷却液电动机上电

```
  %I0.2      %Q0.5                         %Q0.1
  "SA1"    "M3-HL3"                       "M3-K2"
───┤ ├──────┤/├──────────────────────────────( )───
```

▼ 程序段5：......

主轴电动机正转

```
  %I0.4      %d0.3     %Q0.3     %Q0.4     %Q0.2
  "SB4"      "SB3"    "M3-K4"   "M3-HL1"  "M3-K3"
───┤ ├───────┤ ├───────┤/├───────┤ ├────────( )───
   │
  %Q0.2
 "M3-K3"
───┤ ├───
```

▼ 程序段6：......

主轴电动机反转

```
  %I0.5      %I0.3     %Q0.2     %Q0.4     %Q0.3
  "SB5"      "SB3"    "M3-K3"   "M3-HL1"  "M3-K4"
───┤ ├───────┤ ├───────┤/├───────┤ ├────────( )───
   │
  %Q0.3
 "M3-K4"
───┤ ├───
```

图 3-60　梯形图程序

## 3.3.4　变频器的设置与调试

### 1. 变频器和周边设备

从包装箱取出变频器,检查前盖板的容量铭牌和机身侧面的额定值铭牌,确认变频器型号,检查产品是否与订货单相符,机器是否有损坏。此处选用的三菱 E700 型变频器,型号如图 3-61 所示。

```
FR  -  E740  -  1.5  K-CHT
```

| 记号 | 电压级数 |
|------|---------|
| E740 | 3相400 V级 |

变频器容量
显示容量"kW"

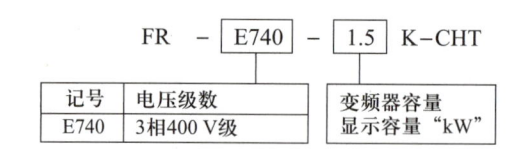

图 3-61  变频器型号

变频器和周边设备连接如图 3-62 所示。该图中：

1 为 3 相 380~480 V 50 Hz/60 Hz 电源。

2 为无熔丝断路器(MCCB)或漏电断路器(ELB)。在每一台变频器中需设置一台 MCCB。变频器容量大于电动机容量的组合时，MCCB 及电磁接触器应根据变频器型号选定，电线及电抗器应根据电动机输出选定。如果变频器一次侧的断路器跳闸，可能是接线异常(短路等)、变频器内部部件损坏等原因引起的。

3 为电磁接触器(M)。为确保安全，应安装电磁接触器。请勿通过此电磁接触器来启动或停止变频器，否则可能会降低变频器寿命。

4 和 6 为电抗器(FR-HAL、FR-HEL 选件)。实施高次谐波对策、改善功率因数以及在大容量电源(500 kV·A 以上)正下方使用变频器时，需要安装电抗器。若不安装电抗器，变频器可能会损坏。连接 DC 电抗器时，应取下端子 P/+P1 之间的短路片进行连接。

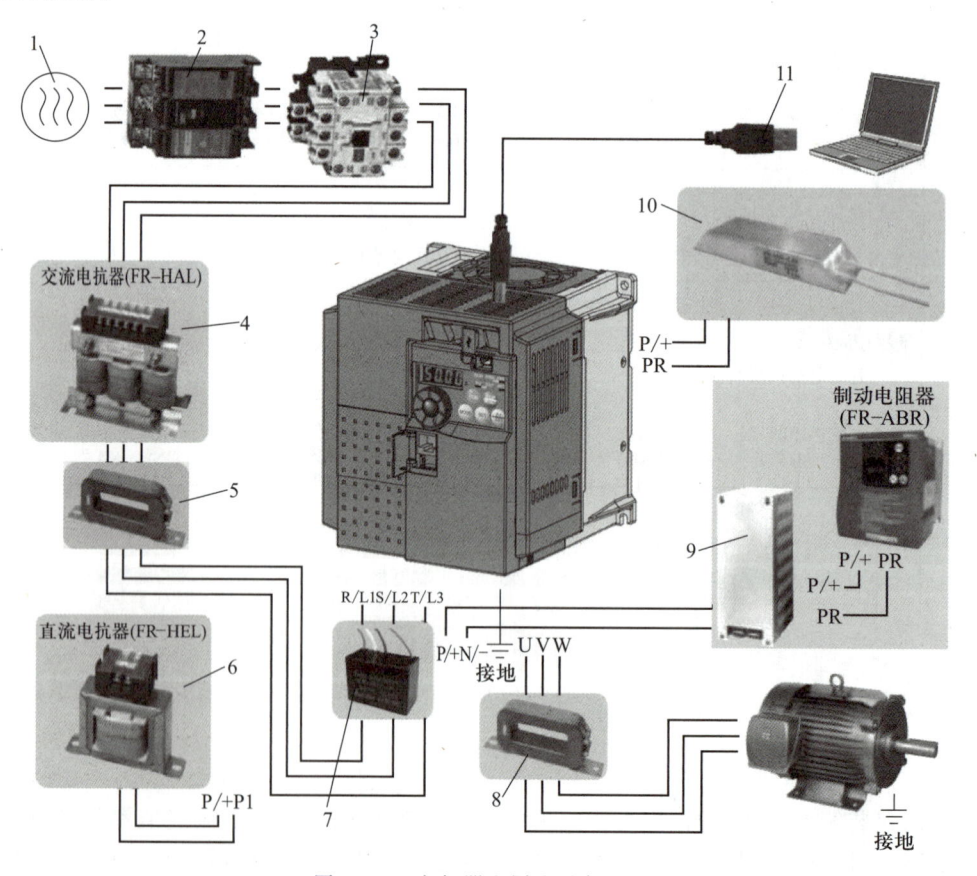

图 3-62  变频器和周边设备连接

5和8为噪声滤波器,降低变频器产生的电磁干扰时使用。该噪声滤波器大致在1~10 MHz的频率范围内有效。

7为无线电噪声滤波器,可以降低无线电噪声的干扰。

9为制动单元,包括制动电阻器(FR-ABR)、放电电阻(GZG、GRZG),可充分发挥变频器的再生制动能力。

10为制动电阻器(FR-ABR),可以提高制动能力。使用1 kΩ以上的制动电阻时,应务必设置热敏继电器。

11为USB接口。通过USB电缆,可以将PC与变频器相连。

注意:为防止触电,电动机及变频器应务必接地使用。为降低变频器动力线产生的感应噪声干扰而进行的接地布线应返回变频器接地端子布线。

(1) 变频器输入接线实际使用注意事项

① 根据变频器输入规格选择正确的输入电源。

② 变频器输入侧采用断路器,其断路器的整定值应按变频器的额定电流选择而不应按电动机的额定电流来选择。

(2) 变频器输出接线实际使用注意事项

① 输出侧接线须考虑输出电源的相序。

② 实际接线时,决不允许把变频器的电源线接到变频器的输出端。

③ 一般情况下,变频器输出端直接与电动机相连,无需加接触器和热继电器。

2. 变频器的接线图

变频器的端子接线见图1-47。

STF为正转信号,STR为反转信号,SD为公共输入端子。STF信号ON时电动机正转,OFF时电动机停止;STR信号为ON时电动机反转,OFF时电动机停止。可根据输入端子RH、RM、RL信号的短路组合,进行多段速度的选择,该功能的具体使用还需参数设置配合。

2、5之间为电压信号(DC:0~5 V或0~10 V,由参数设定),4、5之间为电流信号。频率设定可以通过电位器或数控系统设定(外部方式),也可以通过面板设定(内部方式),具体由参数设置。

A、B、C端子为报警输出,A为正常时开路,保护功能动作时闭路;B为正常时闭路,保护功能动作时开路;C为A、B的公共端。

RUN、SE为运行状态输出,AM、5为模拟信号输出。

3. 变频器的参数设置

变频器的参数设定在调试过程中是十分重要的。参数设定不当,将不能满足生产的需要,会导致启动、制动的失败,或工作时常跳闸,严重时会烧毁功率模块IGBT或整流桥等器件。

本变频器有200个以上的参数。但在调试中大多数可不变动,按出厂值即可,只需把使用时原出厂值不合适的予以重新设定。例如,外部端子操作、模拟量操作、基底频率、最高频率、上限频率、下限频率、启动时间、制动时间等是必须要重新设置的。一般只设置简单模式参数即可,简单模式参数见表3-5。详细可参阅E700使用手册。

视频

交流电动机与变频器连接

表 3-5 简单模式参数

| 参数编号 | 名称 | 单位 | 初始值 | 范围 | 用途 |
|---|---|---|---|---|---|
| 0 | 转矩提升 | 0.1% | 6%/4%/3%* | 0~30% | V/F 控制时,在需要进一步提高启动时的转矩以及负载后电动机不转动、输出报警(OL)且(OC1)发生跳闸的情况下使用<br>* 初始值根据变频器容量不同而不同。(0.75 kW 以下/1.5~3.7 kW/5.5 kW、7.5 kW) |
| 1 | 上限频率/Hz | 0.01 | 120 | 0~120 | 想设置输出频率的上限时使用 |
| 2 | 下限频率/Hz | 0.01 | 0 | 0~120 | 想设置输出频率的下限时使用 |
| 3 | 基准频率/Hz | 0.01 | 50 | 0~400 | 确认电动机的额定铭牌 |
| 4 | 3 速设定(高速)/Hz | 0.01 | 50 | 0~400 | 想用参数预先设定运转速度,用端子切换速度时使用 |
| 5 | 3 速设定(中速)/Hz | 0.01 | 30 | 0~400 | |
| 6 | 3 速设定(低速)/Hz | 0.01 | 10 | 0~400 | |
| 7 | 加速时间/s | 0.1 | 5/10* | 0~3 600 | 可以设定加减速时间<br>* 初始值根据变频器容量不同而不同。(3.7 kW 以下/5.5 kW、7.5 kW) |
| 8 | 减速时间/s | 0.1 | 5/10 | 0~3 600 | |
| 9 | 电子过电流保护/A | 0.01 | 变频器额定电流 | 0~500 | 用变频器对电动机进行热保护<br>设定电动机的额定电流 |
| 79 | 操作模式选择 | 1 | 0 | 0、1、2、3、4、6、7 | 选择启动指令场所和频率设定场所 |
| 125 | 端子 2 频率设定增益/Hz | 0.01 | 50 | 0~400 | 改变电位器最大值(5 V 初始值)的频率 |
| 126 | 端子 4 频率设定增益/Hz | 0.01 | 50 | 0~400 | 可变更电流最大输入(20 mA 初始值)时的频率 |
| 160 | 用户参数组读取选择 | 1 | 0 | 0、1、9 999 | 可以限制通过操作面板或参数单元读取的参数 |

可通过 Pr. 160 用户参数组读取选择的设定,仅显示简单模式参数(初始设定中将显示全部的参数)。根据需要进行 Pr. 160 用户参数组读取选择的设定。

(1) Pr. 160、Pr. 172~Pr. 174 扩展参数的显示和用户参数组功能

① Pr. 160 = "9 999"时,只有简单模式参数可以在操作面板或参数单元(FR-PU04-CH/FR-PU07)上显示。

② 初始值(Pr. 160 = "0")状态下,可以显示简单模式参数和扩展参数。

备注:变频器上装备有内置选件时,还可以读取选件用参数。

③ 使用通信选件读取参数时,可以不受 Pr.160 设定的影响而读取所有参数。

④ Pr.15 点动频率、Pr.16 点动加减速时间、Pr.991 PU 对比度调整在装备参数单元(FR-PU04-CH/FR-PU07)时作为简单模式参数显示。

⑤ 使用 RS-485 通信来读取参数时,根据 Pr.550 网络模式操作权选择、Pr.551 PU 模式操作权选择的设定,可以不受 Pr.160 设定的影响而读取所有参数。

(2) Pr.0 转矩提升设定

把低频领域的电动机转矩按负荷要求调整。可设定手动转矩提升,设定范围为 0~15%,实际设定为 4%~6%。

(3) Pr.1~Pr.3 频率范围设定

Pr.1 为上限频率,Pr.2 为下限频率,Pr.3 为基波频率(电动机额定转矩时的基准频率),设定范围都为 0~120 Hz。初始设定分别为 120 Hz、0 Hz、50 Hz。

(4) Pr.4~Pr.6 多段速度设定

Pr.4 为 3 速设定中的高速,Pr.5 为 3 速设定中的中速,Pr.6 为 3 速设定中的低速,设定范围均为 0~400 Hz,实际设定分别为 50 Hz、30 Hz、10 Hz。

RH 信号-ON 时,以 Pr.4 设定的频率运行;RM 信号-ON 时,以 Pr.5 设定的频率运行;RL 信号-ON 时,以 Pr.6 中设定的频率运行。外部信号频率指令的优先次序是:点动运行>多段速运行>端子 4 模拟量输入>端子 2 模拟量输入。

(5) Pr.7、Pr.8 加/减速时间设定

加速时间是指从 0 Hz 开始到加减速基准频率 Pr.20(出厂时为 50 Hz)时所需的时间,减速时间是指从 Pr.20(出厂时为 50 Hz)到 0 Hz 所需的时间。设定范围为 0~999 s,实际设定均为 5 s。

(6) Pr.79 操作模式选择

变频器的操作模式可以用外部信号操作,也可以用 PU(旋钮,RUN 键)操作。任何一种操作模式都可以固定或组合使用。主要的设定范围及对应的操作模式见表 3-6,实际设定分别为 0、1、2、3 和 4。

表 3-6 操 作 模 式

| 参数编号 | 名称 | 初始值 | 设定范围 | 内容 | LED 显示 ▭:灭灯 ▭:亮灯 |
|---|---|---|---|---|---|
| 79 | 运行模式选择 | 0 | 0 | 外部/PU 切换模式,通过 PU/EXT 键可以切换 PU 与外部运行模式<br>接通电源时为外部运行模式 | 外部运行模式 EXT<br>PU 运行模式 PU |
| | | | 1 | 固定为 PU 运行模式 | PU |
| | | | 2 | 固定为外部运行模式<br>可以在外部、网格运行模式间切换运行 | 外部运行模式 EXT<br>网络运行模式 NET |

续表

| 参数编号 | 名称 | 初始值 | 设定范围 | 内容 | LED 显示 ☐:灭灯 ▇:亮灯 |
|---|---|---|---|---|---|
| 79 | 运行模式选择 | 0 | 3 | 外部/PU 组合运行模式 1<br><br>频率指令：用操作面板、PU（FR-PU04-CH/FR-PU07）设定或外部信号输入（多段速设定，端子 4-5 间（AU 信号 ON 时有效））<br><br>启动指令：外部信号输入（端子 STF、STR） | PU  EXT |
| | | | 4 | 外部/PU 组合运行模式 2<br><br>频率指令：外部信号输入（端子 2、4、JOG、多段速选择等）<br><br>启动指令：通过操作面板的 RUN 键、PU（FR-PU04-CH/FR-PU07）的 FWD、REV 键来输入 | |
| | | | 6 | 切换模式<br>可以在保持运行状态的同时，进行 PU 运行、外部运行、网络运行的切换 | PU 运行模式 PU<br>外部运行模式 EXT<br>网络运行模式 NET |
| | | | 7 | 外部运行模式（PU 运行互锁）<br>X12 信号 ON<br>可切换到 PU 运行模式（外部运行中输出停止）<br>X12 信号 OFF<br>禁止切换到 PU 运行模式 | PU 运行模式 PU<br>外部运行模式 EXT |

扩张功能参数主要用于应用功能选择，如变频器的启动频率选择、运行旋转方向选择、输入电压规格选择等。下面对重要的几个进行介绍。

（7）Pr.13 启动频率

启动时，变频器最初输出的频率，它对启动转矩有很大影响，在 0~60 Hz 范围内设定。出厂值为 0.5 Hz。

（8）Pr.CL 参数清除

ALLC 参数全部清除（0:不执行清除;1:参数恢复为初始值）。参数清除是将除了校正参数 C1（Pr.901）~ C7（Pr.905）之外的参数全部恢复为初始值。

（9）Pr.77 参数写入禁止选择

① 仅在停止中写入参数（设定值"0"初始值）;② 禁止参数的写入（设定值"1"）;

③ 运行中也能够写入参数（设定值"2"）。

(10) Pr. 161

防止参数变更、防止意外启动或停止，使操作面板的 M 旋钮、键盘操作无效化。设置为"10 或 11"，然后按住"MODE"键 2 s 左右，此时 M 旋钮与键盘操作均变为无效。M 旋钮与键盘操作无效化后操作面板会显示"HOLD"字样。在 M 旋钮、键盘操作无效的状态下，旋转 M 旋钮或者进行键盘操作将显示"HOLD"。2 s 之内无 M 旋钮及键盘操作时则回到监视画面，如果想再次使 M 旋钮与键盘操作有效，请按住"MODE"键 2 s 左右。

4. 设置与调试

变频器不仅可以进行功能参数的设定及修改，还可以显示报警信息、故障发生时的状态（如故障时的输出电压、频率、电流等）及报警履历等。

（1）频率设定

① 接通电源时为监视显示画面。
② 按 PU/EXT 键，设定 PU 操作模式，PU 灯亮。
③ 旋转设定用旋钮来设定频率。
④ 按 SET 设定键，频率设定完成。
⑤ 按 RUN 键启动运行。
⑥ 按 STOP/RESET 键停止运行。

（2）参数设定的变更

① 与频率设定的第①步相同。
② 按 MODE 键，进入参数设定模式，显示以前读出的参数号码。
③ 拨动设定用旋钮，选择要变更的参数号码。
④ 按 SET 键读出参数号码当前的设定值。
⑤ 拨动设定用旋钮至希望值。
⑥ 按 SET 键，完成设定。拨动设定用旋钮，可读出其他参数。按 SET 键，再次显示相应的设定值。按 2 次 SET 键，则显示下一个参数。
⑦ 参数设定完成后，按 1 次 MODE 键，显示报警履历，按 2 次 MODE 键，回到显示器显示。
⑧ 如果变更其他参数的设定值，按上述③~⑥的步骤操作。

面板应用可扫描二维码，参见 PDF 文档"变频器面板的操作"。

参数设置及变频器调速的具体过程扫描二维码，参见微课进行学习。

## 拓展任务

### 3.3.5 变频器的维护与检修

1. 变频器的日常维护

变频器是以半导体元件为中心构成的静止装置，为了防止由于温度、湿度、尘埃、振动等使用环境的影响，以及因其零部件的老化、寿命等原因而发生故障，应进行日常检查。

(1) 日常检查

① 检查安装地点的环境是否达到要求,有无异常。

② 检查冷却系统是否正常,风扇有无损坏,风道是否畅通。

③ 检查变频器是否有异常振动、异常声音。

④ 检查是否有异常过热、变色,是否有异味。

⑤ 检查电动机是否有异常振动、异常声音和过热、是否有异味。另外,在运行中还需经常检查变频器的输入、输出电压和电流。

(2) 定期检查

① 要定期检查冷却系统、空气过滤器等。

② 要定期紧固检查及加固:由于振动、温度变化等影响,螺钉、螺栓等紧固部分往往松动,因此应经常检查,有松动的要及时拧紧。

③ 要定期检查导体、绝缘物是否有腐蚀、破损。

④ 要定期测定变频器和电动机的绝缘电阻。

⑤ 要定期检查易损件,如冷却风扇、平滑电容器、接触器和继电器等,若发现损坏或老化、破损等应及时更换。

(3) 易损件的检查与更换

变频器的一些零部件,在组成或者特性上的老化是可以预计的。因为这些零部件的老化、损坏会降低变频器的性能,甚至引起故障,为了防患于未然,有必要定期检查和更换。这些零部件有以下几种。

① 冷却风机。用于主回路半导体元件等发热器件冷却的风扇。对于连续长时间运转的装置,通常需要以 2~3 年一次的周期更换冷却风机或轴承。如果检查时发现有异常声音、异常振动,同样需要更换。

② 接触器或继电器。接触器、继电器需要经常反复地开闭动作,触点容易磨损、氧化而导致接触不良,所以达到一定的开闭次数(寿命)时就需要更换。

③ 电解电容器。在主回路直流部分起滤波作用的大容量电解电容,及在控制回路中用来稳定控制电源的电解电容,由于脉动电流等影响,其特性会劣化。在通常的空调环境下使用时,大约 5 年需要更换一次。

2. 变频器的检修

维修时,需要检查故障变频器的相关信息,如机型、机器编码(是否过保修期)等,了解故障发生时的情况与设备运行工况,并详细记录。一般按如下步骤进行。

① 根据故障情况,初步判断故障的类型。

② 停电状态下检查主回路的元器件及相关部件是否有异常或损坏。

③ 停电状态下检测控制电路有无元器件损坏,尤其注意开关电源部分。

④ 若初步判断主回路和控制电路均正常,则可以通电检测;通电后首先查看变频器内保存的故障记录;然后带电检测变频器可能存在故障的部位,更进一步地分析和定位故障。

⑤ 检查外部连线及电动机,排除问题后让变频器带载运行,检查变频器运行状况是否正常。

⑥ 排除变频器的所有故障后,让系统联机运行,调整变频器参数使之能充分满足负载和现场工况的要求。

⑦ 维修完成并调试好变频器后,进行故障分析总结,并整理相关的维修文档,由用户签署意见以确认。

## 总结与测试

### 总　　结

项目三主要介绍了交流电动机运动控制系统的概念、控制原理及应用。课程以机床主轴变频控制系统项目为切入点,完成主轴变频控制系统的方案设计、交流电动机结构原理及应用、变频器结构原理及应用、电气原理图的绘制、元器件的选择、程序设计、系统调试等内容的学习与训练。在学习整个项目的同时,实现了培养学生从事项目运行活动的行为能力,培养学生安全、环保、成本、产品质量、团队合作等意识和能力的目的。

### 测试(满分100分)

一、选择题(共12题,每题1分,共12分)

1. 交流同步电动机是一种恒速驱动电动机,其转子转速与电源频率保持(　　)的比例关系。
　　A. 恒定　　　　　　　　　　B. 小于
　　C. 大于　　　　　　　　　　D. 随着负载大小变化

2. 交流异步电动机的转速(转子转速)(　　)旋转磁场的转速,从而被称为异步电动机。
　　A. 等于　　　　　　　　　　B. 小于
　　C. 大于　　　　　　　　　　D. 随着负载大小变化

3. 三相异步电动机是应用最为广泛的一种交流电动机,其负载时的转速与所接电网频率之间的关系是(　　)的。
　　A. 恒定　　　　　　　　　　B. 大于
　　C. 大于或等于　　　　　　　D. 随着负载大小变化

4. 绕线式异步电动机能采用转子绕组串电阻启动和调速,因此启动性能和调速性能比笼型异步电动机(　　)。
　　A. 优越　　　B. 低下　　　C. 相同　　　D. 不确定

5. 对于异步电动机,只要电动机参数不发生变化,电磁转矩与电源电压平方之间的关系是(　　)关系。
　　A. 正比　　　B. 反比　　　C. 指数　　　D. 不确定

6. 交流变频调速技术的原理是把工频50 Hz的交流电转换成(　　)可调的交流电。

A. 频率或电压　　B. 频率和电压　　C. 频率　　D. 电压

7. （　　）电动机的转子极数能自动地跟随定子极数的变化。

A. 绕线式异步　　B. 笼型异步　　C. 直流　　D. 步进

8. 三相异步电动机的定子绕组三角形联结改接成双星形联结，写作△-YY。这时，定子磁场的极对数（　　）。

A. 减少 1/4　　B. 增加 1/4　　C. 减少 1/2　　D. 增加 1/2

9. 三相异步电动机的定子绕组由单星形联结改接成并联的双星形联结，写作Y-YY。这时，定子磁场的极对数（　　）。

A. 减少 1/4　　B. 增加 1/4　　C. 减少 1/2　　D. 增加 1/2

10. 以下设备功率因数最低的一个是（　　）。

A. 白炽灯　　B. 电阻炉　　C. 交流电动机　　D. 直流电动机

11. 根据供电电源可分为高压变频器和低压变频器，下列低压变频器表述正确的是（　　）。

A. 额定电压小于 480 V 的变频器

B. 额定电压小于 1 000 V 的变频器

C. 额定电压小于 3 000 V 的变频器

D. 额定电压小于 6 000 V 的变频器

12. 三菱 FR-E740-1.5K-CHT 型变频器参数设定时，要设定基波频率，这时应该设置的参数号为（　　）。

A. Pr.0　　B. Pr.1　　C. Pr.2　　D. Pr.3

二、填空题（共 9 题，24 个空，每空 1 分，共 24 分）

1. 交流电动机可分同步电动机和_____。同步电动机可划分：_____、磁阻同步电动机和磁滞同步电动机。

2. 三相异步电动机的 3 种常用启动方法包括：_____启动、_____启动和_____启动。

3. 异步电动机在额定电压和额定频率下，用规定的接线方式，定子和转子电路中不串联任何电阻或电抗时的机械特性称为_____。机械特性曲线可分为_____和_____两部分。

4. 三相异步电动机的电气制动可分为____制动、____制动及____制动 3 种制动状态。

5. 三相异步电动机的 3 种调速方法：_____调速、_____调速和_____调速。

6. 三相异步电动机的 3 种常用的变转差率调速为：_____调速、_____调速和_____调速。

7. 三相异步电动机的额定电流：Y/△ 6.73 / 11.64 A 表示星形联结下电动机的线电流为_____；三角形联结下线电流为_____。两种接法下相电流均为_____。

8. 效率是指电动机在额定状态下运行时_____对_____的比值 $\eta$。

9. 三菱变频器型号为：FR-E740-1.5K-CHT，其电压级数为_____，变频器容量为_____。

三、简答题(共 7 题,共 32 分)
1. 以机床主轴变频控制系统为例,简述常用交流变频运动控制系统的组成。(5 分)
2. 绘制三相异步交流电动机的机械特性曲线,并简述 4 个特殊点。(6 分)
3. 阐述变频调速与直流调速系统相比具有的 5 个优点。(5 分)
4. 比较软启动器与变频器的不同。(3 分)
5. 解释电动机型号 Y 150L-4 的含义。(4 分)
6. 简述三相异步电动机选型时需考虑到的 5 个方面。(5 分)
7. 简述选择变频器时要考虑到的问题。(4 分)

四、计算题(共 2 题,共 12 分)
1. 有一台三相异步电动机,电源电压的频率为 50 Hz,满载时电动机的转差率为 0.02,求:① 电动机的同步转速;② 转子转速;③ 转子电流频率。
2. 有一台三相异步电动机 Y132S-6,其技术数据如表 3-7。

表 3-7 技 术 数 据

| 项目 | $P_N$ | $U_N$ | 满载时 |  |  |  | $I_{st}/I_N$ | $T_{st}/T_N$ | $T_{max}/T_N$ |
|---|---|---|---|---|---|---|---|---|---|
|  |  |  | $n_N$ | Y/△ | $\eta_N$ | $\cos \varphi$ |  |  |  |
| 单位 | kW | V | r/min | A |  |  |  |  |  |
| 数值 | 3 | 380/220 | 960 | 7.2/12.8 | 0.83 | 0.75 | 6.5 | 2.0 | 2.0 |

求:① 线电压为 380 V 时,三相定子绕组是 Y 接法,还是△接法? ② 求 $T_N$,$T_{st}$,$T_{max}$ 和 $I_{st}$,$n_0$,$S_N$,$p$;③ 额定负载时电动机的输入功率是多少?

五、实训与设计题(共 2 题,共 20 分)
1. 正确连接三相异步电动机与变频器,设定变频器控制的控制参数 Pr.79、Pr.4、Pr.5、Pr.6、Pr.7、Pr.8。说明参数意义,并观察现象。
2. 图 3-63 为交流控制系统中驱动三相交流异步电动机用的变频器,设计主电路图、PLC 输入输出电路图,实现运用 PLC 通过该变频器控制三相交流异步电动机。要求:① 380 V 电通过接触器触点到变频器、变频器接三相电动机,变频器报警信号传输到 PLC 输入点;② PLC 通过中间继电器控制接触器,使电动机上电或断电;③ 通过电位器设定变频器控制电动机的转速;④ 有正转、反转、急停、故障报警等功能。

图 3-63 变频器

# 项目四　步进电动机运动控制系统的调试

本项目以典型的运动控制系统——冲压机床运动控制系统进给部分为切入点,完成开环步进控制系统的方案设计、步进电动机结构原理及应用、步进驱动器原理及应用、电气原理图的绘制、元器件的选择、程序设计、系统调试等内容的学习与训练。

## 任务1　整体控制方案设计

### ■ 任务分析

某经济型冲压机床运动控制系统进给部分采用开环运动控制系统,需要工作状态指示灯,控制回路由PLC控制。进给部分采用$X$轴、$Y$轴方式,滚珠丝杠螺距为5 mm。开环控制的动力选用两相混合式步进电动机,步距角为1.8°,负载为40 kg,最大行程为400 mm。工作状态指示灯有进给故障灯、机床正常灯。根据上述要求,完成控制系统设计,能独自主绘制正确的电气原理图。

### ■ 教学目标

1. 知识目标
① 掌握开环步进控制系统的相关知识及应用。
② 掌握步进电动机控制系统的应用。
2. 技能目标
① 具有设计步进电动机控制系统方案的能力。
② 具有绘制电气原理图的能力。
③ 具有分析电气原理图的能力。

3. 素养目标
① 具有严谨、全面、高效、负责的职业素质。
② 具有查阅资料、勤于思考、勇于探索的良好作风。
③ 具有善于自学及归纳分析的学习能力。

# 任务实施

## 4.1.1 整体控制方案设计

冲压机床运动控制系统进给部分采用滚珠丝杠和十字滑台的形式,步进电动机作为开环运动控制系统的动力,如图4-1所示。

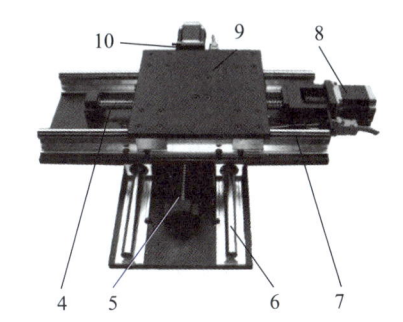

图4-1 冲压机床运动控制系统进给部分和十字滑台
1—冲压模具;2—冲压头;3—夹持头;4—进给X轴;5—进给Y轴;6—Y轴导轨;
7—X轴导轨;8—X轴步进电动机;9—滑台;10—Y轴步进电动机

在进给X轴4和进给Y轴5联合运动的作用下,工件按照设定坐标被夹持头3送到冲压模具1下,冲压头2进行冲压。只要保持X轴和Y轴的运动精度,就能保证冲压位置(坐标)的精度。

根据任务分析,本项目主要是完成两个电动机的控制,一是X轴的进给步进电动机,二是Y轴的进给步进电动机,并有相应的面板指示。整个的步进驱动系统控制方案如图4-2所示。

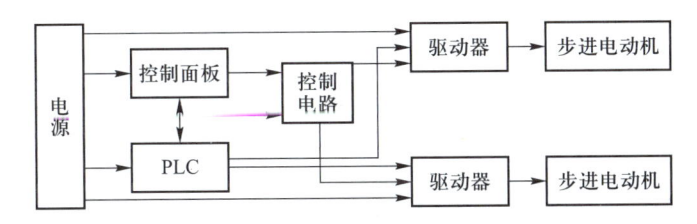

图4-2 步进驱动系统控制方案

电源:采用380 V/220 V变压器得到AC 220 V电压,然后通过开关电源获得DC 24 V电压。负责给控制电路、步进驱动器、步进电动机、PLC和控制面板等供电,并起到保护作用。

步进驱动单元:采用雷赛两相混合式步进电动机及配套驱动器,采用DC 24 V电源供电。

控制电路：主要用于系统急停、进给以及步进驱动单元的上电等。就驱动器而言，需要控制电路，无需接触器或继电器，但正常使用时，应考虑安全使用和调试等，还需要有单独断开的功能，有些异常是需要断电才能清除掉的。

PLC：采用西门子 S7-1200 型 PLC，用于控制电路，进而控制步进驱动单元上电；控制步进（电动机）驱动器的方向信号和速度信号；控制指示灯等。

控制面板：主要用于控制电路的急停输入；电动机的上电、启动、停止等输入和故障指示、正常指示等输出。

根据控制方案图设计电源电路 D1、步进电动机驱动电路 H1、中间控制电路 M1、PLC 输入电路 M2、PLC 输出电路 M3。电源电路 D1 与交流电动机运动控制系统的电源电路类似，本项目不再讲述。

### 4.1.2 步进电动机驱动电路设计

步进电动机驱动电路图如图 4-3 所示，其主要能完成 $X$ 轴和 $Y$ 轴的两相混合式步进电动机 H1-M1、H1-M2 上电、速度控制、方向控制等功能。

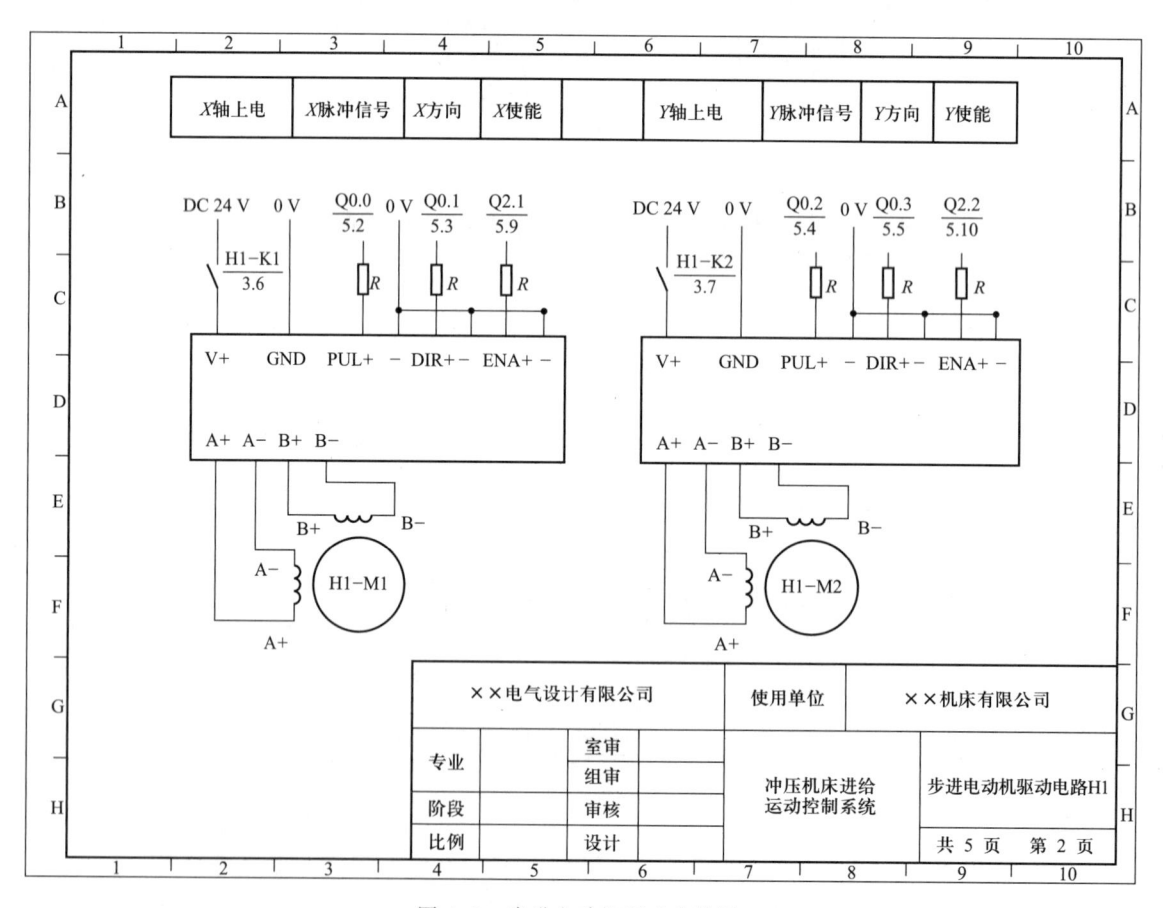

图 4-3 步进电动机驱动电路图

动力部分的 V+ 和 GND 分别连接电源，A+、A-、B+、B- 分别与电动机接线端子连接。想用简单的方法调整两相步进电动机通电后的转动方向,只需将电动机与驱动器接线的 A+ 和 A-(或者 B+ 和 B-)对调即可。

电动机(驱动器)上电或断电受继电器 H1-K1 和 H1-K2 控制。转速控制端 PUL+接 PLC 脉冲输出端,方向控制端 DIR+、使能端 ENA+ 接 PLC 高低电平输出端。

### 4.1.3 中间控制电路设计

中间控制电路图如图 4-4 所示,主要完成系统急停、进给以及步进驱动单元的上电和单独断电等功能。

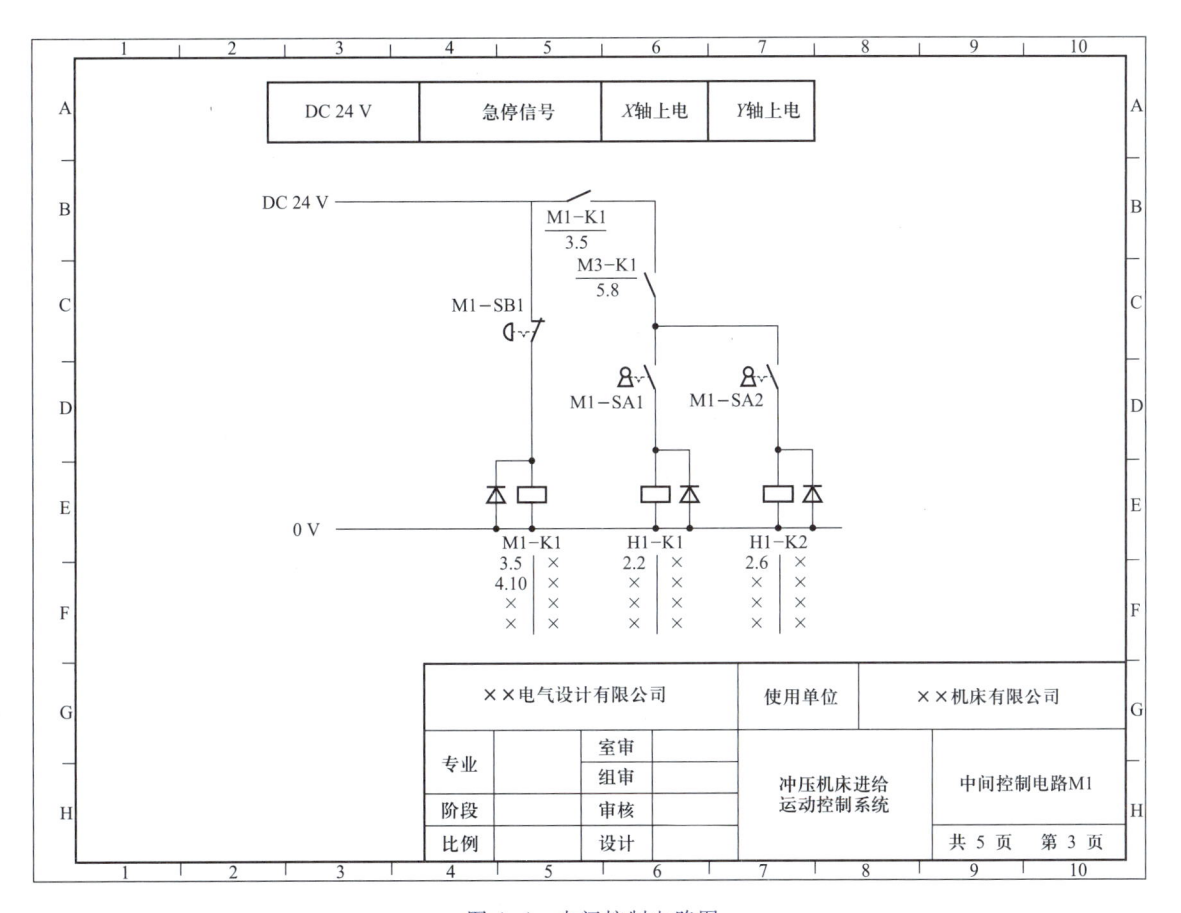

图 4-4 中间控制电路图

M1-SB1 为急停按钮,通断信号控制继电器 M1-K1 线圈,其触点通断信号分别控制右侧电路和图纸第 4 页的 PLC 急停。M3-K1 为图纸第 5 页 PLC 输出 Q2.0 控制的继电器线圈的触点,控制 H1-K1、H1-K2 继电器线圈的得失电。H1-K1、H1-K2 的触点控制驱动器上电,在图纸第 2 页,闭合时步进驱动器上电。M1-SA1、M1-SA2 为钥匙开关,用于设备调试或故障处理单独通断 X 轴、Y 轴的步进驱动单元。

### 4.1.4 PLC 输入电路设计

PLC 输入电路主要实现 PLC 的信号输入功能,PLC 输入电路图如图 4-5 所示。

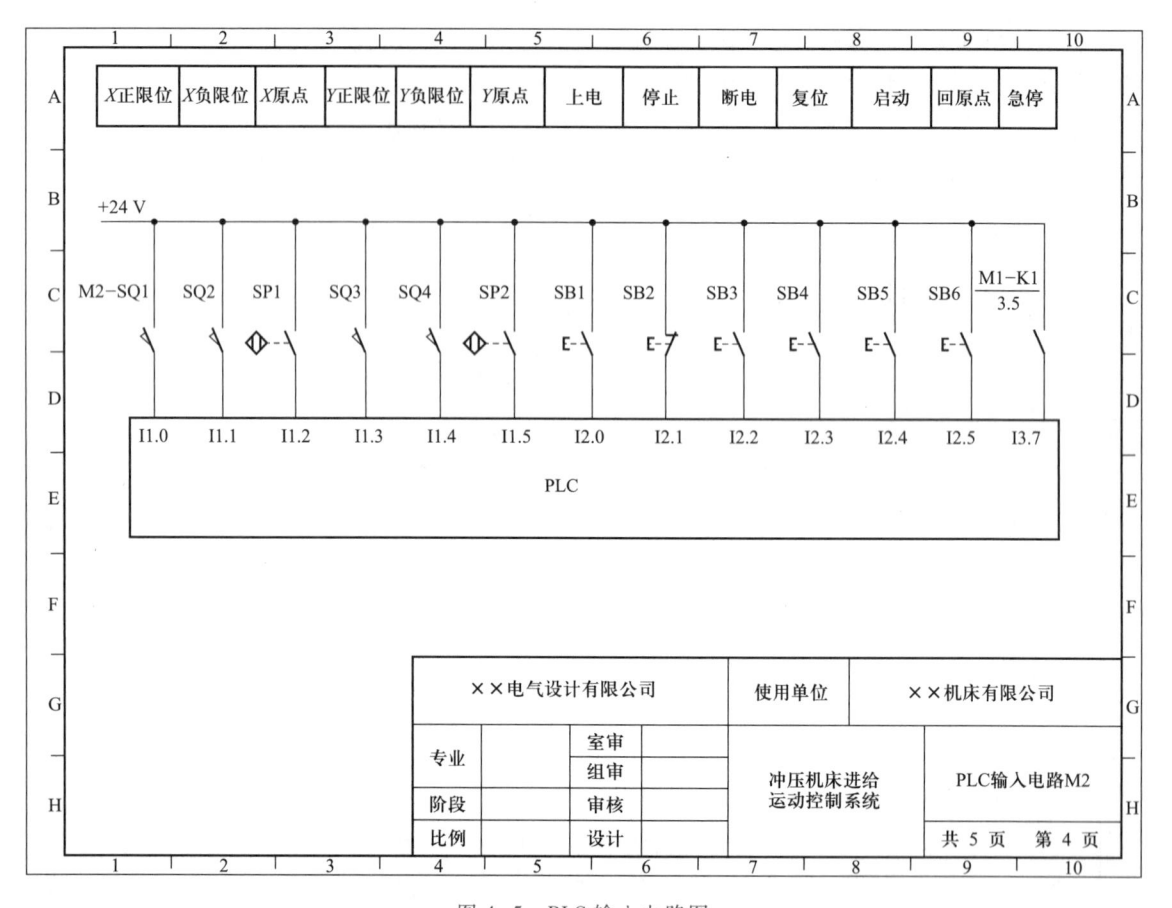

图 4-5　PLC 输入电路图

M2-SB1、SB3 按钮用于控制步进电动机上电和断电,M2-SB5、SB2 用于控制步进电动机启动和停止,M2-SB4 用于控制步进电动机控制器复位,M2-SB6 用于控制步进电动机回原点,原点位置采用电感式开关检测,X、Y 轴的电动机原点传感器分别为 SP1、SP2。此外步进电动机在运行时需要移动正负最大限位保护,此处采用行程开关 M2-SQ1、SQ2、SQ3、SQ4。急停信号来自图纸第 3 页的 M1-K1。

### 4.1.5　PLC 输出电路设计

PLC 输出电路 M3 主要实现 PLC 对外围器件的控制,PLC 输出电路图如图 4-6 所示。

Q2.0 为高电平时,继电器 M3-K1 线圈得电,图纸第 3 页中 M3-K1 触点闭合,当钥匙开关 M1-SA1、SA2 闭合时,继电器 H1-K1、H1-K2 线圈得电,图纸第 2 页中的继电器 H1-K1、H1-K2 触点闭合,步进电动机(实为步进电动机驱动器)上电。

Q0.0 接 X 轴步进驱动器速度(脉冲)控制信号 PUL1+,Q0.2 接 X 轴步进驱动器方向控制信号 DIR1+,当 Q0.2 分别为低电平或高电平时,X 轴步进电动机的运动方向刚好相反。

Q0.2 接 Y 轴步进驱动器速度(脉冲)控制信号 PUL2+,Q0.3 接 Y 轴步进驱动器方向控制信号 DIR2+,当 Q0.3 分别为低电平或高电平时,Y 轴步进电动机的运动方向刚好相反。

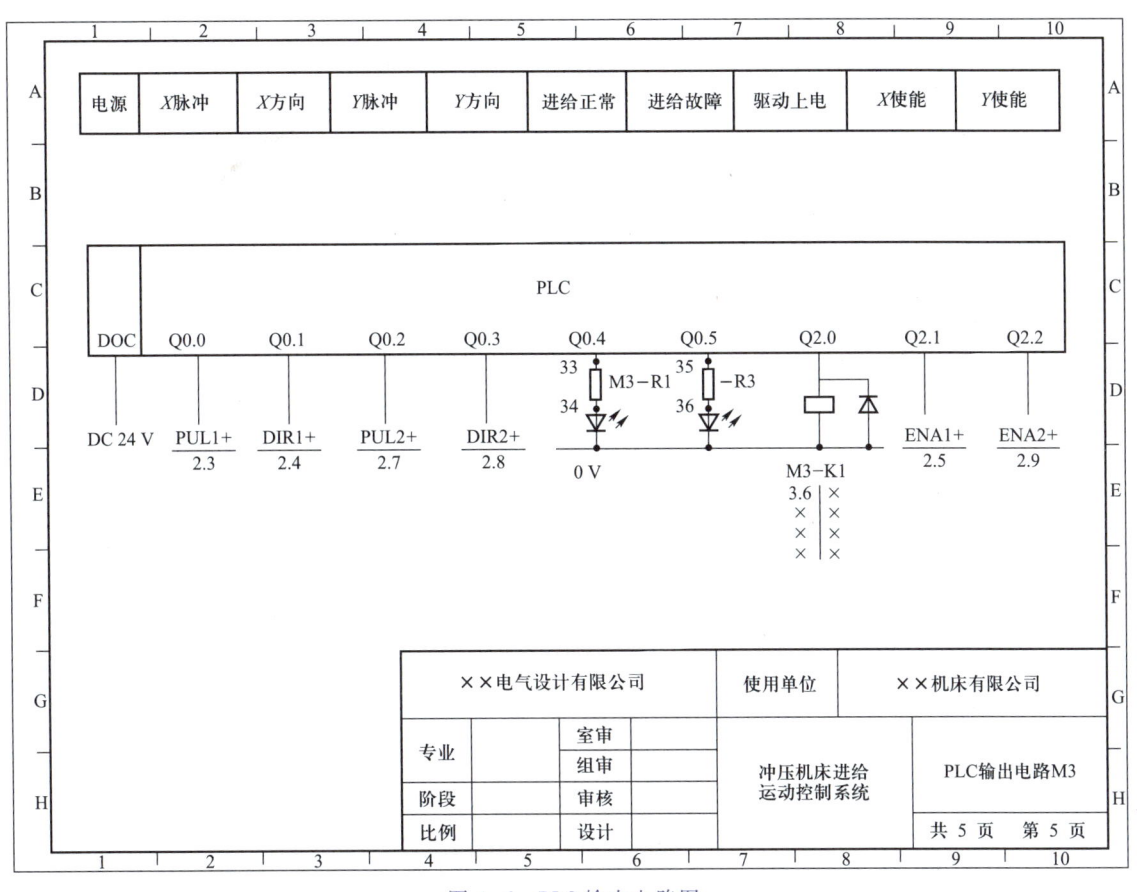

图 4-6　PLC 输出电路图

Q2.1 接 X 轴步进驱动器使能端。Q2.2 接 Y 轴步进驱动器使能端。当使能信号 ENA 为低电平时,驱动器输出到电动机的电流被切断,电动机转子处于自由状态(脱机状态)。在有些自动化设备中,如果在驱动器不断电的情况下要求可以用手动直接转动电动机轴,就可以将 ENA 置低,使电动机脱机,进行手动操作或调节。手动完成后,再将 ENA 信号置高,以继续自动控制。

Q0.4、Q0.5 分别用于指示机床进给部分的正常运行或故障。

## 任务 2　元器件的选型

### ■ 任务分析

根据控制系统的方案和电气原理图,选择图中所需的元器件。掌握相应元器件的选型、原理及应用。重点掌握步进电动机结构原理及控制原理,以及步进驱动器的基本原理及应用。

### ■ 教学目标

1. 知识目标
① 掌握步进电动机的分类。

② 掌握步进电动机的结构及原理。
③ 掌握步进电动机的性能指标。
④ 掌握步进驱动器的原理与应用。

2. 技能目标

① 具有步进电动机的分析与选型能力。
② 具有步进驱动器的分析与选型能力。
③ 具有断路器分析与选型能力。
④ 具有继电器、接触器分析与选型能力。
⑤ 具有变压器的选型能力。
⑥ 具有开关电源的选型能力。
⑦ 具有按钮与指示灯的选型能力。

3. 素养目标

① 具有严谨、全面、高效、负责的职业素质。
② 具有查阅资料、勤于思考、勇于探索的良好作风。
③ 具有善于自学及归纳分析的学习能力。

## 相关知识

随着控制要求与技术的发展,步进电动机的需求量与日俱增,应用于国民经济各领域。步进电动机在很多设备上都有使用,如数控机床、医疗设备、纺织印刷、雕刻机、激光打标机、激光内雕机、电子设备、剥线机、包装机械、广告设备、贴标机、恒速应用、机器人、3D打印机等。

### 4.2.1 步进电动机的基本概念

#### 1. 步进电动机的定义

步进电动机是一种将电脉冲信号转换为相应角位移或直线位移的转换装置,是一种专门用于速度和位置精确控制的特种电动机,也是开环伺服系统的最后执行元件。每输入一个脉冲,电动机轴就转过一个固定的角度(称为步距角),即常说的走了一步。如果连续不断地输入脉冲信号,电动机轴则一步一步地连续进行角位移,步进电动机也就旋转起来了。当终止脉冲信号的输入,电动机将立刻无惯性地停止运动;如果此时电动机的工作电源尚未断开,电动机轴则处于不能自由旋转的锁定(定位)状态。所以,步进电动机在工作时有运转和定位两种基本运行状态。

#### 2. 步进电动机的分类

步进电动机的分类方式很多,常见的分类方式有按产生力矩的原理、按输出力矩的大小以及按定子和转子的数量进行分类等。根据不同的分类方式,可将步进电动机分为多种类型,见表4-1。

#### 3. 步进电动机的特点

① 过载性好。非超载的情况下,电动机的转速、停止的位置只取决于脉冲信号的频率和脉冲数,其转速不受负载大小的影响,不像普通电动机,当负载加大时(非超载)

就会出现速度下降的情况。

表 4-1 步进电动机的分类

| 分类方式 | 具体类型 |
| --- | --- |
| 按力矩产生的原理 | 反应式:转子为铁心,无绕组,由被励磁的定子绕组产生反应力矩实现步进运行。一般为三相,可实现大转矩输出,步进角一般为 1.5°,但噪声和振动都很大。<br>励磁式:定、转子均有励磁绕组(或转子用永磁钢,即"永磁式"),由电磁力矩实现步进运行。一般为两相,转矩和体积较小,步进角一般为 7.5°或 15°。<br>混合式:综合了反应式和永磁式的优点,定子上有多相绕组、转子上采用永磁材料(性能全面,但结构较复杂、成本较高)。它又分为两相和五相:两相步进角一般为 1.8°,而五相步进角一般为 0.72°。目前,这种步进电动机的应用最为广泛 |
| 按输出力矩的大小 | 伺服式:输出力矩小,只能驱动较小的负载,要与液压转矩放大器配合使用才能驱动机床工作台等较大的负载。<br>功率式:输出力矩在 5 N·m 以上,可以直接驱动机床工作台等较大负载 |
| 按定子数 | 单定子、双定子、三定子、多定子 |
| 按各相绕组分布 | 径向分布式:电动机各相按圆周依次排列。<br>轴向分布式:电动机各相按轴向依次排列 |

② 精度高。当步进驱动器接收到一个脉冲信号,它就驱动步进电动机按设定的方向转动一个固定的角度,称为"步距角",它的旋转是以固定的角度一步一步运行的。可以通过控制脉冲个数来控制角位移量,从而准确定位。一般步进电动机的精度为步距角的 3%~5%,且不累积。

③ 控制方便。数字特征比较明显,可以通过控制脉冲频率来控制电动机转动的速度和加速度,从而达到调速的目的。

④ 整机结构简单。传统的速度和位置需要精确控制的机械装置,结构一般都比较复杂,调整困难,使用步进电动机后,使得整机的结构变得简单和紧凑。

⑤ 步进电动机的力矩会随转速的升高而下降。

⑥ 步进电动机低速转动时振动和噪声大是其固有的缺点。

4. 步进电动机的发展

① 第一台电磁式(反应式)步进电动机于 1882 年由法国科学家发明。20 世纪初,电磁式步进电动机得到了进一步的发展和改进,如增加线圈数目、改善磁路结构等,使其性能和精度有了显著提升。

② 励磁式(磁滞式)步进电动机是 20 世纪 40 年代出现的一种新型步进电动机。励磁式步进电动机的出现使步进电动机在工业自动化领域得到了更广泛的应用。

③ 混合式步进电动机是 20 世纪 60 年代出现的一种新型步进电动机,它结合了电磁式步进电动机和励磁式步进电动机的优点,混合式步进电动机的出现推动了步进电动机在精密仪器、医疗设备、数控机床等领域的广泛应用。

④ 直线步进电动机是 21 世纪初出现的一种新型步进电动机。与传统的旋转步进电动机不同,直线步进电动机的转子是直线运动的,可用于实现直线定位和运动控制。直线步进电动机具有高精度、高速度和高加速度等优点,广泛应用于机器人、印刷设备、光刻机等领域。

### 4.2.2 步进电动机的工作原理及结构

反应式步进电动机最早发明、结构相对简单,混合式步进电动机应用广泛,下面以这两类为例进行介绍。

#### 1. 步进电动机的组成

步进电动机和一般旋转电动机一样,分为定子和转子两大部分。定子由硅钢片叠成,装上一定相数的控制绕组,输入电脉冲对多相定子绕组轮流进行励磁;转子用硅钢片叠成或用软磁性材料做成凸极结构,转子本身没有励磁绕组的称为反应式步进电动机,用永久磁铁做转子的称为励磁式(永磁式)步进电动机。

#### 2. 反应式步进电动机的结构

反应式步进电动机是利用反应转矩(磁阻转矩)使转子转动的,如图 4-7 所示为三相反应式步进电动机的结构。

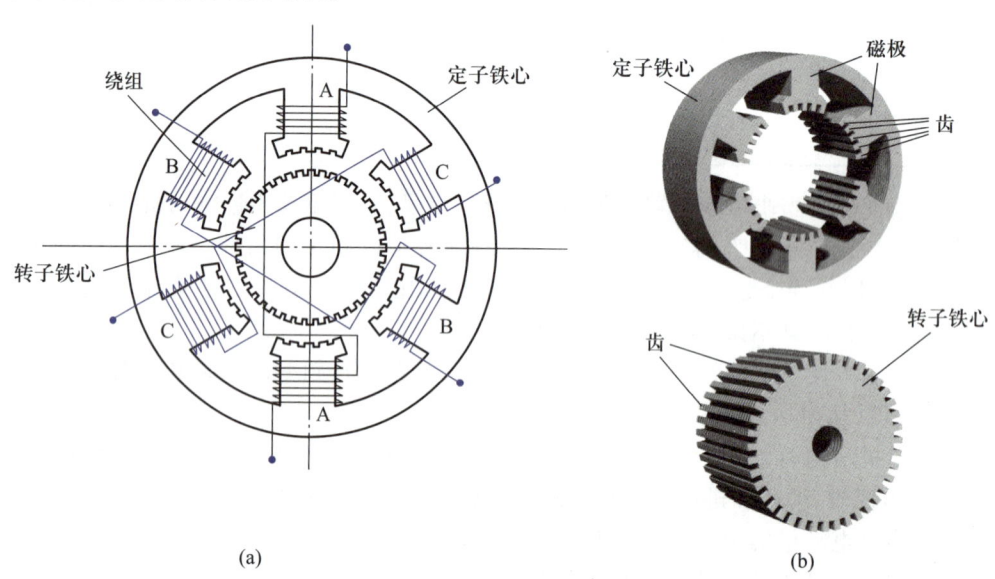

图 4-7 三相反应式步进电动机的结构

定子铁心为凸极式,有 3 对(6 个)磁极,磁极间夹角是 60°。各磁极上套有线圈,按图连成 A、B、C 三相绕组。在定子每个磁极的极弧上开有 5 个小齿,共 30 个小齿。转子用软磁性材料制成,也是凸极结构。转子沿圆周均布 40 个小齿,它的齿形与定子极弧上的小齿完全相同。所以每个齿的齿距为 360°/40 = 9°。这种结构形式使电动机的制造变得简便,精度易于保证,但这种电动机消耗的功率较大,断电时无定位转矩。

由于定子和转子的小齿数目分别是 30 和 40,其比值是一分数,这就产生了所谓的齿错位的情况。如图 4-7 所示,若以 A 相磁极小齿和转子的小齿对齐,那么 B 相和 C 相磁极的齿就会分别和转子齿相错三分之一的齿距,即 3°。因此,B 相、C 相磁极下的磁阻比 A 相磁极下的磁阻大。若给 B 相通电,B 相绕组产生定子磁场,其磁力线穿越 B 相磁极,并力图按磁阻最小的路径闭合,这就使转子受到反应转矩(磁阻转矩)的作用而转动,直到 B 相磁极上的齿与转子上的齿对齐,恰好转子转过 3°;此时 A 相、C 相磁极的齿又分别与转子上的齿错开三分之一齿距。接着停止对 B 相绕组通电,而改为 C 相绕组通电,同理受反应转矩的作用,转子按顺时针方向再转过 3°。依次类推,当三相绕组按 A→B→C→A 顺序循环通电时,转子会按顺时针方向,以每个通电脉冲转动 3°的规律步进式转动起来。

### 3. 反应式步进电动机的工作原理

为了方便分析,对图 4-7 的步进电动机结构进行简化,设定子的 3 对磁极每个都只有 1 个齿,转子有 4 个齿,则此三相反应式步进电动机的示意图如图 4-8 所示。

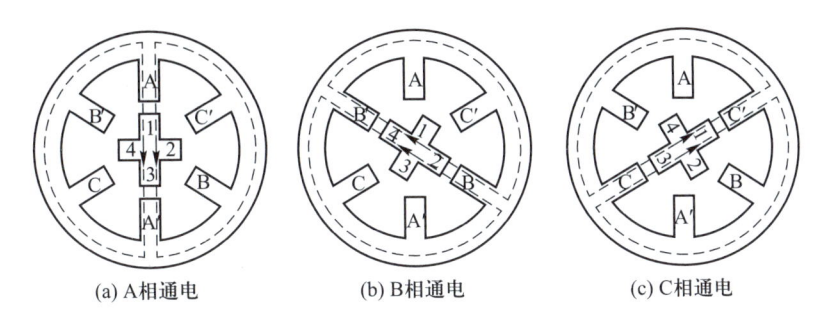

(a) A 相通电　　　　(b) B 相通电　　　　(c) C 相通电

图 4-8　三相反应式步进电动机的示意图

当 A 相控制绕组通电,其余两相均不通电,电动机内建立以定子 A 相磁极为轴线的磁场。由于磁通具有试图走磁阻最小路径的特点,使转子齿 1、3 的轴线与定子 A 相磁极轴线对齐,如图 4-8(a)所示。

若 A 相控制绕组断电、B 相控制绕组通电时,磁通走磁阻最小路径。所以转子在反应转矩的作用下,逆时针转过 30°,使转子齿 2、4 的轴线与定子 B 相磁极轴线对齐,即转子走了一步,这时磁阻最小,如图 4-8(b)所示。

若断开 B 相,使 C 相控制绕组通电,转子逆时针方向又转过 30°,使转子齿 1、3 的轴线与定子 C 相磁极轴线对齐,磁阻最小,如图 4-8(c)所示。

如此按 A→B→C→A 的顺序轮流通电,转子就会一步一步地按逆时针方向转动,其转速取决于各相控制绕组通电与断电的频率,旋转方向取决于控制绕组轮流通电的顺序。若按 A→C→B→A 的顺序通电,则电动机按顺时针方向转动。常用的通电方式有以下 3 种。

(1) 三相单三拍

上述这种工作方式下,三个绕组依次通电一次为一个循环周期,一个循环周期包括三个工作脉冲,所以称为三相单三拍工作方式。"三相"是指三相步进电动机;"单三拍"是指每次只有一相控制绕组通电;控制绕组每改变一次通电状态称为"一拍"。"三拍"是指改变三次通电状态为一个循环。把每一拍转子转过的角度称为步距角。三相单三拍运行时,步距角为 30°。显然,这个角度太大,不能付诸实用。

(2) 三相双三拍

按 AB→BC→CA 的顺序给三相绕组轮流通电,每拍有两相绕组同时通电。A、B

相同时通电,A、A′磁极拉住1、3齿,B、B′磁极拉住2、4齿,转子转过15°,到达图4-9(a)所示位置。以此类推,BC通电到达4-9(b)所示位置,CA通电到达4-9(c)所示位置。与单三拍方式相似,双三拍驱动时每个通电循环周期也分为三拍。每拍转子转过30°(步距角),一个通电循环周期(3拍)转子转过90°(齿距角,步进电动机相邻两个齿之间的夹角称为齿距角)。但是每次有两相绕组同时通电,转矩增大。

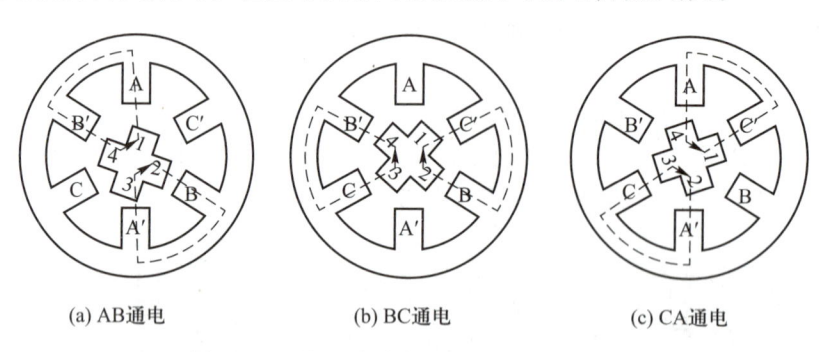

(a) AB通电　　　(b) BC通电　　　(c) CA通电

图4-9　三相反应式步进电动机三相双三拍

（3）三相单双六拍

把控制绕组的通电方式改为 A→AB→B→BC→C→CA→A,即一相通电接着二相通电间隔地轮流进行,完成一个循环需要经过六次改变通电状态,称为三相单双六拍通电方式。

A相通电,转子1、3齿与A、A′对齐;A、B相同时通电,A、A′磁极拉住1、3齿,B、B′磁极拉住2、4齿,转子转过15°,到达图4-9(a)所示位置。B相通电,转子2、4齿与B、B′对齐,又转过15°;B、C相同时通电,C′、C磁极拉住1、3齿,B、B′磁极拉住2、4齿,转子再转过15°,到达图4-9(b)所示位置,以此类推。六拍通电方式下转子平衡位置增加了一倍,每拍转子转过15°(步距角),一个通电循环周期(6拍)转子转过90°(齿距角)。

与单三拍相比,六拍驱动方式的步进角更小,更适用于需要精确定位的控制系统中。

进一步减少步距角的措施是采用定子磁极带有小齿,转子齿数很多的结构,如图4-7所示。分析表明,这样结构的步进电动机,其步距角可以做得很小。通常,实际的步进电动机产品,都采用这种方法实现步距角的细分。

4. 混合式步进电动机的结构

混合式步进电动机由转子(转子铁心、永久磁体、转轴、滚珠轴承)、定子(绕组、定子铁心)、前后端盖等组成,如图4-10所示。

混合式步进电动机与反应式步进电动机最大的不同在于转子,反应式步进电动机转子用软磁性材料制成。混合式步进电动机转子内部有永久磁钢(一端S极、一端N极),2个带齿的转子分别套在永久磁钢的S极(前部)、N极(后部)外侧,称为永磁体。如图4-10右图所示。

5. 混合式步进电动机的工作原理

最典型的两相混合式步进电动机的定子有8个极,每个极有6个小齿,共48齿,转子有 50 个小齿。前半部分转子轮齿呈 S 极属性。

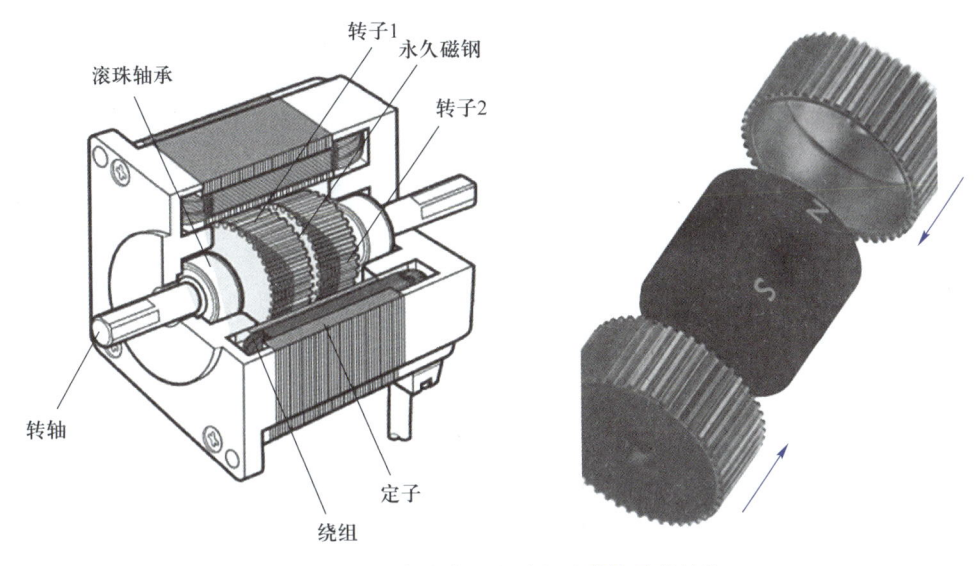

图 4-10 混合式步进电动机及其转子的结构

A+通入电流，产生如图 4-11 所示磁场，左右产生 S 极与转子 S 极相斥，转子齿与定子齿完全错开。上下产生 N 极与转子 S 极相吸，转子齿与定齿子完全对齐。

A 相断电，B+通入电流，产生如图 4-12 所示磁场，右下端产生的 N 极与转子 S 极相吸，左下端产生的 S 极与转子 S 极相斥。转子转动 1/4 齿，在右下端转子齿与定子齿完全对齐。转子转过角度为 $(360°/50)/4 = 1.8°$。

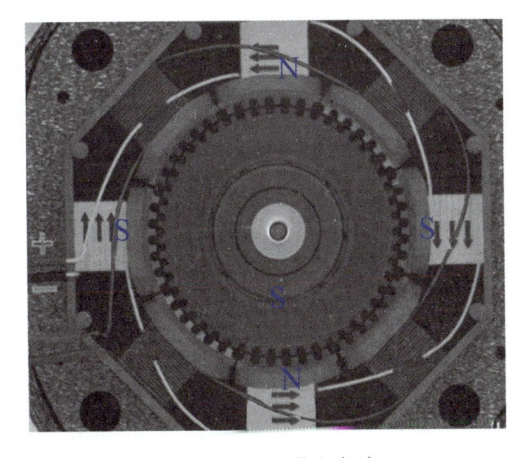

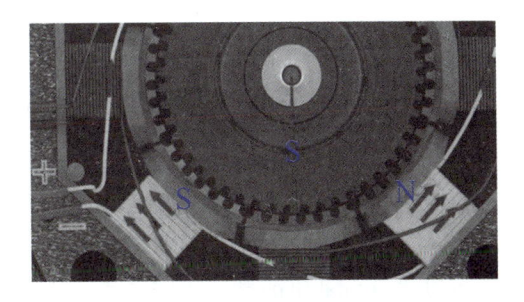

图 4-11 A+通入电流

图 4-12 B+通入电流

B 相断电，A-通入电流，产生如图 4-13 所示磁场，左右产生 N 极与转子 S 极相吸，上下产生 S 极与转子 S 极相斥，转子再旋转 1/4 齿。相吸的转子齿与定子齿完全对齐，相斥的转子齿与定子齿完全错开。

A 相断电，B-通入电流，产生如图 4-14 所示磁场，左下端产生的 N 极与转子 S 极相吸，右下端产生的 S 极与转子 S 极相斥。转子再转动 1/4 齿，左下端转子齿与定子齿完全对齐。

图 4-13　A-通入电流　　　　　图 4-14　B-通入电流

如图 4-15 所示，A+、B+、A-、B-、A+…循环通电，步进电动机就会按照频率产生连续运转的转速。

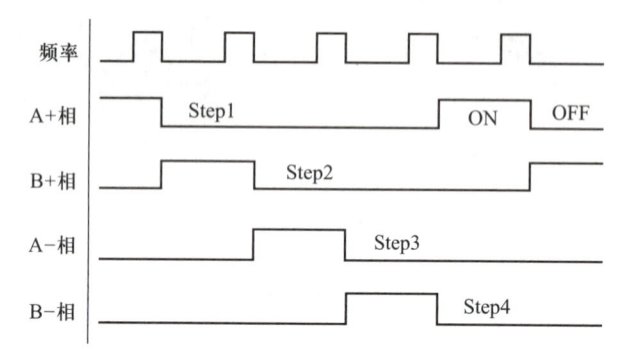

图 4-15　两相混合式步进电动机通电时序图

综上所述，可以得出如下结论：

（1）步进电动机定子绕组的通电状态每改变一次，它的转子便转过一个确定的角度，即步进电动机的步距角 α。

（2）改变步进电动机定子绕组的通电顺序，转子的旋转方向随之改变。

（3）步进电动机定子绕组通电状态的改变速度越快，其转子旋转的速度越快，即通电状态的变化频率越高，转子的转速越高。

### 4.2.3　步进电动机及控制系统技术参数

**1. 步距角**

步进电动机的步距角是指步进电动机定子绕组的通电状态每改变一次，转子转过的角度。它是决定步进伺服系统脉冲当量的重要参数。

设步进电动机的基本步距角为 $\theta$，当转子的齿数为 $z$、通电方式为 $k$ 时，步距角可用式（4-1）表示：

$$\theta = 360°/mzk \tag{4-1}$$

式中，$m$ 相 $m$ 拍时，$k=1$；$m$ 相 $2m$ 拍时，$k=2$；依此类推。

对于图 4-7 所示的三相反应式步进电动机，转子有 40 个齿，当它按三相三拍通电方式工作时，其步距角为：

$$\theta = 360°/mzk = 360°/(3 \times 40 \times 1) = 3°$$

若按三相六拍通电方式工作时，其步距角为：

$$\theta = 360°/mzk = 360°/(3\times40\times2) = 1.5°$$

电动机相数 $m$ 不同,其步距角也不同,一般二相电动机的步距角为 $0.9°/1.8°$,三相的为 $0.75°/1.5°$,五相的为 $0.36°/0.72°$。

步距角精度:步进电动机每转过一个步距角的实际值与理论值的误差。四拍运行时应在5%之内,八拍运行时应在15%以内。

**例 4-1**  一台五相步进电动机,五相五拍运行时其步距角是 $1.5°$,此电动机转子上应有几个齿?齿距角是多少?此电动机若按十拍运行,步距角度是多少度?按五拍和十拍运行时,每走一步对应的电角度是多少?

**解:**① 五相五拍运行时,$m=5,k=1$,根据步距角公式:

$$\theta = 360°/(mzk) = 1.5°,z = 360°/(5\times1\times1.5) = 48 \text{ 齿}$$

齿距角 $\theta_c$ 的公式为:

$$\theta_c = 360°/z \qquad (4-2)$$

所以齿距角 $\theta_c$ 为 $\theta_c = 360°/z = 360°/48 = 7.5°$

② 五相十拍运行时,$m=5,k=2$,根据步距角公式:

$$\theta = 360°/(mzk) = 360°/(5\times48\times2) = 0.75°$$

③ 齿距角的电角度 $\theta_e$ 公式为:

$$\theta_e = 360°/(mk) \qquad (4-3)$$

所以五拍运行时:$\theta_e = 360°/(mk) = 360°/(5\times1) = 72°$

十拍运行时:$\theta_e = 360°/(mk) = 360°/(5\times2) = 36°$

### 2. 保持转矩与定位转矩

保持转矩是指步进电动机通电但没有转动时,定子锁住转子的力矩。定位转矩是指电动机在不通电状态下,电动机转子自身的锁定力矩。由于反应式步进电动机的转子不是永磁材料,所以它没有锁定力矩。

### 3. 失步与失调角

失步是指电动机运转时的步数,不等于理论上的步数。失调角是指转子齿轴线偏移定子齿轴线的角度,步进电动机运转必存在失调角,由失调角产生的误差,采用细分驱动是不能解决的。

### 4. 额定电压与额定电流

额定电压是指设计时步进电动机所规定的电压,一般情况下,步进电动机常用的额定电压有 12 V、24 V、36 V、48 V、60 V 等。在使用步进电动机时,应按照额定电压进行驱动,否则会影响电动机的正常工作,甚至导致电动机损坏。

额定电流是指电动机不动时第一相绕组允许通过的电流,而转动时每相绕组通过的是脉冲电流。

### 5. 脉冲当量

脉冲当量是指当控制器输出一个定位控制脉冲时,所产生的定位控制移动的位移。对直线运动来说,是指移动的距离;对圆周运动来说,是指其转动的角度。步进电动机的转动通常用丝杠螺母或者同步带的形式转换为直线运动。此处以丝杠螺母形式为例。

为了凑脉冲当量 δmm,也为了增大传递的扭矩,在步进电动机与丝杆之间,通常要增加一对齿轮传动副,如图 4-16 所示。

控制的脉冲频率为 $f(Hz)$,步距角为 $\theta(°)$,一对传动齿轮的齿数分别为 $Z_1$、$Z_2$,传动比为 $i$ 丝杠导程为 $p(mm)$,脉冲当量为 $\delta(mm)$。则有:

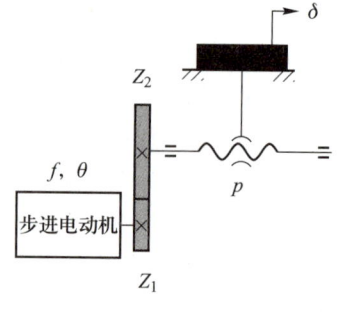

$$\delta = \frac{\theta}{360°} \times \frac{1}{i} \times p \quad (4-4)$$

图 4-16 脉冲当量计算

**例 4-2** 如图 4-16 所示的步进开环控制系统,已知 $\delta = 0.01$ mm,$p = 6$ mm,$\theta = 0.75°$,求 $Z_1$ 和 $Z_2$。

**解**:由公式 $\delta = \frac{\theta}{360°} \times \frac{1}{i} \times p$,得:

$$i = \frac{Z_2}{Z_1} = \frac{\theta p}{360° \delta} = \frac{0.75° \times 6}{360° \times 0.01} = 1.25$$

选主动齿轮 $Z_1$ 齿数为 20,则 $i = \frac{Z_2}{Z_1} = 1.25$,可得 $Z_2 = 25$。

6. 进给速度

步进电动机运动控制系统的进给速度是指单位时间内工作台移动的相对位移。步进电动机的进给速度 $F$ 的计算公式可以表示为:

$$F = 60 f \delta \quad (4-5)$$

$F$ 的单位为 mm/min。一般步进电动机的最大频率 $f_{max}$ 取 8 000~16 000 Hz,若 $\delta = 0.01$ mm,则 $F_{max}$ 取 4 800~9 600 mm/min;若 $\delta = 0.001$ mm,则 $F_{max}$ 取 480~960 mm/min。

因此,当 $f_{max}$ 一定时,$F_{max}$ 与 $\delta$ 成正比。故在谈到步进电动机开环系统的最高速度时,都应指明是在多大的脉冲当量 $\delta$ 下的,否则没有意义。

### 4.2.4 步进电动机运行特性及性能指标

1. 静态特性

步进电动机的静态特性是指步进电动机在稳定状态(即步进电动机处于通电状态不变,转子保持不动的定位状态)时的特性,包括静转矩、矩角特性及静态稳定区等,如图 4-17 所示。

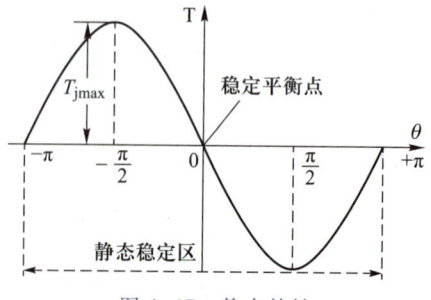

图 4-17 静态特性

静态特性涉及的术语如下。

（1）稳定平衡点：是指步进电动机在空载情况下，控制绕组中通以直流电流时，转子的最后稳定位置。

（2）失调角 $\theta$：是指步进电动机转子偏离初始平衡位置的电角度。在反应式步进电动机中，转子一个齿距所对应的度数为 $2\pi$ 乘以电弧度。

（3）静转矩：是指步进电动机处于稳定状态下的电磁转矩。如果在转子轴上加一负载转矩使转子转过一个角度 $\theta$，并能稳定下来，这时转子受到的电磁转矩与负载转矩相等，该电磁转矩即为静转矩。对应某个失调角时，静转矩最大，称为最大静转矩 $T_{jmax}$。可从矩角特性上反映 $T_{jmax}$，如图 4-17 所示，当失调角 $\theta = 90°$ 时，将有最大静转矩。一般电动机轴上的负载转矩应满足 $T_L = (0.3 \sim 0.5) T_{jmax}$。

（4）矩角特性：是指在不改变通电状态（即控制绕组电流不变）时，步进电动机的静转矩与转子失调角的关系，即 $T = f(\theta)$。定子与转子关系如图 4-18 所示。

(a) $\theta = 0$，$T = 0$　　(b) $\theta > 0$，$T < 0$　　(c) $\theta < 0$，$T > 0$　　(d) $\theta = \pi$，$T = 0$

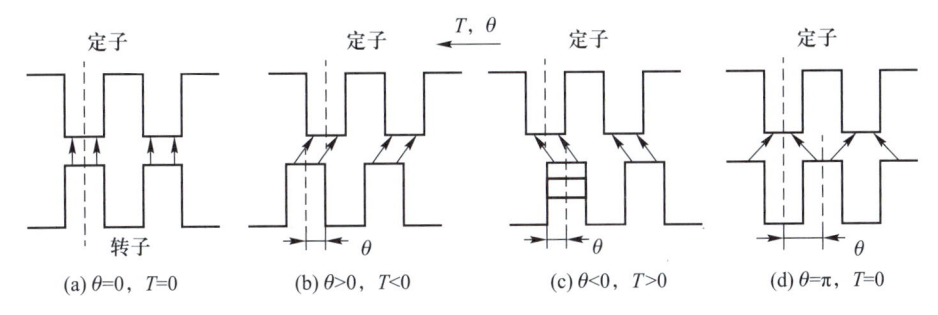

图 4-18　定子与转子关系

（5）静态稳态区：在空载时，稳定平衡位置对应于 $\theta = 0$ 处，而 $\theta = 180°$ 则为不稳定平衡位置。在静态情况下，如受外力矩的作用使转子偏离稳定平衡位置，但没有超出相邻的不稳定平衡点，则当外力矩去除以后，电动机转子在静态转矩作用下仍能回到原来的稳定平衡点，所以两个不稳定平衡点之间的区域构成静态稳定区。但是，失调角 $\theta$ 超出这个范围，转子则不可能自动回到初始零位。当 $\theta = \pm\pi, \pm 3\pi, \cdots$ 时，虽然此处的转矩为零，但是这些点称为不稳定点。

当控制脉冲停止输入时，最后一个脉冲还将控制绕组，使在通电相下定、转子的齿对齐，即定、转子齿轴线间夹角（即失调角）$\theta$ 为零，转子就可以固定在最后一个脉冲控制角位移的最终平衡点上不动了。

2. 单脉冲运行动态特性

改变通电状态，加上一个控制脉冲信号时，矩角特性将转移到下一条矩角特性曲线，如图 4-19 所示。

启动转矩 $T_{st}$ 大于负载转矩 $T_L$ 时，使转子加速并向 $\theta$ 增大的方向运动，最终到达新的稳定平衡点 $o_1$。区间 $ab$ 为电动机空载时的动态稳定区。启动转矩 $T_{st}$（即最大负载转矩）总是小于 $T_{jmax}$（最大静转矩）。

3. 连续脉冲运行动态特性

（1）启动频率和连续运行频率

启动频率是指一定负载转矩下能够不失步启动的脉冲最高频率。它的大小与电

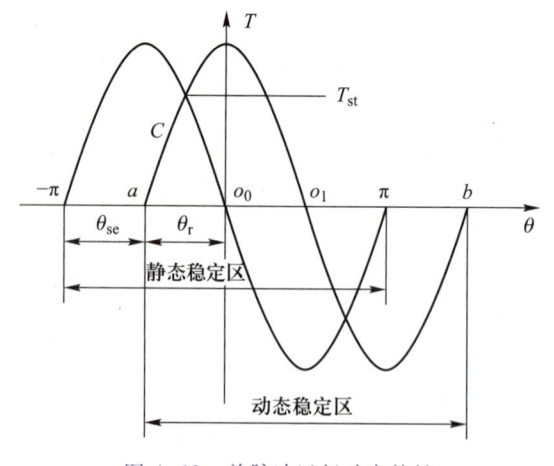

图 4-19 单脉冲运行动态特性

动机本身参数、负载转矩及转动惯量的大小,以及电源条件等因素有关。它是步进电动机的一项重要技术指标。

空载启动频率,即步进电动机在空载情况下能够正常启动的脉冲频率,如果脉冲频率高于该值,电动机不能正常启动,可能发生丢步或堵转。步进电动机的起步速度一般在 10~100 r/min,伺服电动机的起步速度一般在 100~300 r/min。根据电动机大小和负载情况而定,大电动机一般对应较低的起步速度。

最高运行频率是指步进电动机带一定负载正常启动后,连续缓慢地升高脉冲频率,直到不丢步运行的最高频率。它是决定定子绕组通电状态最高变化频率的参数,决定了步进电动机的最高转速。

(2) 矩频特性

矩频特性是指电动机连续转动时所产生的最大输出转矩 $T$ 与 $f$ 两者间的关系,如图 4-20 所示。

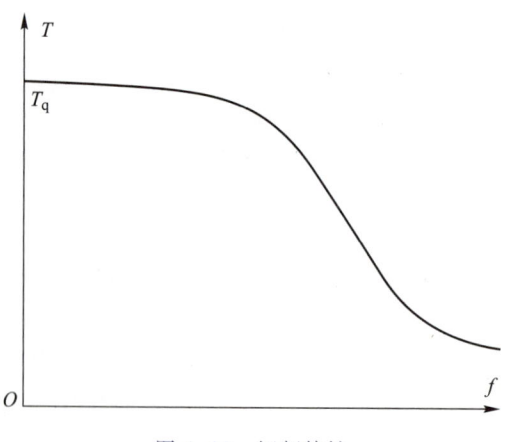

图 4-20 矩频特性

当控制的脉冲频率增加,电动机转速升高时,步进电动机所能带动的最大负载转矩值将逐步下降。主要原因有:

① 定子绕组负载的影响。因为步进电动机的每一相线圈都是一个电感负载,线圈的通电和关闭,就相当于对电感负载的冲放电。电动机转速升高,线圈充电频率也升高,由于电感负载的积分作用,线圈充电频率升高后线圈内的电流就不能达到较大值,因而电动机的输出扭矩随着电动机转速的升高而降低。

② 反向电动势的影响。当步进电动机转动时,电动机各相绕组的电感将形成一个反向电动势;频率越高,反向电动势越大。在它的作用下,电动机随频率(或速度)的增大而相电流减小,从而导致输出力矩下降。

(3) 脉冲频率很低时的低频共振特性

电动机低速运行,如果等于或接近于步进电动机的振荡频率时,就会出现低频共振。步进电动机低速转动时的振动和噪声大是其固有的缺点,一般可采用以下方案来克服:

① 如步进电动机正好工作在共振区,可通过改变减速比提高步进电动机运行速度。

② 采用带有细分功能的驱动器,这是最常用的,最简便的方法。因为细分型驱动器电动机的相电流变流较半步型平缓。

③ 换成步距角更小的步进电动机,如三相或五相步进电动机,或两相细分型步进电动机。

④ 换成伺服电动机,几乎可以完全克服振动和噪声,但成本较高。

⑤ 在电动机轴上加磁性阻尼器,市场上已有这种产品,但机械结构改变较大。

(4) 加减速特性

步进电动机的加减速特性是指在步进电动机由静止到工作频率和由工作频率到静止的加减速过程中,定子绕组通电状态的变化额率与时间的关系,用特性曲线来描述。

当要求步进电动机启动到大于突跳频率(在静止状态时突然施加的脉冲频率,其值要小于启动频率,此频率不可太大;否则会产生堵转和丢步)的工作频率时,变化速度应逐渐上升;同样,从最高工作频率或高于突跳频率的工作频率停止时,变化速度应逐渐下降。逐渐上升和下降的加速时间、减速时间不能过小;否则会出现失步或超步。

加减速特性曲线一般为指数曲线或经过修调的指数曲线,也可采用直线或正弦曲线等。用加速时间常数 $T_a$ 和减速时间常数 $T_d$ 来表示步进电动机的升速和降速特性,如果工作频率是 $f$,一般取到达 $0.632f$ 时所用的时间,如图 4-21 所示。

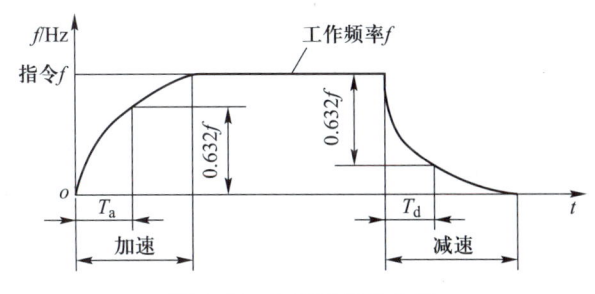

图 4-21 加减速特性曲线

## 任务实施

### 4.2.5 步进电动机的铭牌分析与选型

**1. 步进电动机的铭牌**

不同种类的步进电动机命名方式不同,即使同一类型的步进电动机各厂家的命名方式也不相同,也就是说,行业没有统一的型号命名规则。尽管如此,基本的参数信息也是可以从不同类型的铭牌标注中获得的。步进电动机铭牌如图 4-22 所示。

图 4-22 步进电动机铭牌

从图 4-22 可以看出,不同厂家、不同品牌的步进电动机,其铭牌标注方式有较大差异,但一般含电动机机座号、类型号、额定电流、步距角等信息。

**例 4-3** 解读某公司步进电动机机代号:17　01　H　S　42　A　1　B
　　　　　　　　　　　　　　　　　　　　①　②　③　④　⑤　⑥　⑦　⑧

① 机座号:电动机外形尺寸(10 倍的英制尺寸)。例如,17 = 1.7″。
② 电动机机身长度编号(不包含出轴部分)。
③ 类型号:固定地用"H"表示混合式步进电动机。
④ 电动机步距角:"Y"表示步距角为 1.8°,圆形步进电动机;"S"表示步距角为 1.8°,方形步进电动机;"A"表示步距角为 0.9°,定子 8 极;"E"表示步距角为 0.72°(五相混合式步进电动机);"C"表示步距角为 1.2°(三相混合式步进电动机)。
⑤ 表示 10 倍数电动机额定工作电流。例如,42 = 4.2 A。
⑥ 表示电动机电流,单位为 A。
⑦ "1"表示单输出轴;"2"表示双输出轴。
⑧ 非标准产品代号:"B"表示带刹车(Brake);"E"表示带编码器(Encoder);"W"表示防水(Waterpoof)电动机;"G"表示带减速箱(Gearbox)。

另外,步进电动机铭牌上都会再单独列出比较重要的两个参数,即步距角、静态相电流。

**2. 步进电动机的选型**

本项目步进电动机用来驱动冲压机床的进给部分,即十字滑台的滚珠丝杠螺母机构。它是典型的开环控制系统,步进电动机受 PLC 和驱动器的控制,将代表进给脉冲的电平信号直接变换为具有一定方向、大小和速度的机械转角位移,并通过丝杠螺母机构带动运动部件移动。由于该系统没有反馈检测环节,进给精度会受到步进电动机性能的限制。其中 $X$ 方向丝杠示意图如图 4-23 所示。设备的参数见表 4-2。

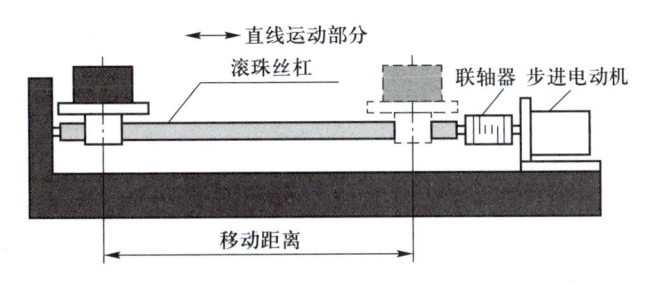

图 4-23 进给部分 $X$ 方向丝杠示意图

表 4-2 设 备 参 数

| 名称 | 参数 | 名称 | 参数 |
| --- | --- | --- | --- |
| 设备最大行程(丝杠的长度) | $L_B = 400$ mm | 平台运动质量 | 40 kg |
| 往复运动最小周期 | $T = 10$ s | 重复定位精度 | $\delta \leq \pm 0.05$ mm |
| 联轴器的外径 | $D_c = 30$ mm | 联轴器质量 | $m_c = 0.3$ kg |
| 滚珠丝杠直径 | $d_B = 16$ mm | 摩擦系数 | $\mu = 0.2$ |
| 滚珠丝杠导程 | $P_B = 5$ mm | 机械效率 | $\eta = 0.9$ |
| 滚珠丝杠材质密度 | $\rho = 7.87 \times 10^3$ kg/m$^3$ | | |

步进电动机的选型一般遵循如图 4-24 所示的步骤。

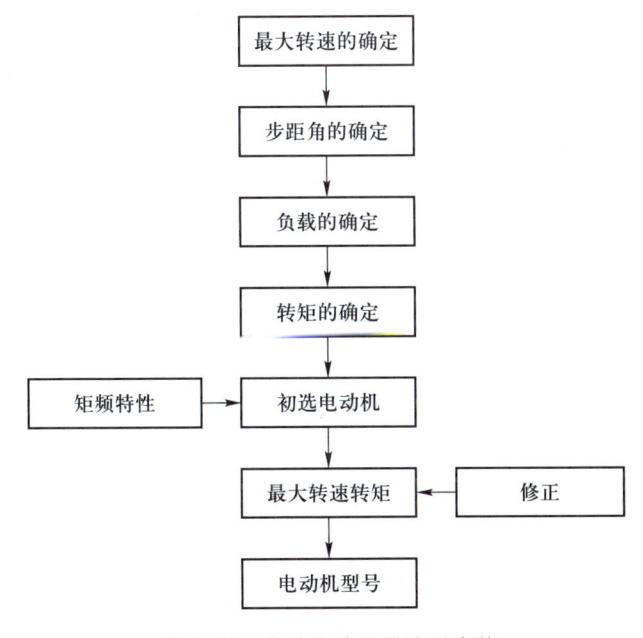

图 4-24 步进电动机的选型步骤

(1) 电动机转速确定

① 速度及运动曲线。冲压机床的进给部分做往复运动,最小周期 $T=10\ \text{s}$。所以,步进控制系统单程运行时间为 5 s,运动距离为 $L_B=400\ \text{mm}=0.4\ \text{m}$。设加减速运动曲线如图 4-25 所示。在加速时间段,系统加速运动,到最大速度 $v_{\max}$ 后,在匀速段以 $v_{\max}$ 的速度进行匀速运动,然后在减速时间段,系统减速运动,速度由 $v_{\max}$ 减少到 0。

设加速时间为 $t_a=0.5\ \text{s}$;(步进电动机一般取加速时间为 0.1~1 s,伺服电动机一般取加速时间为 0.05~0.5 s),减速时间与加速时间相同,则加减速时间共为 1 s,匀速段运动时间为 5 s−1 s=4 s。设加减速过程的平均速度为最大速度 $v_{\max}$ 的一半。所以有:

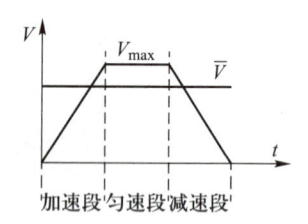

图 4-25 加减速运动曲线

$L_B=(v_{\max}/2)\times 1+v_{\max}\times 4=0.4\ \text{m}$,可得最大匀速运行速度:
$v_{\max}=0.4/(1/2+4)\ \text{m/s}\approx 0.088\ 9\ \text{m/s}$,可得加速度为:
$a=\Delta v/\Delta t=(0.088\ 9-0)/0.5\ \text{m/s}^2=0.177\ 8\ \text{m/s}^2$。

加速段位移 $s_1$、匀速段位移 $s_2$ 和减速段位移 $s_3$ 分别为:

$s_1=s_0+v_0t+\dfrac{1}{2}at^2=0+0+\dfrac{1}{2}\times 0.177\ 8\times 0.5^2=0.022\ 2\ \text{m}$;

$s_2=v_{\max}\times t=0.088\ 9\times 4=0.355\ 6\ \text{m}$;

$s_3=s_1=0.022\ 2\ \text{m}$。

② 旋转速度确定。负载轴的旋转速度 $n_L=v_{\max}/P_B=\dfrac{0.088\ 9\times 1\ 000\times 60}{5}\approx 1\ 067\ \text{r/min}$。

电动机轴的旋转速度 $n_m$:由于联轴器直接连接,减速比 $i=n_m/n_L=1/1$,所以:

$n_m=n_L\times i=1\ 067\times 1=1\ 067\ \text{r/min}$。

因为步进电动机一般速度范围在 600~1 200 r/min,所以选择普通型号即可。

(2) 步距角的确定

因为重复定位精度要求小于等于 0.05 mm,根据公式(4-4)可得:

$$\delta=\dfrac{\theta}{360}\times\dfrac{1}{i}\times p, \theta=\dfrac{360\delta}{p}=\dfrac{360\times 0.05}{5}=3.6°$$

可以根据控制系统的定位精度选择步进电动机的步距角及驱动器的细分等级。一般选电动机的一个步距角对应于系统定位精度的 1/2 或者更小。注意:当细分等级大于 1/4 后,步距角的精度不能保证。

所以选择 1.8° 步距角的两相混合式步进电动机。

(3) 转矩的确定

转矩选择的依据是电动机工作的负载,而负载可分为惯性负载和摩擦负载两种。直接启动时(一般由低速)两种负载均要考虑,加速启动时主要考虑惯性负载,恒速运行主要考虑摩擦负载。转矩一旦选定,电动机的机座及长度(几何尺寸)便能确定下来。

① 负载(摩擦)转矩。负载转矩(N·m)计算公式为:

$$T_L=\dfrac{9.8\mu\cdot m\cdot P_B}{2\pi\eta}\times\dfrac{1}{i} \tag{4-6}$$

所以：$T_L = \dfrac{9.8\mu \cdot m \cdot P_B}{2\pi\eta i} = \dfrac{9.8\times 0.2\times 40\times 0.005}{2\pi\times 0.9\times 1} = 0.069 \text{ N/m}$

② 负载转动惯量。滚珠丝杠驱动的直线运动部件转动惯量 $J_{L1}(\text{kg}\cdot\text{m}^2)$ 为：

$$J_{L1} = m\times\left(\dfrac{P_B}{2\pi}\times\dfrac{1}{i}\right)^2 \quad (4-7)$$

$$J_{L1} = m\times\left(\dfrac{P_B}{2\pi}\times\dfrac{1}{i}\right)^2 = 40\times\left(\dfrac{0.005}{2\times 3.14}\times\dfrac{1}{1}\right)^2 = 0.254\times 10^4 \text{ kg}\cdot\text{m}^2$$

滚珠丝杠和联轴器的转动惯量分别为 $J_B$、$J_C(\text{kg}\cdot\text{m}^2)$：因为圆柱绕轴心的转动惯量为：

$$J = \dfrac{1}{2}mr^2 = \dfrac{1}{2}m\times\left(\dfrac{d}{2}\right)^2 = \dfrac{1}{8}md^2 \quad (4-8)$$

所以：$J_B = \dfrac{1}{8}m_B d^2 = \dfrac{1}{8}\times\left(\rho\times l_B\times\pi\left(\dfrac{d_B}{2}\right)^2\right)\times d_B^2 = \dfrac{\pi\rho\times l_B\times d_B^4}{32}$

$= \dfrac{\pi\rho\times l_B\times d_B^4}{32} = \dfrac{3.14\times 7.87\times 10^3\times 0.4\times 0.016^4}{32} \text{ kg}\cdot\text{m}^2 = 0.202\times 10^4 \text{ kg}\cdot\text{m}^2$

$J_C = \dfrac{1}{8}m_C d_C^2 = \dfrac{1}{8}\times 0.3\times 0.03^2 \text{ kg}\cdot\text{m}^2 = 0.338\times 10^4 \text{ kg}\cdot\text{m}^2$

电动机轴换算负载转动惯量为：

$$J_L = J_{L1} + J_B + J_C = 0.794\times 10^4 \text{ kg}\cdot\text{m}^2$$

③ 负载加速惯性转矩。因为 $T_J = J_L\varepsilon = J_L\dfrac{d\omega}{dt} = J_L\dfrac{\Delta\omega}{\Delta t} = J_L\dfrac{\omega_m - 0}{t_a}$，所以有：

$$T_J = J_L\dfrac{\omega_m}{t_a} \quad (4-9)$$

$T_J = \dfrac{J_L}{t_a}\left(\dfrac{2\pi n_m}{60}\right) = \dfrac{9.8\times 0.794\times 10^{-4}}{0.5}\left(\dfrac{2\times 3.14\times 1067}{60}\right) \text{ N}\cdot\text{m} = 0.173\ 8 \text{ N}\cdot\text{m}$

④ 考虑转动惯量的负载转矩 $T_Z$

$$T_Z = T_L + T_J = (0.069 + 0.173\ 8) \text{ N}\cdot\text{m} = 0.242\ 8 \text{ N}\cdot\text{m}$$

（4）电动机的确定

由于没有考虑导轨和滑块装配误差造成的摩擦和其他转动惯量等因素，同时，步进电动机在高速时扭矩要大幅度下降，所以取安全系数为 2 较为保险。步进电动机的力矩 $T_0 = 0.242\ 8\times 2 = 0.49 \text{ N}\cdot\text{m}$，步距角为 $1.8°$。

可选用保有量比较大的雷赛步进电动机。42 系列步进电动机静态转矩合格，但矩频特性参数有差距。所以根据表 4-3 选择 57 系列步进电动机，如图 4-26 所示。

表 4-3　57 系列步进电动机参数节选

| 机身长 /mm | 型号 | 静力矩 /N·m | 额定电流 /A | 电阻/相 /Ω | 电感/相 /mH | 定位力矩 /mN·m | 转子惯量 /g·cm² | 质量 /kg |
|---|---|---|---|---|---|---|---|---|
| 41 | 57CM06 | 0.6 | 3 | 0.7 | 1.4 | 21 | 120 | 0.48 |
| 56 | 57CM13 | 1.3 | 4 | 0.42 | 1.6 | 40 | 300 | 0.72 |

续表

| 机身长/mm | 型号 | 静力矩/N·m | 额定电流/A | 电阻/相/Ω | 电感/相/mH | 定位力矩/mN·m | 转子惯量/g·cm² | 质量/kg |
|---|---|---|---|---|---|---|---|---|
| 76 | 57CM21X | 2.1 | 4 | 0.6 | 2.4 | 68 | 480 | 1.09 |
| 76 | 57CM23-4A | 2.3 | 4 | 0.5 | 2 | 68 | 480 | 1.09 |

57CM13 型步进电动机矩频特性曲线如图 4-27 所示。步距角为 1.8°，保持转矩为 0.6~3.1 N·m，驱动器型号为 DM556S，均值电流为 0.4 A，每转脉冲数为 1 600。

当驱动电压选择 DC 24 V 时，为图 4-27 最下面的曲线，在转速为 1 100 r/min 时，转矩输出大于 0.5 N·m，符合要求。

图 4-26  57 系列步进电动机外形

### 4.2.6 步进驱动器的选型

步进电动机的运行要求是具有足够功率的电脉冲信号按一定的顺序分配到各相绕组。与其他旋转电动机不同的是，步进电动机的工作需要专门的驱动单元，这就是步进驱动器。驱动器和步进电动机是一个有机的整体，步进电动机的运行性能是电动机及其驱动器两者配合所反映的综合效果。

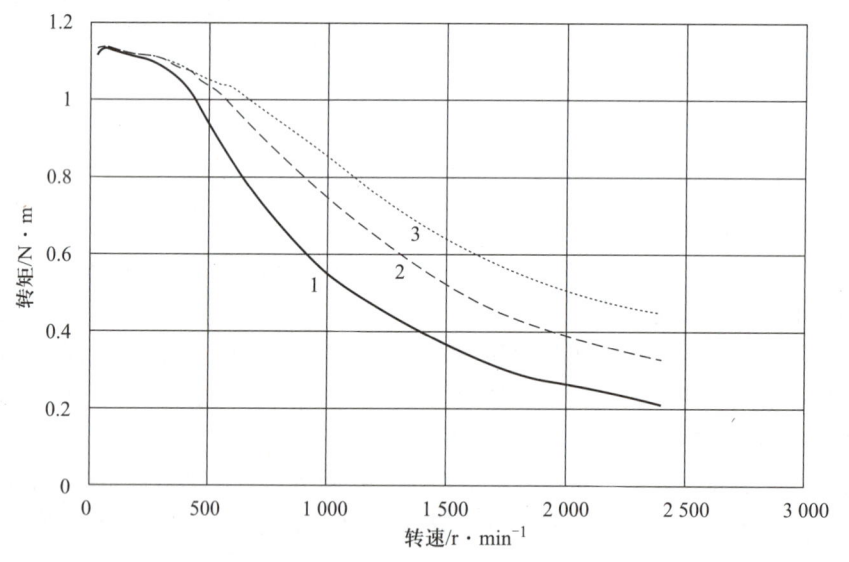

图 4-27  57CM13 型步进电动机矩频特性曲线

**1. 步进驱动器选型的性能指标与选型**

步进电动机驱动器主要关键的性能指标包括以下方面：

电流：驱动器的最大持续电流，即驱动器能够持续稳定输出的最大电流。这个参数对于驱动器的性能和稳定性有很大的影响。

电压：驱动器的额定电压，即驱动器可以承受的最大电压。一般来说，电压越高，驱动器的输出功率也就越大。

频率：驱动器的最高工作频率，这个参数会影响到步进电动机的速度。一般来说，频率越高，电动机的速度也就越快。

精度：驱动器的精度（细分数），一般是指电动机的步进角度，该参数影响电动机的定位精度。精度越高，电动机就能更精确地控制位置。

噪音：驱动器的噪音大小，该参数影响电动机的运行噪音。噪音越小，电动机的运行声音也就越安静。

每一台步进电动机通常大都有对应的驱动器。根据前述选型的步进电动机的相数、电压、电流，步距角及细分、控制方式，选择配套的步进驱动器为 DM556（V3.0），如图 4-28 所示。

DM556 是数字式步进驱动器，可驱动 4 线、8 线的两相步进电动机，输入电压为 DC 18~48 V，最大电流为 5.6 A，分辨率为 0.1 A，脉冲响应频率为 200 kHz。采用数字 PID 技术，用户可以设置 200~51 200 内的任意细分以及额定电流内的任意电流值，能够满足大多数场合的应用需要。由于采用内置微细分技术，即使在低细分的条件下，也能够达到高细分的

图 4-28　DM556 驱动器

效果，低中高速运行都很平稳，噪声超小。步进驱动器内部集成了参数自动整定功能，能够针对不同电动机自动生成最优运行参数，最大限度地发挥电动机的性能。

视频

步进控制系统接线

2. 步进驱动器的接线

（1）接线端子

DM556 步进驱动器配 57CM13 步进电动机典型接法如图 4-29 所示。若步进电动机转向与期望转向不同时，仅交换 A+、A- 的位置即可。

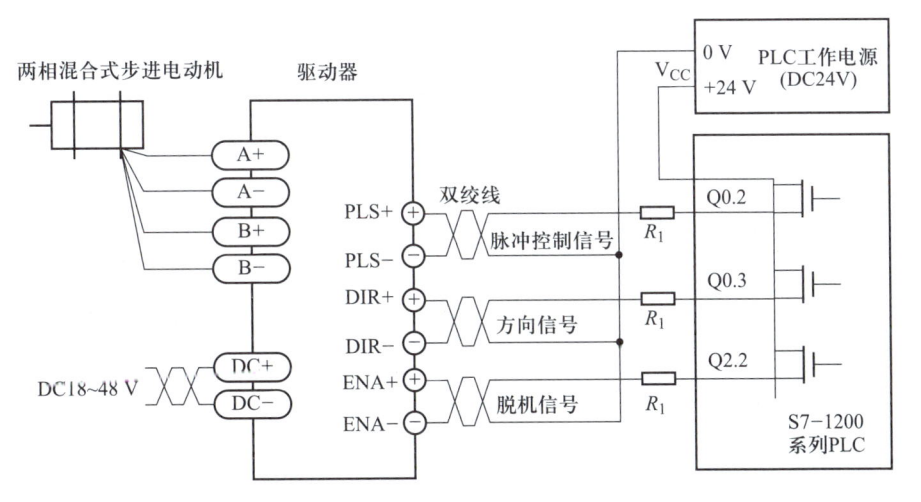

图 4-29　DM556 步进驱动器配 57CM13 步进电动机典型接法

脉冲控制信号 PLS+：脉冲上升沿有效；PLS+ 高电平时输出 4~5 V，低电平时输出 0~0.5 V。为了可靠响应脉冲信号，脉冲宽度应大于 1.2 μs。采用 +12 V 或 +24 V 时，需串联电阻。

方向信号 DIR+：高/低电平有效；为保证步进电动机换向可靠,方向信号应至少先于脉冲信号 5 μs。步进电动机的初始运行方向与其接线有关。DIR+高电平时输出 4~5 V,低电平时输出 0~0.5 V。

使能信号 ENA+：此输入信号用于使能或禁止。ENA+ 接+5 V,且接低电平(或内部光耦导通)时,步进驱动器将切断步进电动机各相的电流,使步进电动机处于自由状态,此时步进脉冲不被响应。不需要用此功能时,使能信号端悬空即可。

PLS+、DIR+、ENA+控制端高电平为 5 V 时,$R_1$ 短接；控制端高电平为 12 V 时,$R_1$ 为 1 kΩ,电阻功率大于等于 1/4 W(1/4 W 是指该电阻的额定功率为 0.25 瓦特。如果通过电阻的电流超过了其额定功率所对应的电流,电阻可能会烧坏)；控制端高电平为 24 V 时,$R_1$ 为 2 kΩ,电阻功率大于等于 1/2 W(1/2 W 是指该电阻的额定功率为 0.5 瓦特。如果通过电阻的电流超过了其额定功率所对应的电流,电阻可能会烧坏)。

（2）控制信号注意事项

① ENA(使能信号)应至少提前 DIR 上升沿 5 ms,确定为高电平。一般情况下,建议 ENA+和 ENA-悬空即可。

② DIR 至少提前 PUL 下降沿 5 μs,确定其状态高或低。

③ 脉冲宽度至少不小于 2.5 μs,低电平宽度不小于 2.5 μs。

（3）接线要求

① 为了防止步进驱动器受干扰,建议控制信号采用屏蔽电缆线,并且屏蔽层与地线短接,除特殊要求外,控制信号电缆的屏蔽线单端接地：屏蔽线的上位机一端接地,屏蔽线的步进驱动器一端悬空。同一机器内只允许在同一点接地,如果不是真实接地线,可能干扰严重,此时屏蔽层不接。

② 脉冲控制和方向信号线与电动机线不允许并排包扎在一起,最好分开至少 10 cm 以上,否则步进电动机噪声容易干扰脉冲方向信号,引起步进电动机定位不准,系统不稳定等故障。

③ 如果一个电源供多台步进驱动器,应在电源处采取并联连接,不允许先到一台再到另一台的链状式连接。

④ 严禁带电拔插步进驱动器强电 P2 端子,带电的步进电动机停止时仍有大电流流过线圈,拔插 P2 端子将导致巨大的瞬间感生电动势,将步进驱动器烧坏。

⑤ 严禁将导线头加锡后接入接线端子,可能因接触电阻变大而过热损坏端子。

⑥ 接线线头不能裸露在端子外,以防意外短路而损坏步进驱动器。

## 拓展知识

### 4.2.7 步进驱动器基本原理

**1. 步进驱动器的组成**

步进驱动器包含脉冲分配（环行分配）器和功率放大器两部分,其结构示意图如图 4-30 所示。

步进电动机与步进驱动器是一个不可分开的整体,步进电动机控制系统的性能除了与电动机本身的性能有关,在很大程度上还取决于所使用的步进驱动器的类型与优劣。若步进电动机按两相四拍方式运行,则脉冲分配器输出的 A+、A-、B+、B-信号脉冲波形如图 4-31 所示。

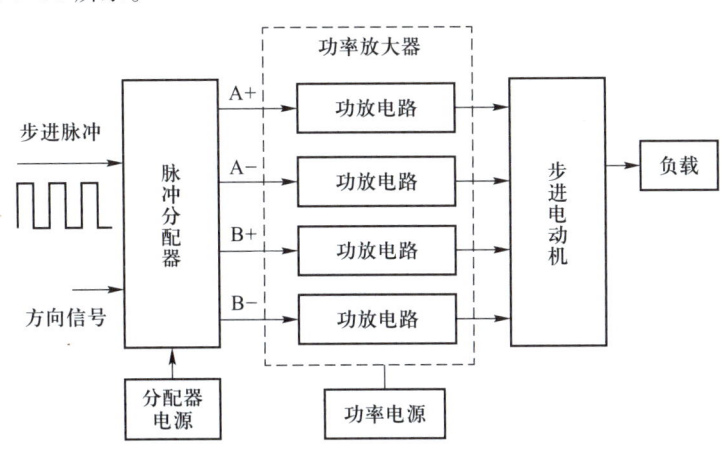

图 4-30 步进驱动器结构示意图

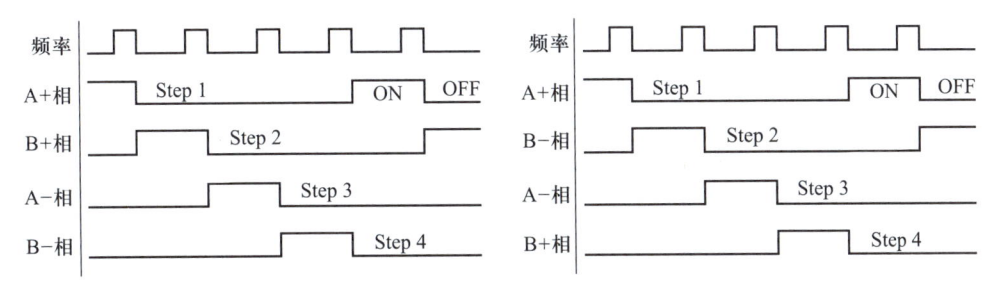

图 4-31 两相四拍步进电动机各相脉冲波形

当方向电平为低电平时,脉冲分配器的输出按 A+→A-→B+→B-顺序循环产生脉冲,电动机正转;当方向电平为高电平时,脉冲分配器的输出按 A+→B-→A-→B+的顺序循环产生脉冲,电动机反转。

脉冲分配器输出的每一相脉冲信号都需要通过功率放大以后才可以连接到步进电动机的各相绕组,从而使步进电动机产生足够大的电磁转矩带动负载。

2. 步进电动机的脉冲分配

步进电动机的脉冲分配可由硬件或软件方法来实现。硬件环形分配器响应速度快,维护方便,但不易实现变拍驱动。软件方法由控制系统用软件编程来实现,易于实现变拍驱动,节省了硬件电路,提高了系统的可靠性。

软件环形分配的方法是利用计算机程序来设定硬件接口的位状态,从而产生一定的脉冲分配输出。对于不同的计算机和接口器件,软件环形分配有不同的形式。现以 8051 单片机为例加以说明。

8051 单片机本身包含 4 个 8 位 I/O 端口,分别为 P0、P1、P2、P3。若要实现两相四拍方式的脉冲分配,需要 4 根输出口线,本例中选 P1 口的 P1.0、P1.1、P1.2、P1.3 位作为脉冲分配的输出,两相混合式步进电动机 8051 单片机驱动电路如图 4-32 所示。

根据 8051 单片机的基本原理,对 P1.0、P1.1、P1.2、P1.3 位编程,使其按表 4-4 的规定改变输出状态,就能实现三相六拍分配任务。

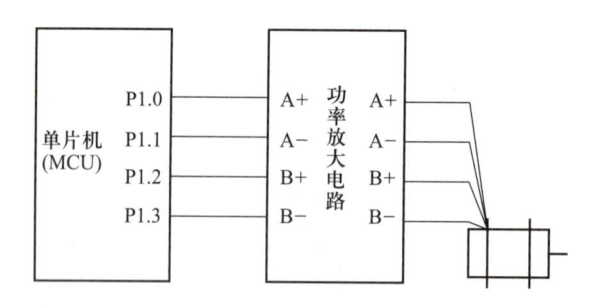

图 4-32 两相混合式步进电动机 8051 单片机驱动电路

表 4-4 P1 端口数值表

| 序号 | P1.7 | P1.6 | P1.5 | P1.4 | P1.3 | P1.2 | P1.1 | P1.0 | 接通相 |
|---|---|---|---|---|---|---|---|---|---|
| TABLE | × | × | × | × | 0 | 0 | 0 | 1 | A+ |
| TABLE+1 | × | × | × | × | 0 | 0 | 1 | 0 | A- |
| TABLE+2 | × | × | × | × | 0 | 1 | 0 | 0 | B+ |
| TABLE+3 | × | × | × | × | 1 | 0 | 0 | 0 | B- |

表 4-4 中 P1.4~P1.7 位在此例中没使用,可任意设为 1 或 0,一般设为 0。若设定为 0,则向端口 P1 输送的内容依次为:01H、02H、04H、08H。

编写汇编语言程序时,将这些值按顺序存放在固定的只读存储器中,设计一个正转子程序和一个反转子程序供主程序调用。正转子程序按顺序取表中的内容输出到 P1 端口,而反转子程序按逆序取表中的内容输出到 P1 端口。主程序每调用一次子程序,就完成一次 P1 端口的输出。主程序调用子程序的时间间隔(可用软件延时或中断的方法实现)决定了输出脉冲的频率,从而决定步进电动机的转速。下面是正转子程序清单,反转子程序与此相类似。

正转子程序:

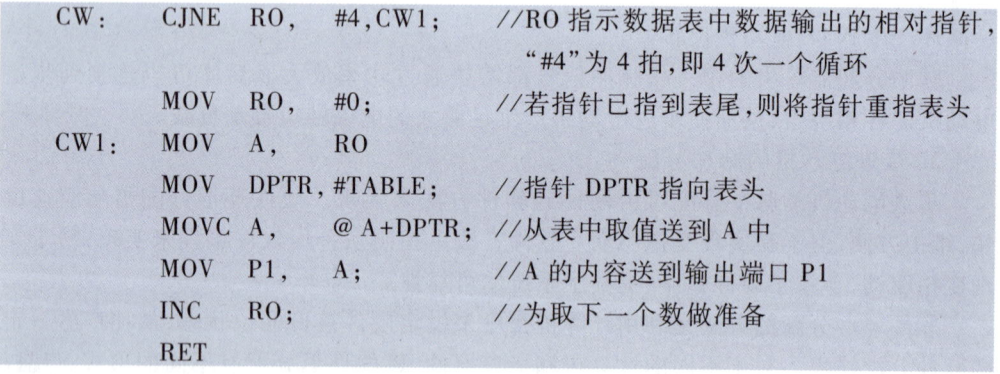

```
CW:    CJNE  R0,   #4,CW1;   //R0 指示数据表中数据输出的相对指针,
                             "#4"为 4 拍,即 4 次一个循环
       MOV   R0,   #0;       //若指针已指到表尾,则将指针重指表头
CW1:   MOV   A,    R0
       MOV   DPTR, #TABLE;   //指针 DPTR 指向表头
       MOVC  A,    @A+DPTR;  //从表中取值送到 A 中
       MOV   P1,   A;        //A 的内容送到输出端口 P1
       INC   R0;             //为取下一个数做准备
       RET
```

## 任务实施

### 4.2.8 其他元器件的选型

根据任务要求,本项目主要是完成两个步进电动机的速度和方向控制,此外还需

要相应的输入、输出指示。主要元器件包括步进电动机、步进驱动器、断路器、熔断器、变压器、开关电源、PLC、中间继电器、按钮和指示灯等。由于本项目电路设计与项目三有类似之处，在对元器件选型时主要介绍与项目三不同的地方。

### 1. 中间继电器的选择

图 4-4 中的直流中间继电器 H1-K1、H1-K2 用于控制步进电动机上电，因为电动机的额定电流为 4 A，故选用普通型 JZ8-ZP 直流中间继电器，每个中间继电器动合、动断触点各有 4 对，额定电流为 5 A，线圈电压为 24 V。

图 4-4 中的 M1-K1 用于控制急停；图 4-6 中的直流中间继电器 M3-K1 控制步进电动机的通断。所需继电器额定电流较小，线圈电压为 24 V，也可以选用普通型 JZ8-ZP 直流中间继电器，动合、动断触点各有 4 对，额定电流为 5 A，线圈电压为 24 V。

### 2. 按钮的选择

图 4-5 中的 PLC 电源上电按钮 M2-SB1 选择 LA18 型按钮，颜色为绿色；断电按钮 M2-SB3 选择 LA18 型按钮，颜色为红色。

图 4-4 中的 M1-SA1、M1-SA2 为通断钥匙开关，电压规格为 24 V。M-SB1 为急停按钮。

### 3. 电源部分元器件选型

电源部分的功能是把 AC 380 V 电源变为 AC 220 V 和 ADC 24 V 等控制用电，短路、过载、过热、欠压等保护。包括断路器、熔断器、变压器和开关电源等元器件。在本项目中，开关电源主要为 PLC、步进电动机（含步进驱动器）和直流中间继电器等供电。计算选型过程参见交流电动机运动控制系统部分。

### 4. 指示灯的选择

指示灯选用发光二极管，额定电压为 24 V，红色、绿色灯各 1 个，分别表示冲压机床运动控制系统进给部分故障和冲压机床进给部分正常。

## 任务 3　程序设计与调试

### ■ 任务分析

根据本项目任务 1 的控制系统方案及电气原理图，以及本项目任务 2 的相应元器件选型，完成整个控制系统的设计及调试。任务包括 I/O 地址分配、编程、参数设置与调试等工作，使大家掌握编程、参数设置、系统调试的技能，并对整个项目的实施有一个完整的学习、实践过程。

### ■ 教学目标

1. 知识目标
① 熟悉 I/O 地址的分配原则。
② 掌握 PLC 的软件中轴工艺参数与应用方法。
③ 掌握步进驱动器的参数含义。

视频
步进电动机轴调试

视频
轴组态参数详解

视频
步进电动机程序输入调试

视频
步进电动机程序运行与监控

2. 技能目标
① 具有编程软件的应用能力。
② 具有步进驱动器参数的设置与设备调试能力。
③ 具有系统联调与分析能力。
3. 素养目标
① 具有严谨、全面、高效、负责的职业素质。
② 具有查阅资料、勤于思考、勇于探索的良好作风。
③ 具有善于自学和归纳分析的学习能力。

## 任务实施

### 4.3.1 PLC 的 I/O 地址分配

在进行 PLC 编程调试时,首先要根据控制方案及电气原理图绘制 I/O 地址分配表。本项目 I/O 地址分配表分为输入、输出两部分,其中输入信号包括来自行程开关、传感器、按钮/开关等主指令信号,如:步进电动机动断按钮、动合按钮、急停信号触点、步进电动机正反向移动信号动合按钮和原点、行程开关信号;输出信号包括输出到步进电动机的中间继电器的控制信号,输出到步进电动机(步进驱动器)的脉冲信号和驱动方向信号,以及输出到反应系统工作状态的指示灯的信号。

基于前述方案及上述考虑,这里选用西门子 S7-1200 型 PLC。表 4-5 给出了 PLC 的 I/O 地址分配表,I/O 接线原理见任务 1。

表 4-5 PLC 的 I/O 地址分配表

| 序号 | 输入名称 | 输入地址 | 序号 | 输出名称 | 输出地址 |
|---|---|---|---|---|---|
| 1 | $X$ 方向正限位 | I1.0 | 1 | $X$ 轴电动机脉冲 | Q0.0 |
| 2 | $X$ 方向负限位 | I1.1 | 2 | $X$ 轴电动机方向 | Q0.1 |
| 3 | $X$ 轴原点 | I1.2 | 3 | $Y$ 轴电动机脉冲 | Q0.2 |
| 4 | $Y$ 方向正限位 | I1.3 | 4 | $Y$ 轴电动机方向 | Q0.3 |
| 5 | $Y$ 方向负限位 | I1.4 | 5 | 进给正常灯 | Q0.4 |
| 6 | $Y$ 轴原点 | I1.5 | 6 | 进给故障灯 | Q0.5 |
| 7 | $X$、$Y$ 轴电动机上电 | I2.0 | 7 | 进给系统上电 | Q2.0 |
| 8 | 进给电动机停止 | I2.1 | 8 | $X$ 轴电动机使能 | Q2.1 |
| 9 | $X$、$Y$ 轴电动机断电 | I2.2 | 9 | $Y$ 轴电动机使能 | Q2.2 |
| 10 | 进给系统复位 | I2.3 | | | |
| 11 | 进给电动机启动 | I2.4 | | | |
| 12 | 进给系统回原点 | I2.5 | | | |
| 13 | 急停 | I3.7 | | | |

### 4.3.2 梯形图设计

以下介绍冲压机床进给部分 $X$ 轴运动的编程方法，对于 $X$、$Y$ 轴步进电动机联合运动的编程不再赘述。冲压机床进给部分 $X$ 轴的运动控制系统如图 4-33 所示。

图 4-33 冲压机床进给部分 $X$ 轴的运动控制系统

1—冲压模具；2—冲压头；3—进给 $Y$ 轴；4—进给 $X$ 轴；5—步进电动机；6—联轴器；7—$X$ 轴滚珠丝杠；8—导轨；9—滑台；10—最大正方向行程开关；11—最大负方向行程开关；12—原点传感器

#### 1. 控制要求

系统上电，按"启动"按钮后，步进电动机先正转，滑台向前移动 100 mm，达到目标位置后再反转，滑台向后移动 50 mm。周而复始，步进电动机一直自动运行。当向前超出正限位时，碰到形成开关自动停止。按"复位"按钮，再按"回原点"按钮，步进电动机反转，滑台向后返回原点，达到原点位置后停止。电动机的运动采用相对位置控制方式。

#### 2. 脉冲计算

根据实际情况确定导程、步进电动机细分数（脉冲/圈）。由前述的选型，导程 $P=5$ mm、细分取 6 400（即 6 400 个脉冲电动机转一圈），行程为正向 100 mm 和负向 50 mm。计算需要的脉冲个数。

正向行程 100 mm 需要脉冲数为 100/5×6 400＝128 000 个

负向行程 50 mm 需要脉冲数为 50/5×6 400＝64 000 个

由西门子博途软件对 S7-1200 型 PLC 的轴工艺集成，可以直接输入导程、细分和距离进行编程，不用计算脉冲个数。

#### 3. 程序设计

根据工艺与动作要求，在 OB1 中输入如图 4-34 所示的梯形图程序。包括 6 个程序段，分别为电动机使能、电动机复位、电动机回原点、相对正向运行 100 mm、相对负向运行 50 mm 和启动与停止等指令。

① 程序段 1："MC_Power"指令，电动机使能，使之处于可以工作状态。

Axis：轴工艺对象，为"步进电动机"；

Enable：轴使能。高电平有效，并且为保持型信号有效，由"程序段 6"的"M10.0"控制；

StartMode：轴启动；StopMode－轴停止。

Status：轴的使能状态，FALSE：禁用轴，TRUE：轴已启用。

Busy-TRUE:"MC_Power"处于活动状态。

Error-TRUE:运动控制指令或相关工艺对象发生错误。

ErrorID:参数"Error"的错误 ID;ErrorInfo:参数"ErrorID"的错误信息 ID。

(a) 程序段1：电动机使能

(b) 程序段2：电动机复位

(c) 程序段3：电动机回原点

(d) 程序段4：相对正向运行100 mm

(e) 程序段5：相对负向运行50 mm

(f) 程序段6：启动与停止

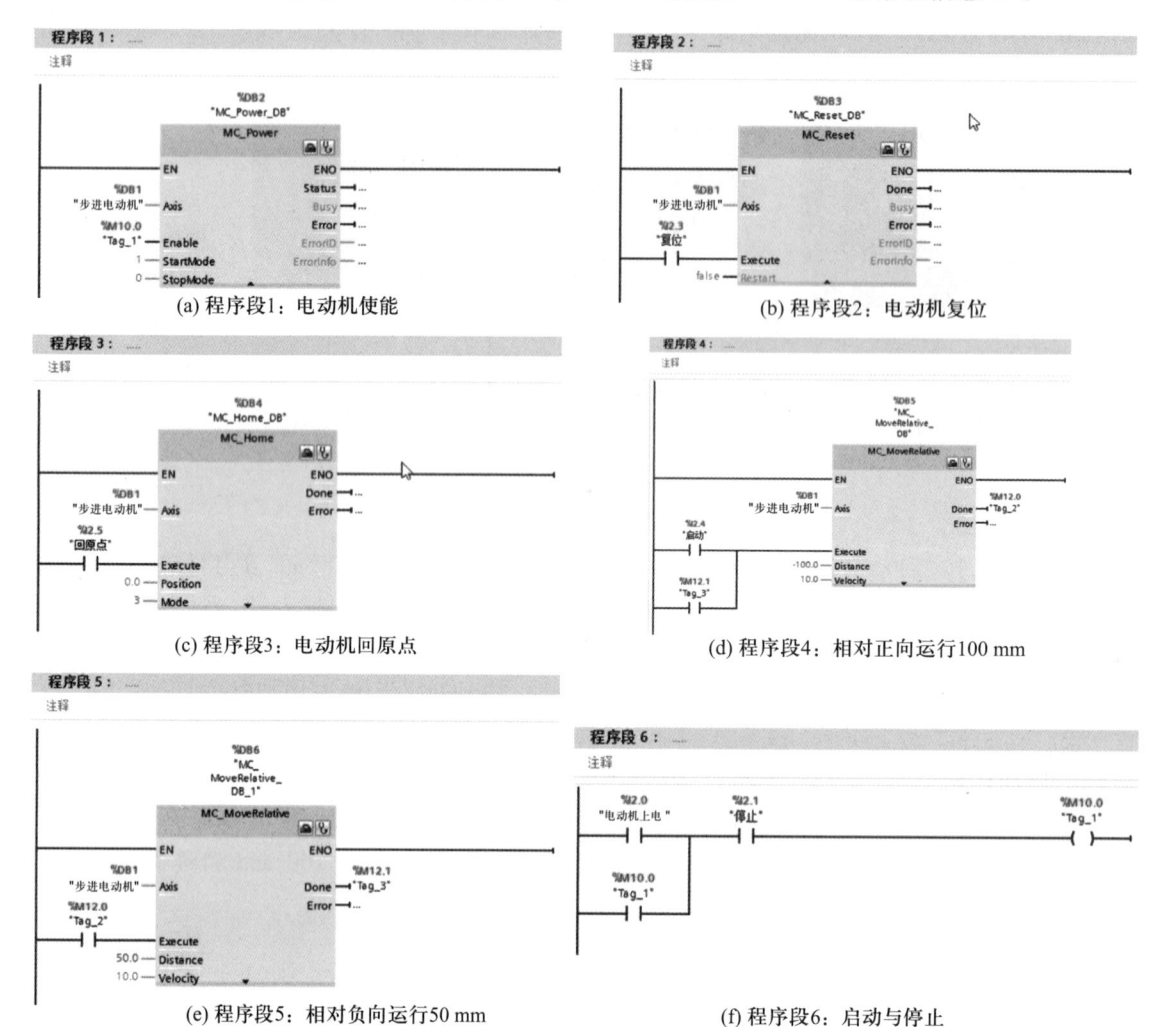

图 4-34 梯形图程序

② 程序段 2："MC_Reset"指令,电动机复位。是当电动机处于报警状态,比如 JOG 运行触碰到左右限位之后,电动机会停止,此时必须先运行"MC_Reset"指令,才可以重新进行回原点等操作。

Execute:启动命令。脉冲上升沿有效,由"复位"按钮"I2.3"启动。

Restart:将轴组态从装载存储器下载到工作存储器。仅可在禁用轴后,才能执行该命令。

Done:已确认、已完成,完成时置"1";Busy:命令正在执行。

Error:执行命令期间出错。

③ 程序段 3："MC_Home"指令,用于步进电动机回到原点。感应到原点接近开关之后,会将原点所在位置设置为零点,一般上电执行一下回原点指令,可实现电动机精

准定位。

　　Execute：启动命令。脉冲上升沿有效，由"回原点按"钮"I2.5"启动。
　　Position：原点位置偏差，0.0 时表示原点为 0。
　　Mode：回原点模式。值为 3，表示主动回原点模式。
　　CommandAborted：命令在执行过程中被另一命令中止。
　　ReferenceMarkPosition：显示工艺对象归位位置（"Done"=TRUE 时有效）。
　　④ 程序段 4："MC_MoveRelative"指令，相对于电动机当前位置进行正向移动。
　　Execute：启动命令。脉冲上升沿有效，由"启动"钮"I2.4"，或者"程序段 5"的"Done"已结束标志位"M12.1"启动。
　　Distance：定位操作相对于当前位置移动的距离。也和电动机接线有关，如果电动机接线正向旋转正确，则置为相对距离（如本例的 100 mm）；如果电动机接线使电动机转向相反，还要正向移动时，则此处置为相对距离的负值（如本例的-100 mm）。
　　Velocity：轴的速度。单位在软件轴工艺中设定。
　　Done：目标位置已到达。置标志位"M12.0"，同时作为"程序段 5"启动位。
　　⑤ 程序段 5："MC_MoveRelative"指令，相对于电动机当前位置进行反向移动。
　　Execute：启动命令。脉冲上升沿有效。由"程序段 4"的"Done"已结束标志位"M12.0"启动。
　　Distance：定位操作相对于当前位置移动的距离。本例为 50 mm。
　　⑥ 程序段 6：按"上电"按钮"I2.0"，"M10.0"为 1 并保持；按"断电"按钮"I2.1"，"M10.0"为 0，电动机断电停止。

### 4.3.3　组态与程序编译

#### 1. SIMATIC S7-1200 软件简介

本项目采用西门子自动化产品 SIMATIC S7-1200 可编程控制器，使用全集成化软件 TIA Portal（博途）进行编程和调试，适用于所有自动化任务。借助该软件能够快速、直观地开发和调试自动化控制系统，与传统方法相比，无需花费大量时间集成各个软件包，节省了大量时间，提高了设计效率。

软件使用过程包括：创建项目、硬件组态、添加工艺对象-轴、组态轴、编译下载、轴调试等过程。此处强调一些关键步骤，完整过程可以参照微课视频。

#### 2. 项目创建与组态调试

（1）创建项目

双击打开软件，项目视图中选择"项目"→"新建"，创建项目并命名为"电动机控制"。

（2）硬件组态

在"电动机控制"项目中，添加新设备，选择适配的 plc 并创建，完成硬件组态。双击"PLC1"，对 PLC 的脉冲及地址进行设置，地址与实际匹配。双击扩展模块"DI 16 * 24VDC/DQ"，一般设置成 2、3，如图 4-35 所示。

启用脉冲发生器，并设置为 PTO 模式。一定要勾选"启用脉冲发生器"，否则将不能驱动电动机，如图 4-36 所示。

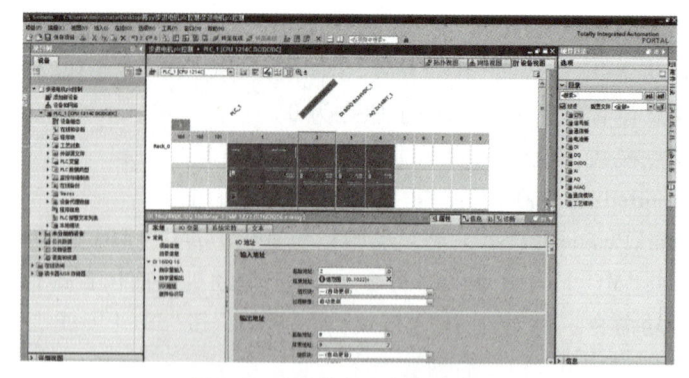

图 4-35　硬件组态与地址设置

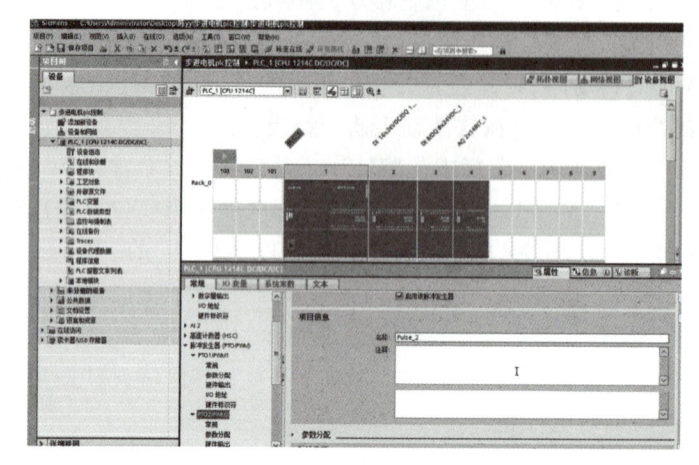

图 4-36　设置 PTO 模式

PWM 脉冲适用于温度、流量等（PWM 为脉宽可调的脉冲）。PTO 脉冲适用于位移、运动控制（PTO 脉冲为占空比 50% 的固定脉冲），此处我们选择 PTO 模式。

（3）添加工艺对象—轴及组态轴

① TIA Portal 软件有集成的轴控制模块，添加工艺对象—轴，便能方便地控制步进电动机，如图 4-37 所示。

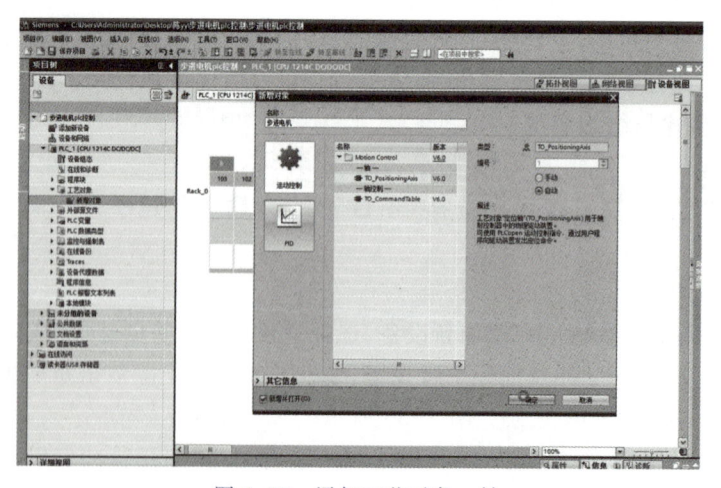

图 4-37　添加工艺对象—轴

② 组态轴,设置基本参数和限位。根据实际情况设置电动机参数(注意细分,脉冲当量,软、硬件限位和回原点等),如图 4-38 所示。

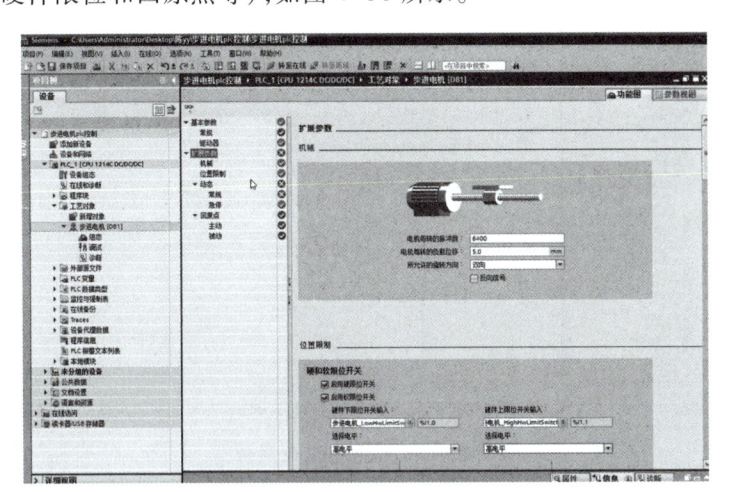

图 4-38  设置基本参数和限位

③ 组态轴,设置动态参数,包括运行速度和加速度,如图 4-39 所示。

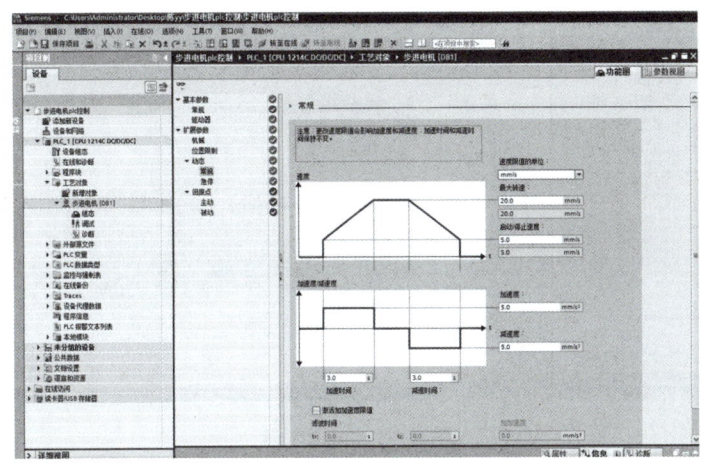

图 4-39  设置动态参数

④ 组态轴,设置回原点参数,如图 4-40 所示。

包括回原点传感器地址,起始位置偏移量(一般设置为 0 原点),返回原点方向,逼近速度和参考速度。一般为正方向回原点。因为本项目步进电动机接反了,所以可以选择负方向回原点。

当按下"回原点"开关,电动机以逼近速度返回原点,到达原点后,并不能马上停止。过了原点之后,停止,马上往原点返回,速度增大,加速到参考速度,达到原点再减速,要往返震荡才能停止。注意:逼近速度要小于参考速度。

⑤ 编译下载,如图 4-41 所示。

⑥ 轴调试,如图 4-42 所示。

轴调试的时候要激活轴,启动轴。点击"正向""方向"观察电动机运动状态。能驱动电动机,则可进行程序输入,不能则检测接线,重新组态。

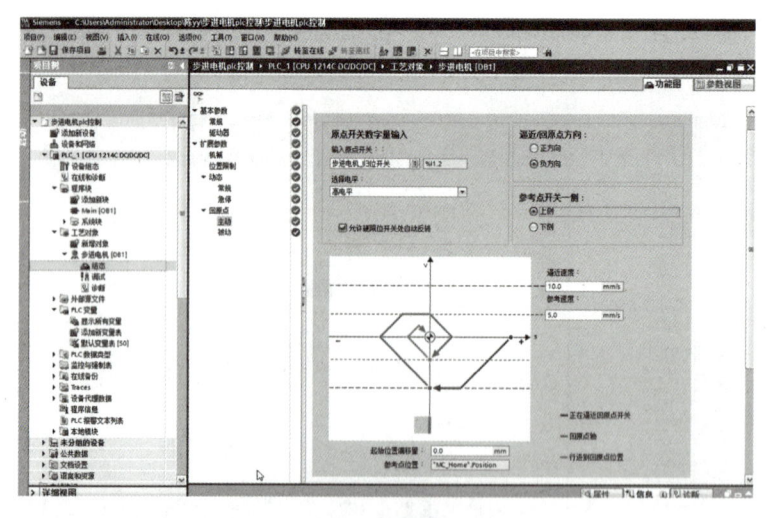

图 4-40 设置回原点参数

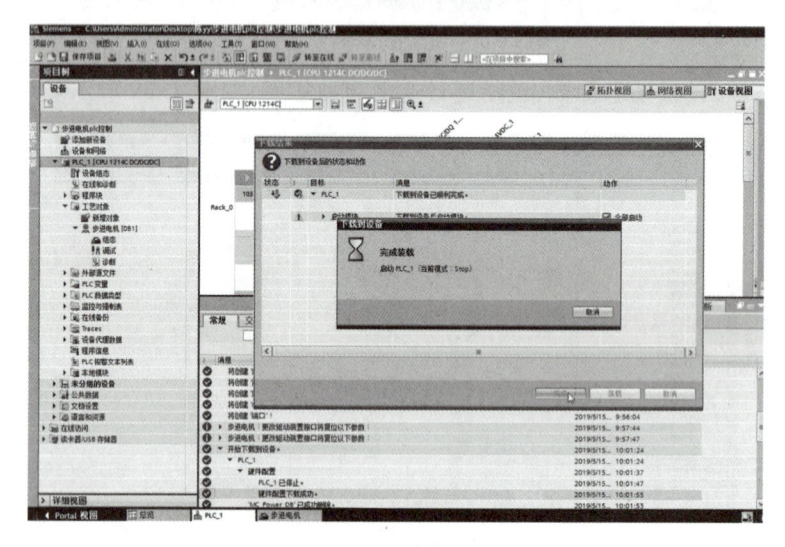

图 4-41 编译下载

⑦ 建立变量表,如图 4-43 所示。建立变量表非常重要,可以为后面的程序编写提供极大的便利。

⑧ 输入程序。如果程序比较简单,在 OB1 主程序中输入即可,如图 4-44 所示。如果程序比较复杂,除了主程序,还要添加子程序 FC 或者 FB。

程序输入完成后,就可以按照步骤⑤进行编译下载了。最后完成程序的调试。

## 4.3.4 步进驱动器的参数设置

DM556 是数字式步进驱动器,用于驱动步进电动机,其产品表面印有所需的设置参数,如图 4-45 所示。

### 1. 驱动电流设置

DM556 步进驱动器的侧面连接端子中间有一个白色的 8 位 DIP 功能设定开关,可以用来设定步进驱动器的工作方式和工作参数,包括运行电流设置、静态电流设置和

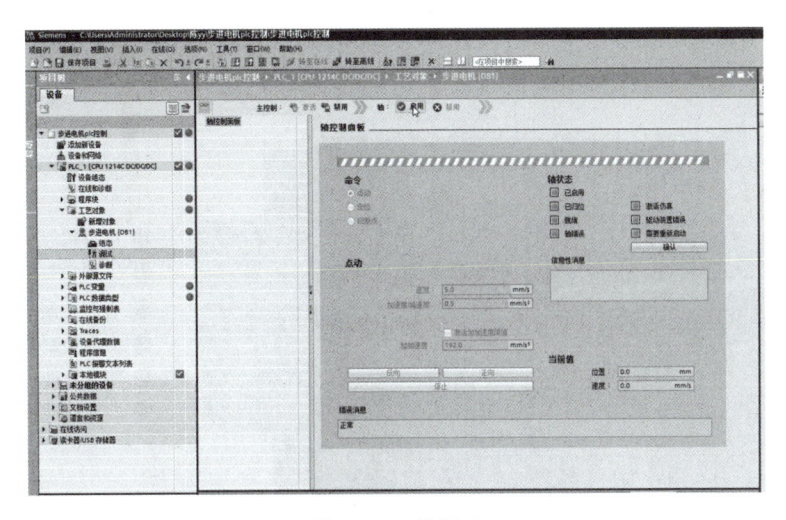

图 4-42 轴调试

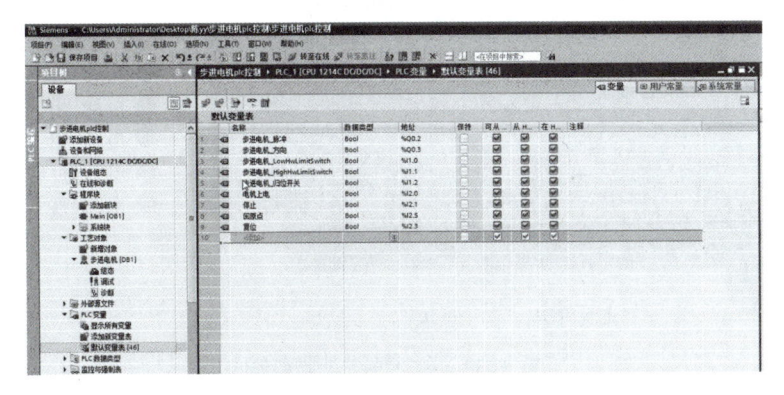

图 4-43 建立变量表

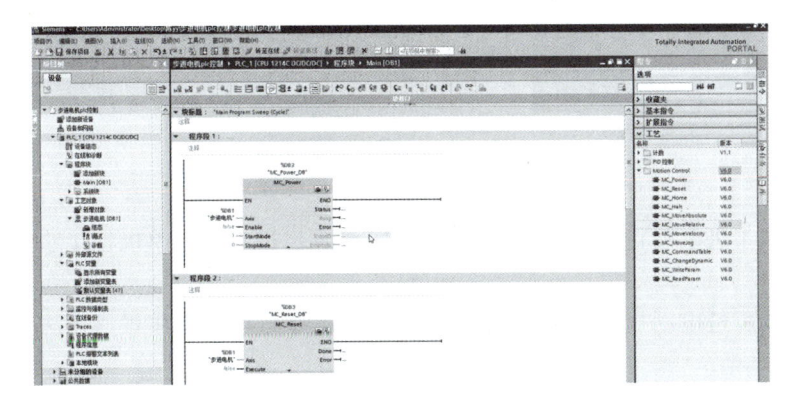

图 4-44 输入程序

细分设置。如图 4-46 所示是该 DIP 开关实物图及功能划分。

对于同一步进电动机,电流设定值越大时,步进电动机输出力矩越大,但电流大时步进电动机和步进驱动器的发热也比较严重。可按照如下方式设置:

① 四线步进电动机:输出电流设成等于或略小于步进电动机额定电流值;

② 六线步进电动机高力矩模式:输出电流可设成步进电动机单极性接法额定电流

的 50%；

图 4-45　DM556 步进驱动器

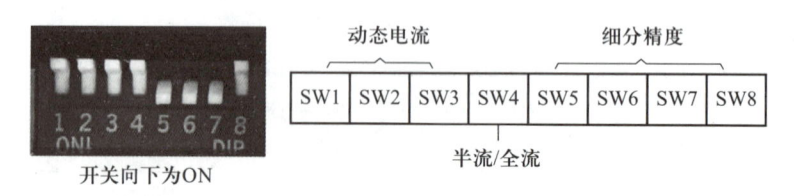

图 4-46　DIP 开关实物图及功能划分

③ 六线步进电动机高速模式:输出电流可设成步进电动机单极性接法额定电流的 100%；

④ 八线步进电动机串联接法:输出电流可设成步进电动机单极性接法额定电流的 70%；

⑤ 八线步进电动机并联接法:输出电流可设成步进电动机单极性接法额定电流的 140%。

电流设定后应运转步进电动机 15~30 min,如步进电动机温升太高(>70 ℃),则应降低电流设定值。所以,一般情况是把电流设成步进电动机长期工作时出现温热但不过热时的数值。

因为 57CM13 步进电动机的额定电流为 4 A,根据以上原则,再经过试验,此处设置驱动电流为 3.5 A。根据表 4-6 的输出电流设置表,SW1、SW2、SW3 位应该设置为

off、on、on。

表 4-6  输出电流设置表

| 输出峰值电流/A | 输出均值电流/A | SW1 | SW2 | SW3 | 电流自设定 |
|---|---|---|---|---|---|
| Default |  | off | off | off |  |
| 2.1 | 1.5 | on | off | off | 当 SW1、SW2、SW3 位设为 off、off、off 时,可以通过 PC 端软件设定为所需电流,最大值为 5.6 A,分辨率为 0.1 A。不设置则默认电流为 1.4 A |
| 2.7 | 1.9 | off | on | off |  |
| 3.2 | 2.3 | on | on | off |  |
| 3.8 | 2.7 | off | off | on |  |
| 4.3 | 3.1 | on | off | on |  |
| 4.9 | 3.5 | off | on | on |  |
| 5.6 | 4.0 | on | on | on |  |

2. 静态电流设置

静态电流可用 SW4 位设定,off 表示静态电流设为动态电流的一半,on 表示静态电流与动态电流相同。一般用途中应将 SW4 位设成 off,减少步进电动机和步进驱动器的发热,提高可靠性。脉冲串停止后 0.4 s 左右电流自动减至一半左右(实际值的 60%),发热量理论上减至 36%。此项目 SW4 位设置为 off。

3. 细分设置

步进驱动器采用细分驱动方式不仅可以减小步进电动机的步距角,提高分辨率,而且可以减少或消除低频振动,使步进电动机运行更加平稳均匀。此项目细分数为 6 400,根据表 4-7 的细分设置,SW5、SW6、SW7、SW8 位应该设置为 off、on、off、on。

表 4-7  细 分 设 置

| 步数/转 | SW5 | SW6 | SW7 | SW8 | 细分说明 |
|---|---|---|---|---|---|
| Default | on | on | on | on |  |
| 400 | off | on | on | on |  |
| 800 | on | off | on | on |  |
| 1 600 | off | off | on | on | 当 SW5、SW6、SW7、SW8 位都为 on 时,驱动器细分采用驱动器内部默认细分数;用户通过 PC 端软件 ProTuner 或 STU 调试器进行细分数设置,最小值为 1,分辨率为 1,最大值为 512。 细分×200=每转脉冲 |
| 3 200 | on | on | off | on |  |
| 6 400 | off | on | off | on |  |
| 12 800 | on | off | off | on |  |
| 25 600 | off | off | off | on |  |
| 1 000 | on | on | on | off |  |
| 2 000 | off | on | on | off |  |
| 4 000 | on | off | on | off |  |
| 5 000 | off | off | on | off |  |

4. 供电电压选择

供电电压越高,步进电动机高速时力矩越大,越能避免高速时掉步。但另一方面,电压太高会导致过电压保护,步进电动机发热较多,甚至可能损坏驱动器。在高电压下工作时,步进电动机低速运动的振动会大一些。根据本项目综合考虑,选择 24 V 电压。

## 拓展知识

### 4.3.5 步进电动机使用中应注意的问题

**1. 步进电动机 A、B 相接线**

步进电动机接线要注意 A、B 相线,其决定着电动机的转动和转向。确定 A、B 相可以使用以下简单的方法:用万用表测量两根线之间阻值,如果很小,则为一组(例如 A+、A−);很大或无穷大不为一组。如果没有万用表,把两根线短接,去转动电动机,阻力大,则证明是一组;如果阻力小,则不是一组。

**2. 失步与越步**

控制步进电动机运行时,应注意防止步进电动机运行中失步。

(1) 失步与越步的概念

步进电动机失步包括丢步和越步。丢步时,转子前进的步数小于脉冲数;越步时,转子前进的步数多于脉冲数。丢步严重时,转子将停留在一个位置上或围绕一个位置振动;越步严重时,设备将发生过冲。

(2) 越步原因及注意事项

使工作部件返回原点的操作,常常会出现越步情况。当工作部件回到原点时,原点开关动作,使指令变为 OFF。但如果到达原点前速度过高,惯性转矩将大于步进电动机的保持转矩而使步进电动机越步。因此回原点的操作应确保足够低速;当步进电动机驱动工作部件高速运行时紧急停止,越步情况不可避免,因此急停复位后应采取先低速返回原点重新校准,再恢复原有操作的方法。

(3) 失步原因及注意事项

由于步进电动机绕组本身是感性负载,输入频率越高,励磁电流就越小。频率高,磁通量变化加剧,涡流损失加大。因此,输入频率增高,输出力矩降低。最高工作频率的输出力矩只能达到低频转矩的 40%~50%。进行高速定位控制时,如果指定频率过高,会出现失步现象。

此外,如果电动机部件调整不当,会使机械负载增大。步进电动机不能过负载运行,哪怕是瞬间,都会造成失步,严重时停转或不规则原地反复振动。

在使用过程中,步进电动机常见的故障及解决方法见表 4-8。

表 4-8 步进电动机常见的故障及解决方法

| 现象 | 可能问题 | 解决方法 |
| --- | --- | --- |
| 电动机不转 | 电源灯不亮 | 正常供电 |
| | 电流设定太小 | 根据电动机额定电流,选择合适电流挡 |
| | 驱动器已保护 | 排除故障后,重新上电 |
| | 使能信号为低 | 此信号拉高或不接 |
| | 控制信号问题 | 检查控制信号的幅值和宽度是否满足要求 |

续表

| 现象 | 可能问题 | 解决方法 |
|---|---|---|
| 电动机转向错误 | 电动机线接错 | 任意交换电动机同一相的两根线（例如 A+、A- 交换接线位置） |
| | 电动机线有断路 | 检查并接对 |
| 报警指示灯亮 | 电动机线接错 | 检查接线 |
| | 电压过高或过低 | 检查电源电压 |
| | 电动机或驱动器损坏 | 更换电动机或驱动器 |
| 位置不准 | 信号受干扰 | 排除干扰 |
| | 屏蔽地未接或未接好 | 可靠接地 |
| | 细分错误 | 设对细分 |
| | 电流偏小 | 适当加大电流 |
| | 控制信号问题 | 检查控制信号是否满足时序要求 |
| 电动机加速时堵转 | 加速时间太短 | 适当增大加速时间 |
| | 电动机扭矩太小 | 选大扭矩电动机 |
| | 电压偏低或电流太小 | 适当提高电压或设置更大的电流 |

## 总结与测试

### 总　　结

　　本项目以冲压机床运动控制系统进给部分为切入点，主要介绍了步进运动控制系统的概念、控制原理及应用。完成了冲压机床进给部分步进控制系统的方案设计、电气原理图的绘制、元器件的选型、步进电动机原理及接线、步进驱动器原理、程序设计、系统调试等内容的学习与训练。在完成整个项目的同时，实现了培养学生从事项目运行活动的行为能力，以及安全、环保、成本、产品质量、团队合作等意识和能力的目的。

### 测试（满分 100 分）

一、选择题（共 12 题，每题 2 分，共 24 分）

1. 步进电动机多相通电可以（　　）。
   A. 减小步距角　　　　　　　　　　　B. 增大步距角
   C. 提高电动机转速　　　　　　　　　D. 提高输出转矩
2. 步进电动机主要用于（　　）。
   A. 经济型数控机床的进给驱动　　　　B. 加工中心的进给驱动

C. 大型数控机床的进给驱动　　　　　D. 数控机床的主轴驱动

3. 在步进电动机性能中,矩角特性是指(　　)。

A. 步进电动机的静转矩与转子失调角的关系

B. 步进电动机的动转矩与转子失调角的关系

C. 步进电动机的静转矩与转子转角的关系

D. 步进电动机的动转矩与转子转角的关系

4. 在步进电动机性能中,矩频特性是指(　　)。

A. 输出转矩与启动频率的关系

B. 输出转矩与运行频率的关系

C. 输入脉冲频率与电动机运行频率的关系

D. 步进电动机运行平稳性与频率的关系

5. 正常情况下步进电动机的转速取决于(　　)。

A. 控制绕组通电频率　　　　　　　B. 绕组通电方式

C. 负载大小　　　　　　　　　　　D. 绕组电流

6. 某三相反应式步进电动机的转子齿数为50,其齿距角为(　　)。

A. 7.2°　　　　　　　　　　　　　B. 120°

C. 360°电角度　　　　　　　　　　D. 120°电角度

7. 一台五相步进电动机,转子齿数为48,五相十拍运行时,每走一步对应的电角度为(　　)。

A. 0.75°　　　　　　　　　　　　　B. 1.5°

C. 36°　　　　　　　　　　　　　　D. 72°

8. 某三相反应式步进电动机的初始通电顺序为 A→B→C,下列可使电动机反转的通电顺序为(　　)。

A. C→B→A　　　　　　　　　　　B. B→C→A

C. A→C→B　　　　　　　　　　　D. B→A→C

9. 下列关于步进电动机的描述正确的是(　　)。

A. 抗干扰能力强　　　　　　　　　B. 带负载能力强

C. 功能是将电脉冲转换成角位移　　D. 误差不会积累

10. 三相步进电动机的步距角是1.5°,若步进电动机的通电频率为2 000 Hz,则步进电动机的转速为(　　)r/min。

A. 3 000　　　　B. 500　　　　C. 1 500　　　　D. 1 000

11. 步进电动机的转角、转速、旋转方向分别与(　　)有关。

A. 输入脉冲个数、频率、通电顺序

B. 输入脉冲频率、个数、通电顺序

C. 输入脉冲频率、通电顺序、脉冲个数

D. 通电顺序、输入脉冲频率、个数

12. 一台三相反应式步进电动机,其转子有40个齿,采用单、双六拍通电方式,其步距角是(　　)。

A. 1°　　　　　　B. 1.5°　　　　C. 2°　　　　　D. 2.5°

二、填空题(共 10 题,20 个空,每空 1 分,共 20 分)

1. 步进电动机是一种将_____信号转换为相应角位移或直线位移的转换装置,是伺服系统的最后执行元件。

2. 步进电动机转子本身没有励磁绕组的称为_____步进电动机,用永久磁铁做转子的称为_____步进电动机。

3. 反应式步进电动机是利用_____使转子转动的。这种电动机消耗的功率较大,断电时无_____。

4. 混合式步进电动机与反应式步进电动机最大的不同在于_____,反应式步进电动机转子用_____材料制成,混合式步进电动机转子内部有_____。

5. 步进电动机在输入一个脉冲时所转过的角度称为_____。

6. 步进电动机的三相双三拍控制指电动机有_____相定子绕组,每次有_____相绕组通电,每_____次通电为一个循环。

7. 根据电动机的结构与材料的不同,步进电动机分为_____、_____和_____3种基本类型。

8. 改变步进电动机定子绕组的_____顺序,转子的旋转方向随之改变。

9. 步进电动机定子绕组通电状态的变化频率越高,转子的转速_____。

10. _____是指电动机运转时运转的步数,不等于理论上的步数。_____是指转子齿轴线偏移定子齿轴线的角度,是步进电动机运转必存在的。

三、简答题(共 8 题,选取 6 题,共 30 分)

1. 简述步进电动机的特点。(5 分)

2. 简述步进电动机的产生时间与发展。(5 分)

3. 不同厂家、品牌的步进电动机铭牌标记方式各有差异,根据教材示例,解读步进电动机机代号:<u>17</u>　<u>01</u>　<u>H</u>　<u>Y</u>　<u>56</u>　<u>A</u>　<u>2</u>　<u>G</u>(5 分)
　　　　　　　　　　① 　② 　③ 　④ 　⑤ 　⑥ 　⑦ 　⑧

4. 步进驱动器选型的关键性能指标包括哪些方面?(5 分)

5. 简述步进驱动器接线要求。(5 分)

6. DM556 步进驱动器电流设置时,对于同一步进电动机,电流设定值越大时,步进电动机输出力矩越大,但电流大时步进电动机和步进驱动器的发热也比较严重。可按照哪些方式设置?(5 分)

7. 什么是矩频特性?为什么当转速升高时,步进电动机所能带动的最大负载转矩值会逐步下降?(5 分)

8. 步进电动机低速运行,如果等于或接近于步进电动机的振荡频率时,就会出现低频共振。步进电动机低速转动时的振动和噪声大是其固有的缺点,一般可采用哪些方案来克服?(5 分)

四、计算题(共 2 题,共 10 分)

1. 设工作台由步进电动机直接经丝杠螺母副驱动,丝杠导程为 5 mm,步进电动机步距角为 1.5°,工作方式是三相六拍,工作台最大行程为 400 mm,求:① 脉冲当量;② 走完最大行程,控制器发出的脉冲总数是多少?

2. 设有一步进电动机驱动的工作台,如图 4-47 所示,步进电动机通过减速齿轮副驱动滚珠丝杠,其参数符号如下:脉冲当量为 $\delta$,滚珠丝杠的基本导程为 $p$,步进电动机的步距角为 $\theta$,减速齿轮比为 $1:i$。问题:① 写出 $\delta$、$\theta$、$p$、$i$ 之间的关系;② 若 $\delta=0.001$ mm,$p=5$ mm,减速比为 $1:5$,那么选择步进电动机的步距角应为多少?

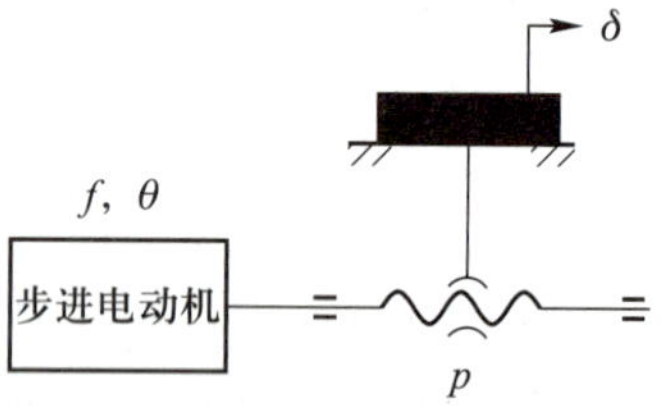

图 4-47　工作台示意图

五、实训与综合题(共 2 题,共 16 分)

1. 步进电动机在使用过程中,发现步进电动机不转,试分析原因并解决问题。(6 分)

2. 完成冲压机床运动控制系统进给部分(步进电动机通过联轴器直接驱动丝杠螺母副)中 Y 轴的 PLC 与步进驱动器及两相混合式步进电动机的接线图的绘制。已知:丝杠导程 $p=5$ mm、步进驱动器细分设置为 3 200(即 3 200 脉冲电动机转一圈)。问题:① 根据题目要求绘制电路图;② 计算导轨运行 200 mm 时,控制器所需要发送的脉冲数;③ 制作 I/O 地址分配表(不制作扣分)。(10 分)

# 项目五　伺服电动机运动控制系统的调试

本项目以典型的运动控制系统——冲压机床运动控制系统进给部分为切入点,完成闭环伺服控制系统的方案设计、伺服电动机结构原理及应用、伺服驱动器原理及应用、电气原理图的绘制、元器件的选择、程序设计、系统调试等内容的学习与训练。

## 任务 1　整体控制方案设计

### ■ 任务分析

冲压机床运动控制系统进给部分要求负载速度 $v_L \geqslant 15$ m/min,重复定位次数 $n \geqslant 40$ 次/min,定位精度小于 0.01 mm,采用 $X$ 轴、$Y$ 轴十字滑台进给方式,滚珠丝杠螺距为 5 mm。要求由 PLC 控制,有工作状态指示,完成运动控制系统的设计。分析可知,系统对位置精度、重复定位精度、移动速度、控制偏差等都有较高的要求,因此,需要选用闭环运动控制系统,动力选用伺服电动机。设计工作状态指示灯有进给故障灯、机床正常灯。

### ■ 教学目标

1. 知识目标
① 掌握闭环伺服控制系统的相关知识及应用。
② 掌握伺服电动机控制系统的应用。
2. 技能目标
① 伺服电动机控制系统方案设计能力。
② 具有绘制电气原理图的能力。

③ 具有电气原理图的分析能力。

3. 素养目标

① 具有严谨、全面、高效、负责的职业素质。
② 具有查阅资料、勤于思考、勇于探索的良好作风。
③ 具有善于自学及归纳分析的学习能力。

## 任务实施

### 5.1.1 总体控制方案设计

冲压机床运动控制系统进给部分采用滚珠丝杠十字滑台的方式，伺服电动机作为闭环运动控制系统的动力。其结构如图5-1所示，形式和图4-1的步进电动机进给部分相同，把步进电动机更换为伺服电动机。从图中可以看出，伺服电动机和步进电动机外观上最大的区别是伺服电动机细长，并带有编码器（或其他速度检测器件）。

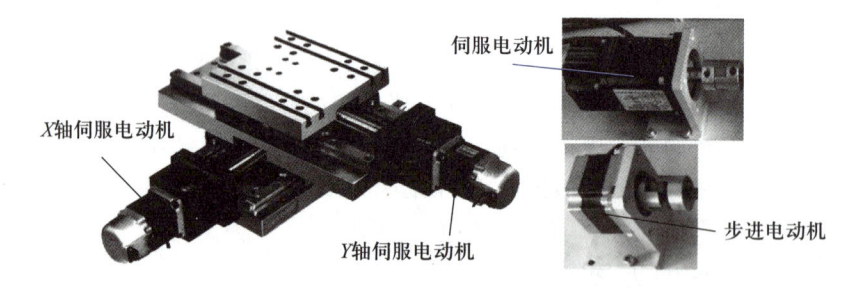

图 5-1　十字滑台伺服电动机进给方式的结构

根据任务分析，本项目主要是完成两个伺服电动机，即一个 $X$ 轴的进给伺服电动机，一个 $Y$ 轴的进给伺服电动机的控制。此外，还需要相应的控制面板（控制按钮等）及指示（状态指示灯等）。伺服电动机需要上电和正反向控制，对位置精度有较高的控制要求，此外还需要相应的输入及输出指示。本项目选用 PLC 作为控制核心。伺服驱动系统控制方案如图5-2所示。

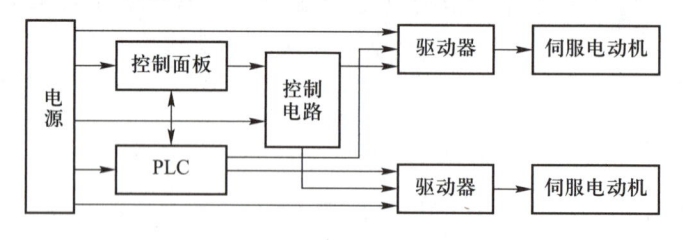

图 5-2　伺服驱动系统控制方案

电源：电源采用 380 V/220 V 变压器得到 AC 220 V 电压，再通过开关电源获得 DC 24 V 电压。电源部分负责给交流伺服电动机、交流伺服驱动器、强电控制电路、PLC 和控制面板等供电，并起到保护作用。

伺服驱动单元：在本项目的位置控制系统中，采用了永磁同步交流伺服电动机及对应的伺服电动机驱动器。根据不同的伺服驱动系统确定具体的电源,驱动器采用 AC 220 V 电源供电。

强电控制电路:主要用于系统急停、伺服系统电路的上电等。

PLC:采用西门子 S7-1200 型 PLC,用于控制强电电路,进而控制伺服驱动器上电;控制伺服(电动机)驱动器的方向信号和速度信号;控制状态指示灯等。

控制面板:主要用于强电电路的急停输入;PLC 的启动、停止等输入和故障指示、正常指示等输出。

根据控制方案设计电源电路 D1、伺服电动机进给驱动电路 H1、强电控制电路 M1、PLC 输入电路 M2、PLC 输出电路 M3。电源电路 D1 与交流电动机运动控制系统的电源电路类似,在此不赘述。

### 5.1.2 伺服电动机驱动电路设计

伺服电动机驱动电路图如图 5-3 所示,主要能完成 $X$ 轴和 $Y$ 轴的伺服电动机 H1-M1、H1-M2 上电、速度控制、方向控制等功能。

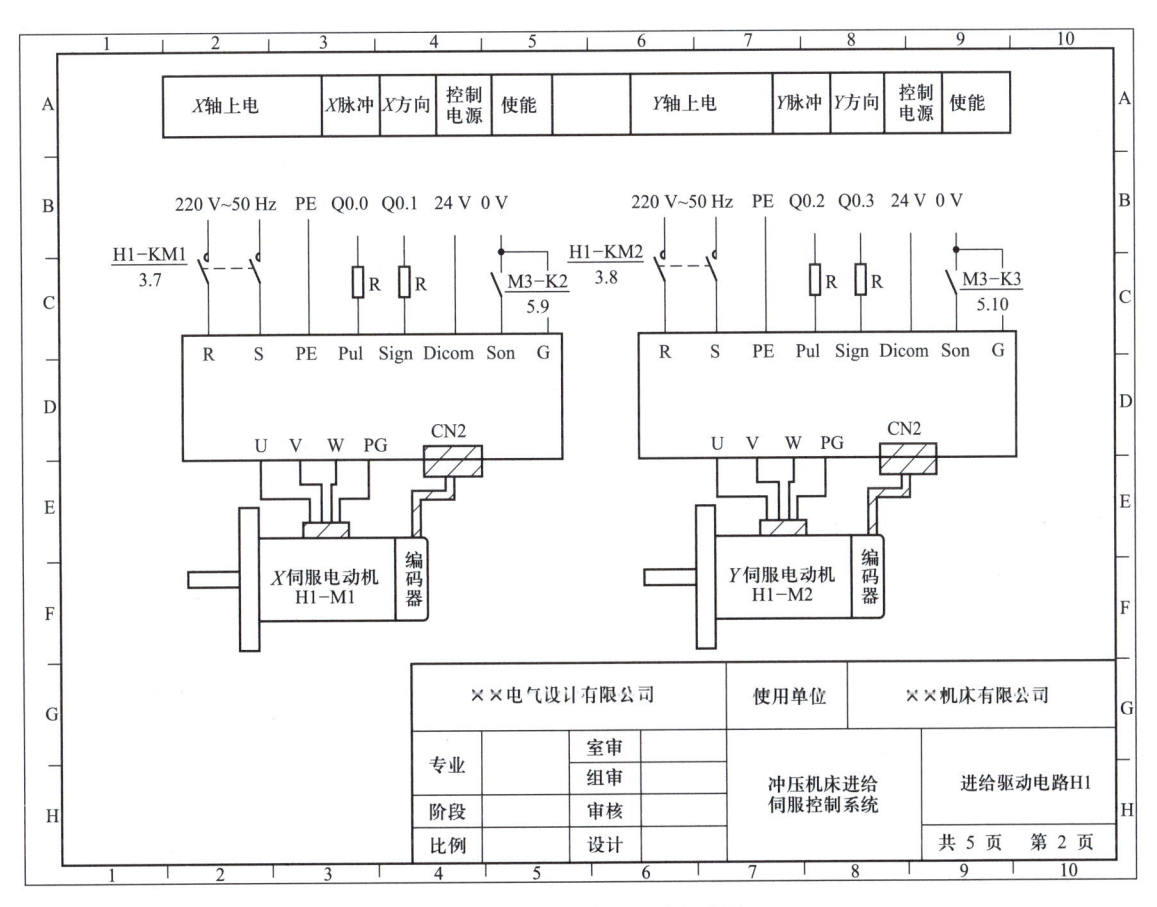

图 5-3 伺服电动机驱动电路图

动力部分的 R 和 S 分别连接 AC 220 V 电源,PE 接地。U、V、W、PG 分别与伺服电动机相连。电动机(驱动器)上电或断电受接触器 H1-K1 和 H1-K2 控制。转速控制端 Pul、方向控制端 Sign 接 PLC 高速脉冲输出端,使能端 Son 接 PLC 高低电平输出端。控制电源端子接 DC 24 V 电源正端,G 接 DC 24 V 电源负端。

### 5.1.3 强电控制电路设计

强电控制电路图如图 5-4 所示,主要完成系统急停、进给伺服驱动单元的上电、单独断电等功能。

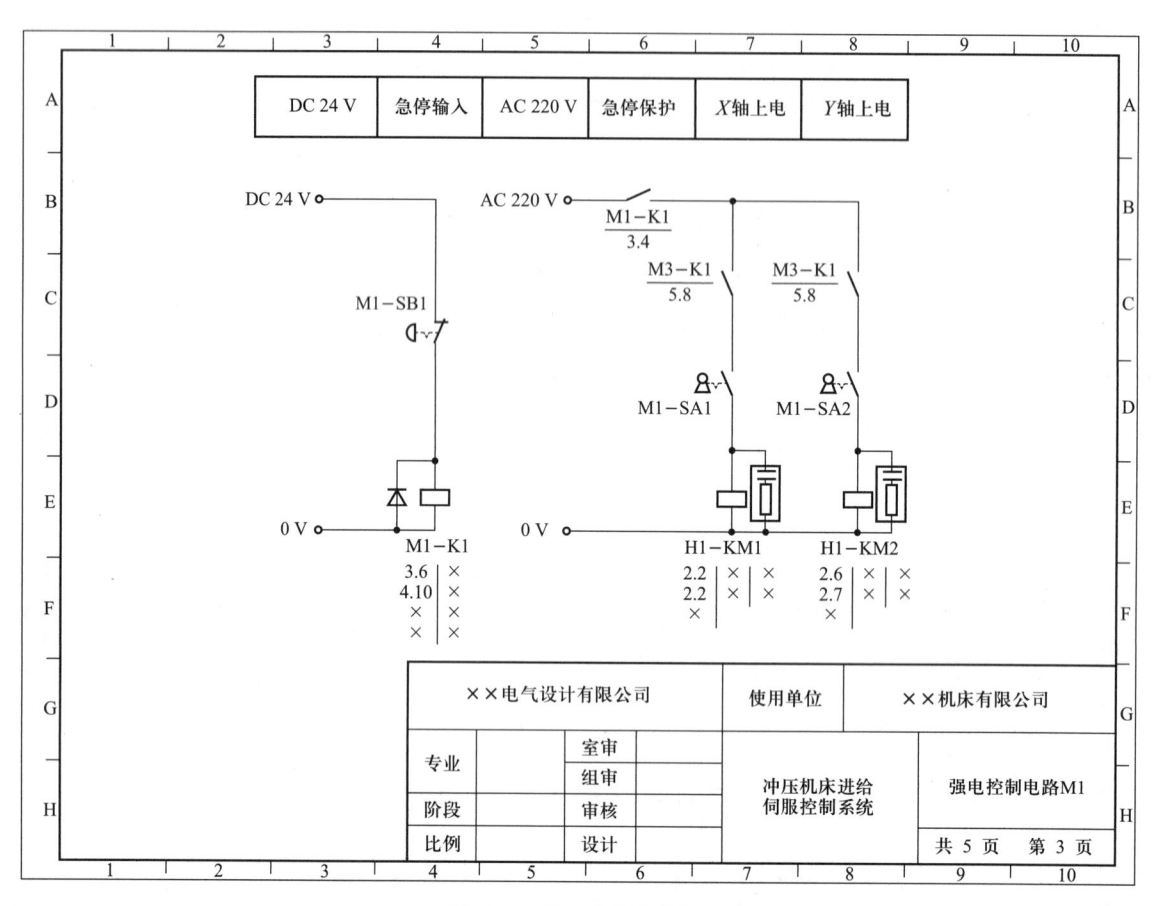

图 5-4 强电控制电路图

M1-SB1 为急停按钮,通断信号控制继电器 M1-K1 线圈,其触点通断信号分别控制右侧电路和图纸第 4 页的 PLC 急停。M3-K1 为第 5 页 PLC 输出 Q2.0 控制的继电器线圈的触点,控制 H1-KM1、H1-KM2 接触器线圈的得失电。H1-KM1、H1-KM2 触点控制驱动器上电,在图纸第 2 页可以看出闭合时伺服驱动器上电。M1-SA1、M1-SA2 为钥匙开关,用于设备调试或故障处理,单独通断 X、Y 轴伺服驱动单元。

### 5.1.4 PLC 输入电路设计

PLC 输入电路主要实现 PLC 的信号输入功能。PLC 输入电路图如图 5-5 所示。
M2-SB1、SB3 按钮用于控制伺服电动机上电和断电,M2-SB5、SB2 用于控制伺服电动机启动和停止,M2-SB4 用于控制伺服电动机故障码复位,M2-SB6 用于控制伺服

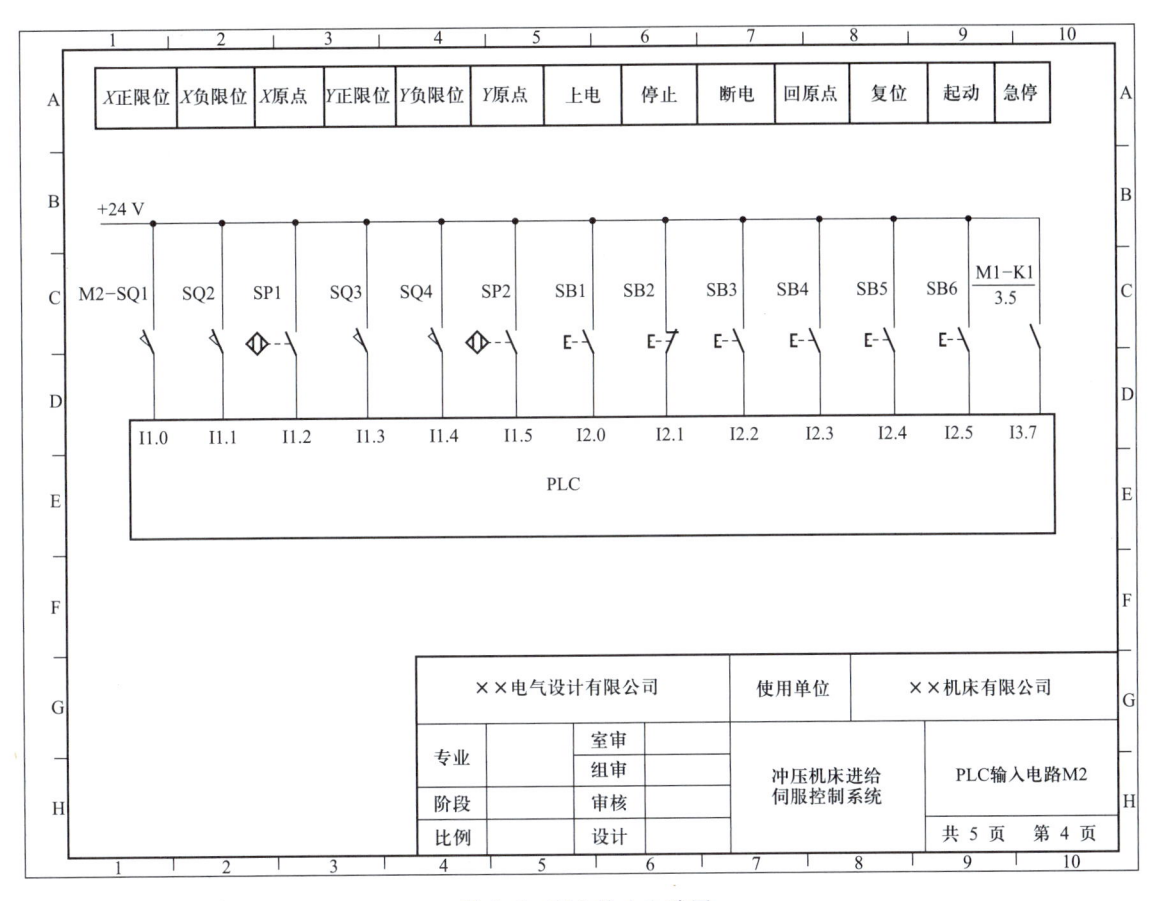

图 5-5　PLC 输入电路图

电动机回原点,原点位置采用电感式开关检测,X、Y 轴伺服电动机原点传感器分别为 SP1、SP2。此外,伺服电动机在运行时需要移动正负最大限位保护,此处采用行程开关 M2-SQ1、SQ2、SQ3、SQ4。急停信号来自第 3 页的 M1-K1。

### 5.1.5　PLC 输出电路设计

PLC 输出电路主要实现 PLC 对外围器件的控制。PLC 输出电路图如图 5-6 所示。

Q2.0 为高电平时,继电器 M3-K1 线圈得电,图纸第 3 页中的 M3-K1 触点闭合。当没有急停,钥匙开关 M1-SA1、SA2 闭合时,接触器 H1-KM1、H1-KM2 线圈得电,图纸第 2 页中的接触器触点 H1-KM1、H1-KM2 闭合,伺服电动机(实为伺服驱动器)上电。

Q0.0 接 X 轴伺服驱动器速度(脉冲)控制信号 Pul1,Q0.2 接 X 轴伺服驱动器方向控制信号 Sign1,当 Q0.2 分别为低电平或高电平时,X 轴伺服电动机的运动方向刚好相反。

Q0.2 接 Y 轴伺服驱动器速度(脉冲)控制信号 Pul2,Q0.3 接 Y 轴伺服驱动器方向控制信号 Sign2,当 Q0.3 分别为低电平或高电平时,Y 轴伺服电动机的运动方向刚好相反。

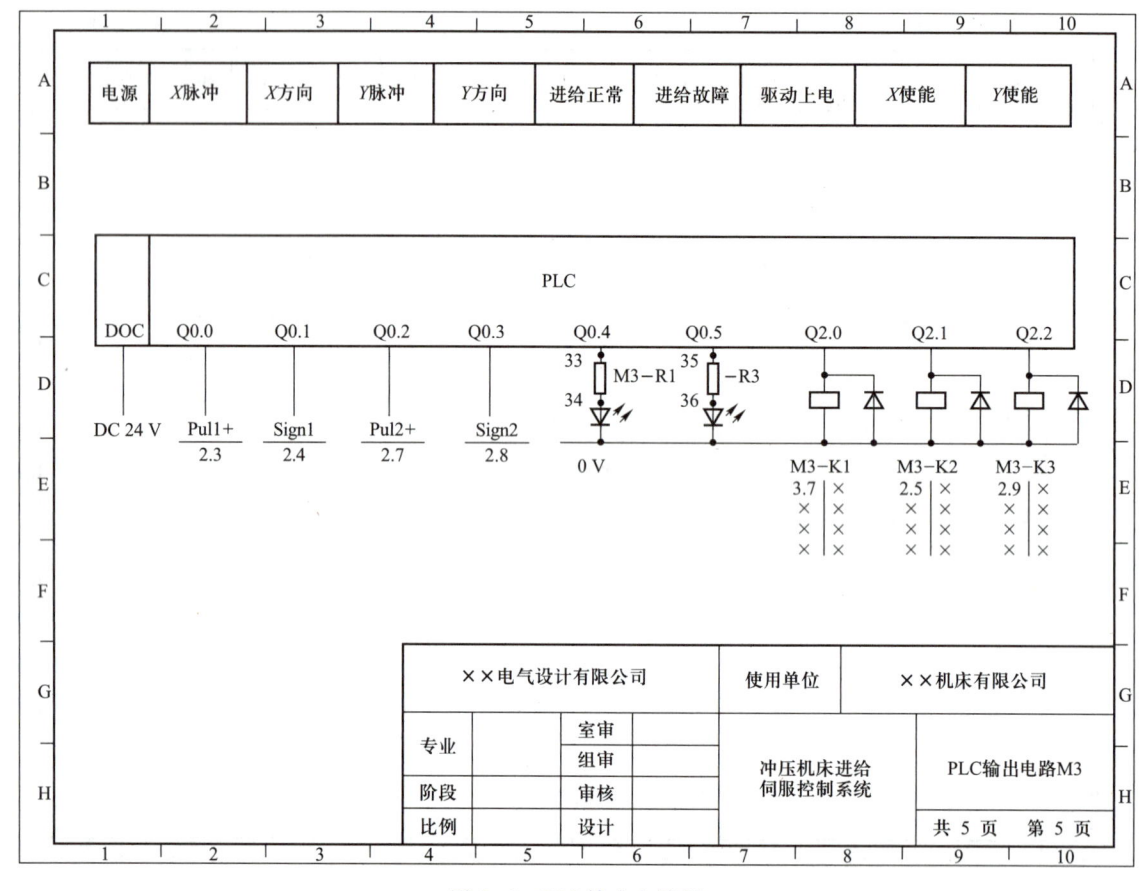

图 5-6　PLC 输出电路图

Q2.1 接继电器 M3-K2,触点控制 X 轴伺服驱动器使能端。Q2.2 接继电器 M3-K3,触点控制 Y 轴伺服驱动器使能端。当 Q2.1、Q2.2 为高电平时,继电器线圈得电,第 2 页中相应触点接通,使能端接地,驱动器使能。

Q0.4、Q0.5 分别用于指示机床进给部分正常运行或故障。

## 任务 2　元器件的选型

### ■ 任务分析

根据伺服控制系统的方案和电气原理图,选择图中所需的元器件,掌握相应元件的原理、选型及计算方法。其中,重点掌握伺服电动机、伺服驱动器的结构原理与选型。

### ■ 教学目标

1. 知识目标
① 掌握伺服电动机的分类。
② 掌握伺服电动机的结构及原理。
③ 掌握伺服电动机的性能指标。

④ 掌握伺服驱动器的原理与应用。

2. 技能目标

① 具有伺服电动机的分析与选型能力。

② 具有伺服驱动器的分析与选型能力。

③ 具有断路器分析与选型能力。

④ 具有继电器、接触器分析与选型能力。

⑤ 具有变压器的选型能力。

⑥ 具有开关电源的选型能力。

⑦ 具有按钮与指示灯的选型能力。

3. 素养目标

① 具有严谨、全面、高效、负责的职业素质。

② 具有查阅资料、勤于思考、勇于探索的良好作风。

③ 具有善于自学及归纳分析的学习能力。

## 相关知识

运动控制类型按照有无反馈及控制精度分为开环控制系统和闭环控制系统。在项目四中介绍了冲压机床进给部分采用开环步进运动控制系统。本项目由于精度和运动性能要求的提高,进给部分采用闭环伺服运动控制系统。

### 5.2.1 伺服电动机结构与分类

伺服电动机又称为执行电动机,在自动控制系统中作为执行元件,其任务是将输入的电信号转换为轴上的转角或转速,以带动控制对象。当信号电压的大小和极性(或相位)发生变化时,电动机的转动方向将非常灵敏和准确地跟着变化。

1. 结构组成

伺服电动机主要由定子、转子和检测元件构成,其结构如图 5-7 所示。定子上有励磁绕组和控制绕组。其内部的转子是永磁铁或感应线圈,转子在由励磁绕组产生的旋转磁场的作用下转动。同时伺服电动机自带编码器等检测元件,编码器检测转角等

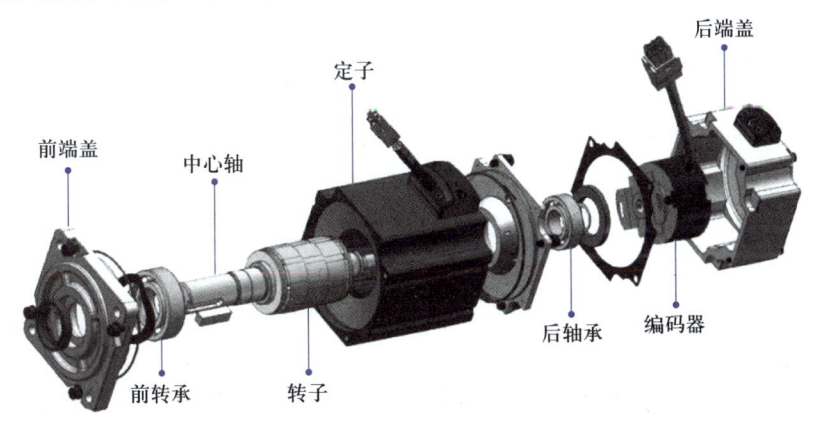

图 5-7 伺服电动机的结构

信号输出反馈值，驱动器根据反馈值与目标值进行比较来调整转子转动的角度。由此可见，伺服电动机的控制精确度很大程度上取决于编码器的精度。

### 2. 分类

按照电流种类的不同，伺服电动机可分为交流伺服电动机和直流伺服电动机；按照结构的不同，又可以分为有刷式伺服电动机和无刷式伺服电动机。永磁式直流伺服电动机为有刷式。按结构分类伺服电动机如图 5-8 所示。

$$\text{伺服电动机}\begin{cases}\text{有刷式——永磁式直流伺服电动机}\\\text{无刷式}\begin{cases}\text{无刷式直流伺服电动机}\\\text{永磁式同步交流伺服电动机}\\\text{感应式交流伺服电动机}\end{cases}\end{cases}$$

图 5-8　按结构分类伺服电动机

## 5.2.2　伺服电动机原理与特点

### 1. 交流伺服电动机

20 世纪 80 年代以来，随着集成电路、电力电子技术和交流可变速驱动技术的发展，交流伺服驱动技术有了突出的发展。交流伺服系统已成为当代高性能伺服系统的主要发展方向，使原来的直流伺服系统面临被淘汰的危机。20 世纪 90 年代后，交流伺服系统采用了创新的全数字控制的正弦波电动机伺服驱动，交流伺服驱动装置的发展日新月异。两相交流伺服电动机和三相交流伺服电动机同属于感应式交流伺服电动机，以下介绍结构比较简单的两相交流伺服电动机。

（1）两相交流伺服电动机的结构

两相交流伺服电动机的结构与单相电容式异步电动机的结构相似，分为定子和转子两部分。定子上装有两个绕组，一个是励磁绕组 $l_1$-$l_2$，另一个是控制绕组 $k_1$-$k_2$，它们在空间上相隔 90°，如图 5-9 所示。

交流伺服电动机的转子结构形式有两种：高电阻率导条的笼型转子（图 5-10）和非磁性空心杯转子。

① 笼型转子两相交流伺服电动机的结构。

结构与三相笼型电动机转子的结构相似，只是为了减小转动惯量而做得细长一些。包括导条、短路环、转子铁心、风扇和编码器等。

图 5-9　两相交流伺服电动机结构

转子铁心是由硅钢片叠成的，每片冲成有齿有槽的形状，然后叠起来将轴压入轴孔内。铁心的每一槽中放有一根导条，所有导条的两端用两个短路环连接，这就构成转子绕组。如果去掉铁心，整个转子绕组形成一个鼠笼状。笼型转子的材料有铜的，也有铝的，为了制造方便，一般采用铸铝转子，即把铁心叠压后放在模子内用铝浇铸，把鼠笼导条与短路环铸成一体，如图 5-9 所示。

② 空心杯转子伺服电动机结构。

空心杯转子伺服电动机由外定子、内定子、杯形转子、励磁绕组、控制绕组和编码器组成，其结构如图 5-10 所示。

(a) 高电阻率导条的笼型转子

(b) 空心杯转子伺服电动机的结构

图 5-10 伺服电动机结构

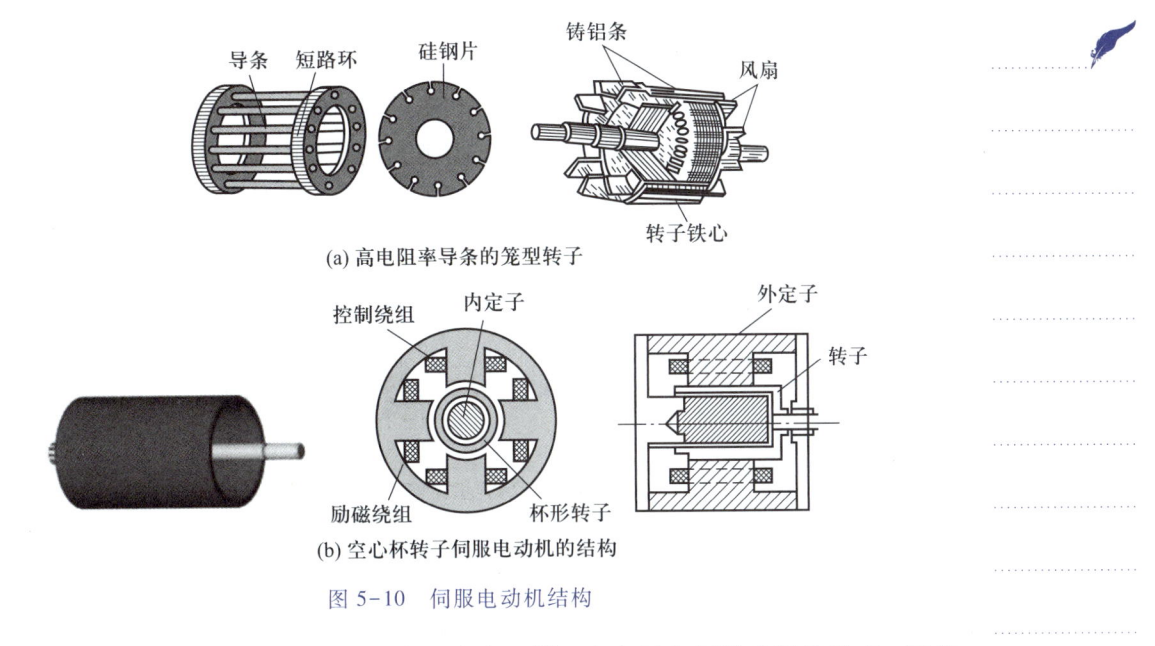

外定子与笼型转子伺服电动机的定子完全一样,内定子由环形硅钢片叠成,通常内定子不放绕组,只是代替笼型转子的铁心,作为电动机磁路的一部分。在内、外定子之间有细长的空心转子装在转轴上,空心转子做成杯子形状,所以又称为空心杯转子。空心杯由非磁性材料铝或铜制成,为了减小转动惯量,它的杯壁极薄,仅 0.2～0.3 mm。杯形转子套在内定子铁心外,并通过转轴可以在内、外定子之间的气隙中自由转动,而内、外定子是不动的。

杯形转子与笼型转子在外表形状上是不一样的。但实际上,空心杯转子可以看作是笼型导条数目非常多的、条与条之间彼此紧靠在一起的笼型转子,杯形转子的两端也可看作由短路环相连接。而实质上,在电动机中所起的作用完全相同。在以后分析时,只以笼型转子为例,分析结果对空心杯转子伺服电动机也完全适用。

③ 空心杯转子伺服电动机的优缺点及选用。

a. 空心杯与笼型转子相比较,非磁性杯形转子惯量小,轴承摩擦阻转矩小。

b. 由于空心杯的转子没有齿和槽,所以定、转子间没有齿槽黏合现象,转矩不会随转子不同的位置而发生变化,恒速旋转时,转子一般不会有抖动现象,运转平稳。

c. 由于空心杯形内、外定子间气隙较大(杯壁厚度加上杯壁两边的气隙),所以励磁电流就大,降低了电动机的利用率,因而在相同的体积和质量下,在一定的功率范围内,空心杯转子伺服电动机比笼型转子伺服电动机所产生的启动转矩和输出功率都小。

d. 空心杯转子伺服电动机结构和制造工艺比较复杂。

因此,目前广泛应用的是笼型转子伺服电动机,只有在要求运转非常平稳的某些特殊场合下(如积分电路等),才采用非磁性空心杯转子伺服电动机。

(2) 两相交流伺服电动机转动的基本原理

单相交流电源的电流时序如图 5-11(a)所示。电流通过定子线圈时产生交变磁场如图 5-11(b)所示。

下面分析特殊点 $t_1$、$t_2$、$t_3$、$t_4$ 的磁场变化。

(a) 电流时序

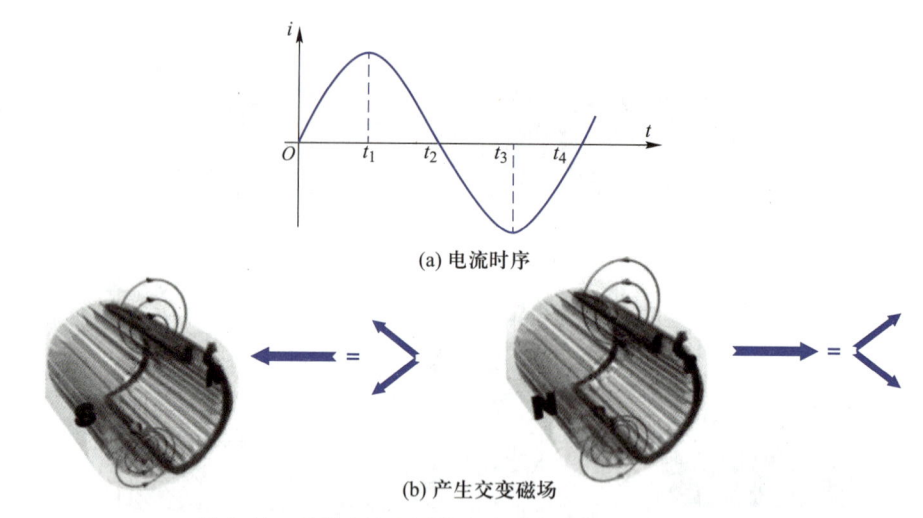

(b) 产生交变磁场

图 5-11　单相交流电源的电流时序及产生的交变磁场

在 $t_1$ 时刻，电流从线圈上端流入为正，产生向左的磁场，为了便于分析，可以分解成左上、左下两个磁场，如图 5-11（b）左图所示。

在 $t_2$ 时刻，电流为 0，产生的磁场为 0。

在 $t_3$ 时刻，电流从线圈上端流出为负，产生向右的磁场，为了便于分析，可以分解成向右上、右下两个磁场，如图 5-11（b）左图所示。

在 $t_4$ 时刻，电流为 0，产生的磁场为 0。

周而复始，此磁场为左、右往复变化的交变磁场。这个磁场并不能使电动机转子转动。如果要使转子转动，则必须先产生旋转磁场。两相交流伺服电动机设计电路如图 5-12 所示。

两相交流伺服电动机以单相异步电动机原理为基础，其定子上有励磁、控制两组绕组线圈。通过电容，使两组绕组电流相位互差 90°，这种在空间上互差 90° 电角度，有效匝数相等的绕组称为对称两相绕组。

励磁绕组接到电压一定的交流电网 $U_f$ 上，控制绕组接到控制电压 $U_k$ 上，当电流相位上彼此相差 90°，幅值彼此相等时，这样的两个电流称为两相对称电流。表达式为：

$$\begin{cases} i_k = I_{km} \sin \omega t \\ i_f = I_{fm} \sin(\omega t - 90°) \\ I_{fm} = I_{km} = I_m \end{cases} \tag{5-1}$$

两相对称电流时序如图 5-13 所示。下面分析特殊点 $t_1$、$t_2$、$t_3$ 和 $t_4$ 的磁场变化。

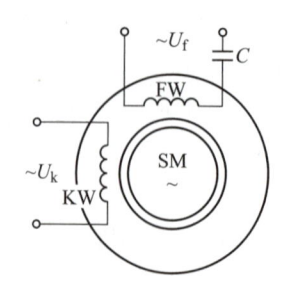

图 5-12　两相交流伺服电动机设计电路

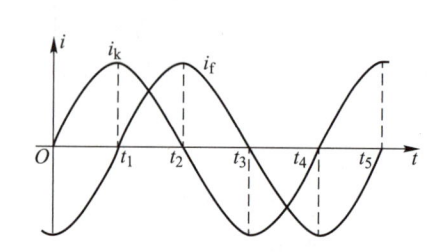

图 5-13　两相对称电流时序

在 $t_1$ 时刻,控制电流 $i_k$ 为最大值,从 $k_1$ 端流入控制绕组,从 $k_2$ 端流出。励磁电流 $i_k$ 为 0。由右手螺旋定则,磁感应强度 $B=B_k$,方向向下。

在 $t_2$ 时刻,励磁电流 $i_f$ 为最大值,从 $l_1$ 端流入控制绕组,从 $l_2$ 端流出。控制电流 $i_f$ 为 0。由右手螺旋定则,磁感应强度 $B=B_f$,方向向左。

在 $t_3$ 时刻,控制电流 $i_k$ 为负最大值,从 $k_2$ 端流入控制绕组,从 $k_1$ 端流出。励磁电流 $i_k$ 为 0。由右手螺旋定则,磁感应强度 $B=B_k$,方向向上。

在 $t_4$ 时刻,励磁电流 $i_f$ 为负最大值,从 $l_2$ 端流入控制绕组,从 $l_1$ 端流出。控制电流 $i_f$ 为 0。由右手螺旋定则,磁感应强度 $B=B_f$,方向向右。旋转磁场的产生如图 5-14 所示。

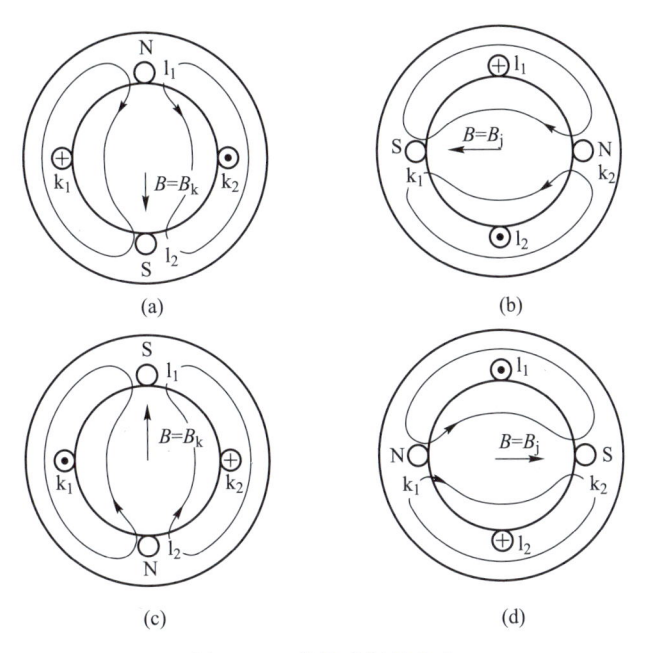

图 5-14 旋转磁场的产生

根据分析可知,流入两相对称电流,两相绕组便产生了旋转磁场。该磁场与转子中的感应电流相互作用产生转矩,使转子跟随着旋转磁场以一定的转差率转动起来。判断过程如下:

① 转子电流方向的确定:当磁铁旋转时,在空间形成一个旋转磁场。根据右手定则,确定转子内部电流方向。

② 转子旋转方向的确定:根据左手定则,判断出导条的转矩方向,也是顺时针方向。

此时,笼型转子便在电磁转矩作用下顺着磁铁旋转的方向转动起来。笼型转子转向如图 5-15 所示。

旋转磁场的同步转速为:

$$n_0 = 60f/p \tag{5-2}$$

旋转磁场的转速决定于定子绕组的极对数和电源的频率。交流伺服电动机使用的电源频率通常是标准频率

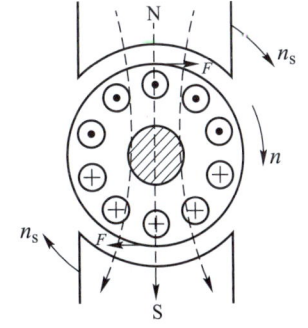

图 5-15 笼型转子转向

$f$ = 400 Hz 或 50 Hz。转子转向与旋转磁场的方向相同,把控制电压的相位改变 180°,则可改变伺服电动机的旋转方向。

(3) 两相交流伺服电动机的特点

两相交流伺服电动机的工作原理与分相式单相异步电动机相似,但前者的转子电阻比后者大得多,所以两相交流伺服电动机与单相异步电动机相比,有以下显著特点:

① 启动转矩大。由于转子电阻大,其转矩特性曲线如图 5-16 中曲线 1 所示,与普通异步电动机的转矩特性曲线 2 相比,有明显的区别。它可使临界转差率 $s_0 > 1$,这样不仅使转矩特性(机械特性)更接近于线性,而且具有较大的启动转矩。

② 运行范围较宽,能在宽范围内连续调节。根据图 5-16 可知,转差率 $s$ 在 0 到 1 的范围内伺服电动机都能稳定运转。

③ 转子的惯性小,响应快,随控制电压改变的反应很灵敏。当定子一接通控制电压,转子立即转动,即具有启动快、灵敏度高的特点。

④ 在励磁电压不变的情况下,随着控制电压的下降,特性曲线下移。在同一负载转矩作用时,电动机转速随控制电压的下降而均匀减小。

加在控制绕组上的控制电压发生变化时,其产生的旋转磁场的椭圆度不同,产生的电磁转矩也不同,从而改变电动机的转速。假设控制电压为 $U_K$,则交流伺服电动机的机械特性曲线如图 5-17 所示。

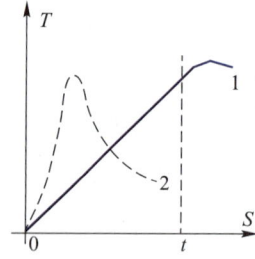

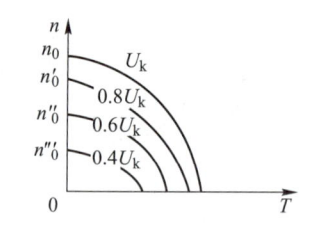

图 5-16 交流伺服电动机转矩特性　　图 5-17 交流伺服电动机的机械特性曲线

⑤ 无自转现象。对伺服电动机的要求是控制电压一旦取消,电动机必须立即停转。但根据单相异步电动机的原理,若电动机一旦转动后,再取消控制电压,仅励磁电压单相供电,则它将继续转动,即存在"自转"现象,导致失控。如何解决这个矛盾呢?下面重点介绍消除"自转"现象的措施。

解决消除"自转"的办法是使转子导条具有较大电阻,从三相异步电动机的机械特性可知,转子电阻对电动机的转速、转矩特性影响很大。当转子电阻 $R_{21} < R_{22} < R_{23}$ 时,机械特性曲线如图 5-18 所示。

转子电阻越大,达到最大转矩的转速越低,转子电阻增大到一定程度(如图 5-18 中的 $R_{23}$)时,最大转矩将出现在 $s>1$ 附近。

为此目的,通常将伺服电动机的转子电阻 $R$ 设计得很大,这可使电动机在失去控制信号,即成单相运行时,正转矩或负转矩的最大值均出现在 $s_m > 1$ 处,这样就可得出图 5-19 所示的机械特性曲线。

当控制电压 $U_k$ 降为 0 时,励磁电压 $U_f$ 和电流 $i_f$ 仍然存在,气隙中产生一个脉动磁场(如图 5-11 中产生左右变化的脉动磁场),此磁场可以视为正、反旋转磁场的合成,如图 5-20 所示。

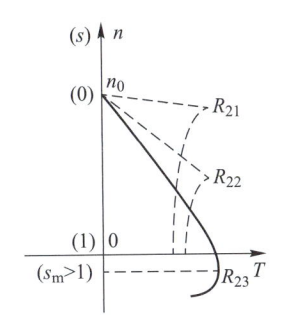

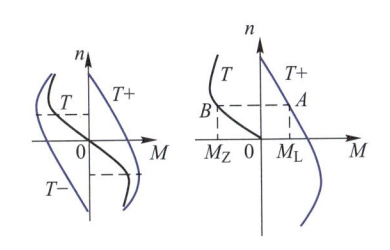

图 5-18　不同转子电阻的机械特性曲线
图 5-19　$U_k=0$ 时的机械特性曲线

图 5-19 中曲线 $T+$ 和 $T-$ 为去掉控制电压后,脉动磁场分解的正向旋转磁场 $n+$、反向旋转磁场 $n-$ 对应产生的转矩曲线。曲线 $T$ 为 $T+$ 和 $T-$ 合成的转矩曲线。

假设电动机原来在单一正向旋转磁场的带动下运行于 $A$ 点,此时负载力矩是 $M_L$,一旦信号消失,电动机即按合成曲线 $T$ 运行。由于惯性转速 $n$ 不变,运动点由 $A$ 点移到 $B$ 点,此时电动机产生了一个反向的制动力矩 $M_Z$。在 $M_L$、$M_Z$ 作用下迅速停止。

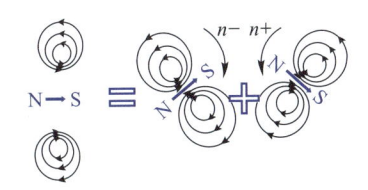

图 5-20　脉动磁场与正、反旋转磁场的合成

制动转矩的存在,可使转子迅速停止转动,保证不会存在"自转"现象。停转所需要的时间,比两相电压 $U_c$ 和 $U_f$ 同时取消,单靠摩擦等制动方法所需的时间要少得多。这正是两相交流伺服电动机工作时,励磁绕组始终接在电源上的原因。

综上所述,增大转子电阻 $R$,可使单相供电时合成电磁转矩成为制动转矩,有利于消除"自转"现象,同时电阻 $R$ 的增大,还使稳定运行段加宽,启动转矩增大,有利于调速和启动。这就是两相交流伺服电动机的笼型导条通常都用高电阻材料制成和空心杯转子的壁做得很薄的缘故。

（4）交流伺服电动机的控制

交流伺服电动机运行时,若改变控制电压的大小或改变它与激励电压之间的相位角,则旋转磁场都将发生变化,从而影响到电磁转矩。当负载转矩一定时,可以通过调节控制电压的大小或相位来达到改变转速的目的。因此,两相交流伺服电动机的控制方法有以下 3 种。

① 幅值控制,即保持 $U_k$ 与 $U_f$ 相差 90°条件下,改变 $U_k$ 幅值大小。
② 相位控制,即保持 $U_k$ 幅值不变的条件下,改变 $U_k$ 与 $U_f$ 之间相位差。
③ 幅相控制,即同时改变 $U_k$ 的幅值和相位。

幅值控制的控制电路比较简单,生产中应用最多,下面只讨论幅值控制法。

如图 5-21 所示为幅值控制的一种接线图,可以看出,两相绕组接于同一单相电源,选择适当的电容 $C$,使 $U_f$ 与 $U_k$ 相角差 90°,改变电阻 $R$ 的大小,即改变控制电压 $U_k$ 的大小,可以得到如图 5-17 所示的不同控制电压下的机械特性曲线。可见,在一定负载转矩下,控制电压越高,转差率越小,电动机的转速就越高,不同的控制电压对应不同的转速。

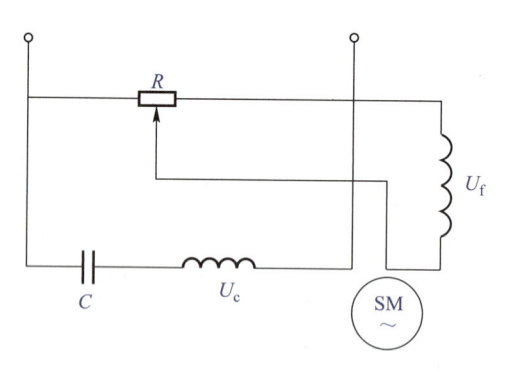

图 5-21 幅值控制接线图

由此看出，伺服电动机的性能直接影响着整个系统的性能，因此，系统对伺服电动机的静态特性、动态特性都有相应的要求，在电动机选型时应注意。

**2. 直流伺服电动机**

（1）直流伺服电动机原理及类型特点

直流伺服电动机的结构与直流电动机基本相同。所不同的是直流伺服电动机的电枢电流很小，换向并不困难，因此不用安装换向磁极。并且，为减小转动惯量，转子做得细长，气隙较小，磁路不饱和，电枢电阻较大。

按励磁方式不同，直流伺服电动机可分为电磁式和永磁式两种。电磁式又分为他励式、并励式和串励式，但一般多用他励式。永磁式的磁场由永久磁铁产生。其接线图如图 5-22 所示。图 5-22(a) 所示为电磁式，图 5-22(b) 所示为永磁式。除传统式直流伺服电动机，还有低惯量式直流伺服电动机，它有无槽、杯形、圆盘、无刷电枢等种类。直流伺服电动机的特点见表 5-1。

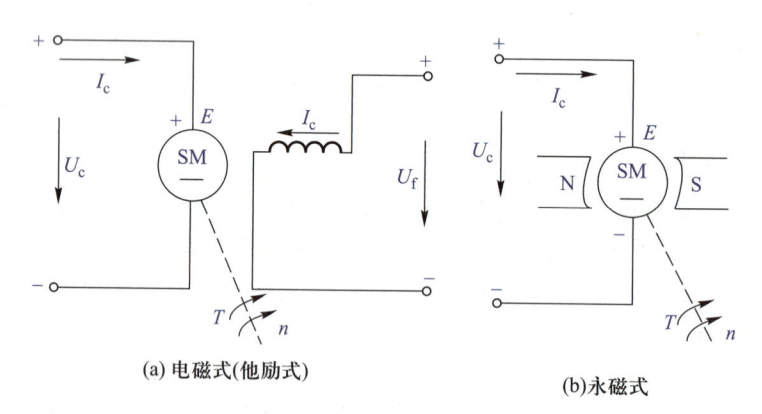

(a) 电磁式(他励式)　　(b) 永磁式

图 5-22 直流伺服电动机的接线图

表 5-1 直流伺服电动机的特点

| 名称 | 励磁方式 | 产品型号 | 结构特点 | 性能特点 |
| --- | --- | --- | --- | --- |
| 一般直流执行电动机 | 电磁或永磁 | SZ 或 SY | 与普通直流电动机相同，但电枢铁心长度与直径之比大一些，气隙较小 | 具有下垂的机械特性和线性的调节特性，对控制信号响应快 |

续表

| 名称 | 励磁方式 | 产品型号 | 结构特点 | 性能特点 |
|------|---------|---------|---------|---------|
| 无槽电枢直流执行电动机 | 电磁或永磁 | SWC | 电枢铁心为光滑圆柱体,电枢绕组用环氧树脂黏在电枢铁心表面,气隙较大 | 具有一般直流执行电动机的特点,而且转动惯量和机电时间常数小,换向性良好 |
| 空心杯形电枢直流执行电动机 | 永磁 | SYK | 电枢绕组用环氧树脂浇注成杯形,置于内、外定子之间,内、外定子分别用软磁材料和永磁材料做成 | 除具有一般直流执行电动机的特点外,转动惯量和机电时间常数小、低速运行平稳、换向性好 |
| 圆盘形直流执行电动机 | 永磁 | SN | 在圆盘形绝缘薄板上印制裸露的绕组构成电枢,磁极轴向安装 | 转动惯量小、机电时间常数小、低速运行性能好 |
| 无刷直流执行电动机 | 永磁 | SW | 由晶体管开关电路和位置传感器代替电刷和换向器,转子用永磁铁做成,电枢绕组在定子上且做成多相式 | 既保持了一般直流执行电动机的优点,又克服了换向器和电刷带来的缺点。另外,其寿命长、噪声低 |

（2）直流伺服电动机的控制及特性

电磁式直流伺服电动机的工作原理和他励式直流电动机相同。他励式直流伺服电动机的机械特性公式与他励式直流电动机的机械特性公式相同,即

$$n = \frac{U_c}{K_e \Phi} - \frac{R}{K_e K_m \Phi^2} T \qquad (5-3)$$

式中,$U_c$ 为电枢控制电压;$R$ 为电枢回路电阻;$\Phi$ 为每极磁通;$K_e$、$K_m$ 为电动机结构常数。

由式 5-3 可以看出,改变电枢控制电压 $U_c$ 或改变磁通 $\Phi$ 都可以控制直流伺服电动机的转速和转向,前者称为电枢控制,后者称为磁场控制。由于电枢控制具有响应迅速、机械特性硬、调速特性线性度好等优点,因此在实际生产中大都采用电枢控制方式(永磁式伺服电动机,只能采用电枢控制)。

如图 5-23 所示为直流伺服电动机的机械特性曲线,其中 $U_f$ 为常数。可以看出,机械特性是一组平行的直线,理想空载转速与控制电压成正比,启动转矩(堵转转矩)也与控制电压成正比,机械特性是下垂的直线,故启动转矩也是最大转矩。在一定负载转矩下,当磁通 $\Phi$ 不变时,如果升

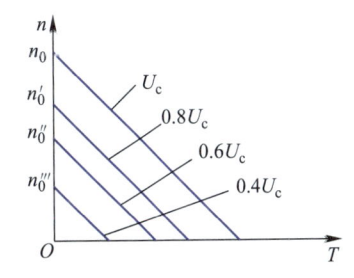

图 5-23　直流伺服电动机的机械特性曲线

高电枢电压 $U_c$,电动机的转速就上升,反之,转速下降,当 $U_c=0$ 时,电动机立即停止转动,因此无"自转"现象。

直流伺服电动机和交流伺服电动机被广泛应用于自动控制系统中,各有其特点。就机械特性和调节特性相比,前者的堵转转矩大、特性曲线线性度好、机械特性较硬;后者特性曲线为非线性,这将影响到系统的动态精度。一般来说,机械特性的非线性度越大,系统的动态精度越低。

交流伺服电动机中负序磁场的存在会产生制动转矩,使得电动机的损耗增大,电磁转矩减小。当输出功率相同时,交流伺服电动机的体积大、质量大、效率低,只适用于小功率系统,其输出功率为 0.1~100 W,电源频率有 50 Hz、400 Hz 等几种,其中最常用的在 30 W 以下。而对于功率较大的控制系统则普遍采用直流伺服电动机,其输出功率为 1~600 W,但也有的可达数千瓦。

### 5.2.3 伺服电动机的应用

**1. 直流和交流伺服电动机的比较**

(1) 直流伺服电动机由于有电刷和换向器,因而结构复杂,制造麻烦,维护困难;换向器还能引起无线电干扰。而交流伺服电动机结构简单,运行可靠,维护方便。故在确定系统中优先考虑。

(2) 直流伺服电动机和交流伺服电动机就机械特性和调节特性相比,前者的堵转转矩大,机械特性较硬。

(3) 直流伺服电动机特性曲线线性度好,而交流伺服电动机后者特性曲线为非线性的,这将影响到系统的动态精度。一般来说,机械特性的非线性度越大,系统的动态精度越低。

(4) 交流伺服电动机中负序磁场的存在会产生制动转矩,使得电动机的损耗增大,电磁转矩减小。当输出功率相同时,交流伺服电动机的体积大、质量重、效率低。两相交流伺服电动机输出功率为 0.1~100 W,电源频率有 50 Hz、400 Hz 等。而对于功率较大的控制系统则采用直流伺服电动机,其输出功率为 1~600 W,有的也可达数千瓦。

**2. 交流伺服电动机的应用**

前面介绍了交流伺服电动机的转子分为笼型转子和空心杯形转子两种。笼型转子的交流伺服电动机和空心杯形转子的交流伺服电动机原理相同。空心杯形转子的伺服电动机转子质量轻,惯性小,启动电压低,对信号反应快,调速范围宽,多应用于运行平滑的系统中;但目前用得最多的还是笼型转子交流伺服电动机,多应用于小功率的自动控制系统中。

根据交流伺服电动机的原理可知,交流伺服电动机可以方便地利用控制电压 $U_k$ 来进行起、停和转速、转向的控制。它是控制系统中的原动机,广泛应用于各种控制系统当中。例如雷达系统中扫描天线的旋转,流量和温度控制中阀门的开启,数控机床中刀具运动,甚至连船舶的方向舵与飞机驾驶盘的控制都是用伺服电动机来带动的。如图 5-24 所示的为交流伺服电动机在自动控制系统中的典型应用方框图。

**3. 直流伺服电动机的应用**

前面我们介绍了直流伺服电动机可分为电磁式和永磁式两种。电磁式又分为他

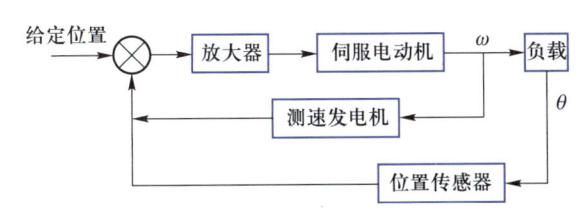

图 5-24 交流伺服电动机典型应用方框图

励式、并励式和串励式(一般多用他励式);永磁式采用永久磁铁产生磁场。低惯量式直流伺服电动机又分无槽、杯形、圆盘、无刷电枢几种,它们的应用见表 5-2 所示。

表 5-2 直流伺服电动机的应用范围

| 名称 | 励磁方式 | 产品型号 | 适用范围 |
| --- | --- | --- | --- |
| 一般直流执行电动机 | 电磁或永磁 | SZ 或 SY | 一般直流伺服系统 |
| 无槽电枢直流执行电动机 | 电磁或永磁 | SWC | 需要快速动作、功率较大的直流伺服系统 |
| 空心杯形电枢直流执行电动机 | 永磁 | SYK | 需要快速动作的直流伺服系统 |
| 印制绕组直流执行电动机 | 永磁 | SN | 低速和启动、反转频繁的控制系统 |
| 无刷直流执行电动机 | 永磁 | SW | 要求噪声低、对无线电不产生干扰的控制系统 |

### 4. 伺服电动机的应用领域

总的说来,伺服电动机应用广泛,如 ATM 机、喷绘机、刻字机、喷涂设备、医疗仪器设备、计算机外设、精密仪器、工业控制系统、办公自动化、机器人等领域,具体应用见表 5-3。

表 5-3 伺服电动机的应用

| 加工机械 | 工厂自动化 | 医疗机械 | 机器人 | 自动组装机 | 半导体制造 | 部件组装 | 纺织机械 |
| --- | --- | --- | --- | --- | --- | --- | --- |
| 铣床<br>车床<br>磨床<br>数控机床 | 食品加工<br>食品包装<br>自动仓库<br>搬运机械<br>印刷机械<br>成型机 | CT 设备<br>人造器官 | 弧焊机器人<br>点焊机器人<br>搬运机器人<br>喷涂机器人 | 绕线机<br>生产线 | 晶片机械<br>清洗设备<br>化学气相沉积设备 | 芯片安装<br>插装机<br>焊接机 | 编织机<br>纺织设备 |

## 5.2.4 伺服电动机的主要性能指标与技术指标

自从德国 Rexroth 公司在 1978 年汉诺威贸易博览会上正式推出 MAC 永磁交流伺服电动机和驱动系统,标志着新一代交流伺服技术已进入实用化阶段。到 20 世纪 80 年代中后期,各公司都已有完整的系列产品,整个伺服装置市场都转向了交流系统。

早期的模拟系统在诸如零漂、抗干扰、可靠性、精度和柔性等方面存在不足,尚不能完全满足运动控制的要求。近年来随着微处理器、新型数字信号处理器(DSP)的应用,出现了数字控制系统,控制部分可完全由软件进行。到目前为止,高性能的电伺服系统大多采用永磁同步交流伺服电动机,控制驱动器多采用快速、准确定位的全数字位置伺服系统。

交流伺服系统的主要控制目标是输出值迅速跟踪指令值的变化。应用场合不同,对伺服系统的具体要求也会有所差异,但是大体要求是基本一致的,具体来说,在机电一体化产品中,对交流伺服系统的性能指标主要包括以下几个方面。

1. 定位精度

控制系统最终定位点与指定目标值之前的静态误差即为定位精度,定位精度是评价位置伺服系统定位准确度的一个关键指标。对自带码盘、性能优异的交流伺服系统而言,应当满足±1个脉冲的定位精度要求。

2. 重复定位精度

这是伺服电动机多次移动到同一位置时的能力,通常以 mm 或 μm 表示,它测量了伺服电动机在不同时刻返回相同位置的一致性。

3. 调速范围

调速范围即电动机最高转速与最低转速之比,用 $D$ 表示:

$$D = n_{max}/n_{min} \tag{5-4}$$

式中,$n_{max}$ 为最高转速,$n_{min}$ 为最低转速。通常 $D \geq 10\,000$ 时,才能满足低速加工和高速返回的要求。

4. 调速静态特性

对绝大多数负载来说,机械特性越硬,负载变化时的速度瞬态变化越小,工作越稳定,所以希望机械特性越硬越好。

5. 调速动态特性

动态特性,即速度变化的暂态特征,主要包括两个方面:一是升速和降速过程是否快捷、灵敏且无超调,这就要求电动机转子惯量小、转矩惯量比大、单位体积有较大的电动机转矩输出;二是当负载突然增大或者减小时,系统的转速能否有自动调节功能,迅速恢复。三是系统低速时转速脉动大小。

6. 效率及经济性

调速的经济性、伺服系统的运行效率、系统的故障率等也是高性能交流伺服系统常用的性能指标。

另外,系统低速时转速脉动大小、调速的经济性、伺服系统的运行效率、系统的故障率等也是高性能交流伺服系统常用的性能指标。

## 5.2.5 交流伺服电动机与步进电动机的性能比较

交流伺服电动机与步进电动机性能相比,有以下几个方面的不同。

1. 控制精度不同

步进电动机的控制精度与步距角密切相关。两相步进电动机的步距角为 1.8°,三相混合式步进电动机及驱动器,可以用细分控制来实现步距角为 1.8°、0.9°、0.72°、0.36°、0.18°、0.09°、0.072°、0.036°,兼容了两相和五相步进电动机的步距角。交流伺服电动机的控制精度由电动机后端的编码器保证。如对带标准 2 500 线编码器的电动机而言,驱动器内部采用4倍频技术,则其脉冲当量为360°/10 000 = 0.036°;对于带17位编码器的电动机而言,驱动器每接收 $2^{17}$ = 131 072 个脉冲,电动机转一圈,即其脉冲当量为 360°/131 072 = 0.002 746 58°,是步距角为 1.8° 的步进电动机脉冲当量的 1/655。相对来说,交流伺服电动机的控制精度更高。

2. 低频特性不同

两相混合式步进电动机在低速运转时易出现低频振动现象;交流伺服电动机运转非常平稳,即使在低速时也不会出现低频振动现象。

3. 矩频特性不同

步进电动机的输出力矩随转速升高而下降,且在较高速会急剧下降;交流伺服电动机为恒力矩输出,即在额定转速(如 3 000 r/min)以内,都能输出额定转矩。

4. 过载能力不同

步进电动机一般不具有过载能力,而交流伺服电动机有较强的过载能力,一般最大转矩可为额定转矩的 3 倍,可用于克服惯性负载在启动瞬间的惯性力矩。正是因为没有这种过载能力,步进电动机在选型时为了克服这种惯性力矩,往往需要选取较大转矩的电动机,这样一来,便出现了力矩浪费的现象。

5. 运行性能不同

步进电动机一般采用开环控制方式,启动频率过高或负载过大,易出现丢步或堵转的现象;停止时如转速过高,易出现过冲的现象。所以为保证步进电动机的控制精度,应处理好启动和停止时的升、降速问题。交流伺服驱动系统采用闭环控制方式,内部构成位置环和速度环,一般不会出现丢步或过冲现象,控制性能更为可靠。

6. 速度响应性能不同

步进电动机从静止状态加速到工作速度(一般为几百转/分钟)需要 0.2~0.4 s;交流伺服驱动系统的加速性能较好,从静止加速到工作速度(如 3 000 r/min),一般仅需几毫秒,因此,伺服电动机适用于快速启动的控制场合。

7. 效率指标不同

步进电动机的运行效率比较低,一般在 60% 以下;交流伺服电动机的效率比较高,一般在 80% 以上。因此,步进电动机浪费的能量都转化成了热量,其温升就比交流伺服电动机的高很多。

## 任务实施

### 5.2.6 伺服电动机的铭牌分析与选型

交流伺服电动机一般为永磁同步伺服电动机,采用高性能优质稀土永磁材料、优化的电磁设计、高精度传感器(如光电编码器),具有运行平稳、低速性能好、控制精度高、响应速度快、过载能力强、电磁噪声低、使用寿命长等优点,非常适用于高精度数控机床的进给控制,以及自动化生产线、专用设备等工业控制自动化领域。

1. 伺服电动机的铭牌数据

不同厂家、品牌的交流伺服电动机铭牌标注方式各有一定的差异,但主要包括电动机型号、电压规格、额定转速、额定转矩等。其中电动机型号一般包含电动机类型、额定功率、反馈方式等信息。

以某公司某型号交流伺服电动机举例：

$$\underset{①}{110} \quad \underset{②}{SJT} \quad \underset{③}{-B} \quad \underset{④}{-M} \quad \underset{⑤}{040} \quad \underset{⑥}{30}$$

其中，① 电动机机座号；② 交流伺服同步电动机；③ 有：电动机带键槽，无：电动机不带键槽；④ 光电编码器反馈；⑤ 电动机零速转矩：数值×0.1 N·m；⑥ 额定转速：数值×100 r/min。

铭牌数据也可查阅相关技术手册获得详细信息，如前举例的某公司110系列电动机的主要技术参数可通过查表5-4所示的参数获得。

表5-4 110系列电动机主要技术参数

| 型号 | 110SJT-M04030 | 110SJT-M06025 |
| --- | --- | --- |
| 额定功率/kW | 11.2 | 1.5 |
| 输入电压/V | AC 220 三相 | AC 220 三相 |
| 零速转矩/(N·m) | 4 | 6 |
| 额定电流/A | 5 | 7 |
| 额定转矩/(N·m) | 4 | 6 |
| 最大转矩/(N·m) | 12 | 18 |
| 额定转速/(r/min) | 2 500 | 2 500 |
| 最高转速/(r/min) | 3 300 | 3 000 |
| 转动惯量/(kg·m$^2$) | 0.66×10$^{-3}$ | 1.0×10$^{-3}$ |
| 质量/kg | 6.2 | 8.0 |
| 编码器线数 | 131 072线/5 000线 | |

2. 伺服电动机的选型分析

伺服系统的动力选用是在一般机械设计基础上进行的，其目的是确定伺服电动机的型号以及电动机与机械系统的参数相互匹配。

本项目的冲压机床进给部分要求负载速度 $v_L \geq 15$ m/min，重复定位次数 $n \geq 40$ 次/min，定位精度小于0.01 mm，采用X轴、Y轴十字滑台进给方式，滚珠丝杠螺距为5 mm。要求由PLC控制，有工作状态指示，完成运动控制系统的设计。分析可知，系统对位置精度、重复定位精度、移动速度、控制偏差等都有较高的要求，因此，需要选用闭环伺服运动控制系统。首先要通过计算分析，进行伺服电动机的选型。冲压机床伺服系统进给部分的X方向丝杠如图5-25图所示。设备参数如表5-5所示。

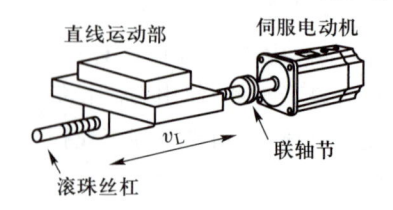

图5-25 冲压机床伺服系统进给部分X方向丝杠示意图

表 5-5 设 备 参 数

| 项目 | 数值 | 项目 | 数值 |
| --- | --- | --- | --- |
| 丝杠长度 | $l_B = 800$ mm | 平台运动质量 | 80 kg |
| 负载速度 | $v_L = 15$ m/min | 联轴器质量 | $m_c = 0.3$ kg |
| 联轴器的外径 | $D_c = 30$ mm | 进给次数 | $n = 40$ 次/min |
| 滚珠丝杠直径 | $d_B = 16$ mm | 进给长度 | $l = 250$ mm |
| 滚珠丝杠导程 | $P_B = 5$ mm | 进给时间 | $t_m = 1.2$ s 以下 |
| 滚珠丝杠材质密度 | $\rho = 7.87 \times 10^3$ kg/m³ | 电气停止精度 | $\delta \leq \pm 0.01$ mm |
| 机械效率 | $\eta = 0.9$ | 摩擦系数 | $\mu = 0.2$ |

伺服电动机的选型可以按照以下原则：扭矩、速度到达运动控制系统的要求，转子惯量与负载惯量相匹配。

① 电动机的最大转速>系统所需的最高移动转速。

② 电动机的转子惯量与负载惯量相匹配。负载惯量=电动机的旋转惯量×适合的惯量比。

③ 连续负载工作扭力≤电动机额定扭力 。一般留有 20% 的余量。

④ 电动机最大输出扭力>系统所需最大扭力（加速时扭力）。一般留有 20% 的余量。

⑤ 编码器的分辨率。编码器的分辨率要满足系统的规格要求。

⑥ 环境要求。环境温度、湿度、气压及振动冲击等，要满足商品的规格要求。

3. 伺服电动机的选型计算

选型计算遵循步骤如图 5-26 所示。

（1）电动机转速的确定

① 运动曲线及速度。伺服电动机按图 5-27 所示的速度线图运动。

运动周期，即每次运动时间 $t = 60/n$ s = 60/40 s = 1.5 s。

假设脉冲指令加速和减速的时间 $t_a = t_d$，脉冲停止到运行实际速度停止时间差 $t_s = 0.1$ s。

假设运动部件返回行程所用时间为工作行程的 1/4，则工作行程时间 $t_m = 1.2$ s。

所以 $t_a = t_m - t_s - \dfrac{60 \times l}{v_L} = 1.2$ s $- 0.1$ s $- \dfrac{60 \times 0.25}{15}$ s $= 0.1$ s。

工作行程脉冲指令匀速控制时间 $t_c = 60 \times l / v_L = 60 \times 0.25/15$ s $= 1.0$ s。

② 旋转速度确定。负载轴的旋转速度 $n_L = \dfrac{v_L}{P_B} =$

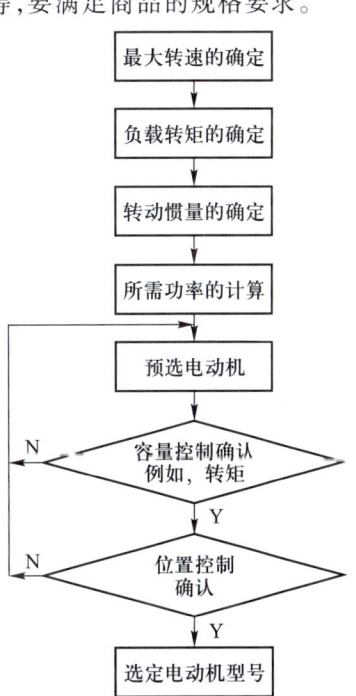

图 5-26 伺服电动机选型步骤

$\dfrac{15}{0.005}$ r/min = 3 000 r/min。

由于联轴器直接连接,减速比为 $i = n_m/n_L = 1/1$,所以电动机轴的旋转速度

$n_m = n_L \times i = 3\,000 \times 1$ r/min = 3 000 r/min。

(2) 转矩的确定

转矩选择的依据是电动机工作的负载,而负载可分为惯性负载和摩擦负载两种。直接启动时(一般由低速)两种负载均要考虑,加速启动时主要考虑惯性负载,恒速运行只要考虑摩擦负载。

负载(摩擦)转矩。负载转矩计算公式为:

$$T_L = \dfrac{9.8\mu \cdot m \cdot P_B}{2\pi\eta} \times \dfrac{1}{i} \tag{5-5}$$

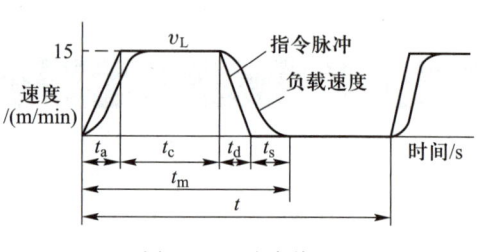

图 5-27 速度线图

所以 $T_L = \dfrac{9.8\mu \cdot m \cdot P_B}{2\pi\eta i} = \dfrac{9.8 \times 0.2 \times 80 \times 0.005}{2\pi \times 0.9 \times 1}$ N·m = 0.139 N·m。

(3) 转动惯量的计算

① 滚珠丝杠驱动的直线运动部件转动惯量 $J_{L1}$ 为:

$$J_{L1} = m \times \left(\dfrac{P_B}{2\pi} \times \dfrac{1}{i}\right)^2 \tag{5-6}$$

$J_{L1} = m \times \left(\dfrac{P_B}{2\pi} \times \dfrac{1}{i}\right)^2 = 80 \times \left(\dfrac{0.005}{2 \times 3.14} \times \dfrac{1}{1}\right)^2$ kg·m² = 0.507×10⁴ kg·m²

② 滚珠丝杠和联轴器的转动惯量分别为 $J_B$、$J_C$,因为圆柱绕轴心的转动惯量为:

$$J = \dfrac{1}{2}mr^2 = \dfrac{1}{2}m \times \left(\dfrac{d}{2}\right)^2 = \dfrac{1}{8}md^2 \tag{5-7}$$

所以 $J_B = \dfrac{1}{8}m_B d^2 = \dfrac{1}{8} \times \left[\rho \times l_B \times \pi\left(\dfrac{d_B}{2}\right)^2\right] \times d_B^2 = \dfrac{\pi\rho \times l_B \times d_B^4}{32}$

$= \dfrac{\pi\rho \times l_B \times d_B^4}{32} = \dfrac{3.14 \times 7.87 \times 10^3 \times 0.8 \times 0.016^4}{32}$ kg·m² = 0.405×10⁴ kg·m²

$J_C = \dfrac{1}{8}m_C d_C^2 = \dfrac{1}{8} \times 0.3 \times 0.03^2$ kg·m² = 0.338×10⁴ kg·m²

③ 电动机轴换算负载转动惯量为:

$J_L = J_{L1} + J_B + J_C = 1.25 \times 10^4$ kg·m²

(4) 功率的计算

① 负载行走功率 $P_0$。因为 $P = T\omega$,所以

$P_0 = T_L \omega = T_L \dfrac{2\pi n_m}{60} = \dfrac{0.139 \times 2\pi \times 3\,000}{60}$ W = 43.7 W

② 负载加速功率 $P_a$。因为 $T_J = J_L \varepsilon = J_L \dfrac{d\omega}{dt} = J_L \dfrac{\Delta\omega}{\Delta t} = J_L \dfrac{\omega_m - 0}{t_a}$,所以有:

$$T_J = J_L \dfrac{\omega_m}{t_a} = J_L \cdot \dfrac{2\pi n_m}{60 \times t_a}, P_a = T_J \cdot \omega = J_L \dfrac{\omega_m^2}{t_a} \tag{5-8}$$

$$P_\text{a} = \frac{J_\text{L}}{t_\text{a}}\left(\frac{2\pi n_\text{m}}{60}\right)^2 = \frac{1.25\times 10^{-4}}{0.1}\left(\frac{2\times 3.14\times 3\,000}{60}\right)^2 \text{ W} = 123.4 \text{ W}$$

(5) 预选伺服电动机

① 选定条件如下：

$T_\text{L}$ ≤ 电动机额定转矩；

$(P_0 + P_\text{a})/2 <$ 预选电动机的额定功率 $< P_0 + P_\text{a}$；

$n_\text{m}$ ≤ 电动机额定转速；

$J_\text{L}$ ≤ 允许负载转动惯量。

根据伺服条件，可以暂定 S-1FL6-01A 伺服电动机。

② 根据选择的伺服电动机，列出如下主要参数：

额定输出：100 W

额定转速：3 000 min/min

额定转矩：0.318 N·m

瞬时最大转矩：1.11 N·m

电动机转子转动惯量 $J_\text{M}$：$0.066\,5\times 10^{-4}$ kg·m$^2$

容许负载转动惯量：$0.066\,5\times 10^{-4}\times 20$ kg·m$^2$ = $1.33\times 10^{-4}$ kg·m$^2$

编码器分辨率：20 bit(1 048 576 P/rev)

(6) 预选伺服电动机转矩的确认

① 根据式(5-8)可得加速时所需的转矩 $T_\text{P}$：

$$T_\text{P} = T_\text{a} + T_\text{L} = (J_\text{M} + J_\text{L})\frac{\omega_\text{m}}{t_\text{a}} + T_\text{L} = (J_\text{M} + J_\text{L})\cdot\frac{2\pi n_\text{m}}{60\times t_\text{a}} + T_\text{L}$$

$$= (0.066\,5 + 1.25)\times 10^{-4}\frac{2\times 3.14\times 3\,000}{60\times 0.1} \text{ N}\cdot\text{m} + 0.139 \text{ N}\cdot\text{m}$$

$$= 0.552 \text{ N}\cdot\text{m} < 1.11 \text{ N}\cdot\text{m}$$

加速所需要的转矩小于电动机瞬时最大转矩，所选电动机可用。

② 减速所需要转矩 $T_\text{S}$：

$$T_\text{S} = T_\text{d} - T_\text{L} = (J_\text{M} + J_\text{L})\frac{\omega_\text{m}}{t_\text{d}} - T_\text{L} = (J_\text{M} + J_\text{L})\cdot\frac{2\pi n_\text{m}}{60\times t_\text{d}} - T_\text{L}$$

$$= (0.066\,5 + 1.25)\times 10^{-4}\frac{2\times 3.14\times 3\,000}{60\times 0.1} \text{ N}\cdot\text{m} - 0.139 \text{ N}\cdot\text{m}$$

$$= 0.275 \text{ N}\cdot\text{m} < 1.11 \text{ N}\cdot\text{m}$$

减速所需要转矩小于电动机瞬时最大转矩，所选电动机可用；

③ 有效转矩 $T_\text{rms}$。当工作机械作频繁启动、制动时，应检查电动机是否过热，为此需计算在一个周期内电动机转矩的均方根值(有效转矩 $T_\text{rms}$)，并且应使此均方根值小于电动机的连续转矩。计算公式为：

$$T_\text{rms} = \sqrt{\frac{T_\text{P}^2\cdot t_\text{a} + T_\text{L}^2\cdot t_\text{c} + T_\text{S}^2\cdot t_\text{d}}{t}} \tag{5-9}$$

式中：$T_\text{P}$ 为加速转矩，$T_\text{L}$ 为摩擦转矩(一般为匀速负载)，$T_\text{S}$ 为减速转矩；$t_\text{a}$、$t_\text{c}$、$t_\text{d}$ 分别为各转矩的时间，$t$ 为一个周期的时间。

$$T_{rms} = \sqrt{\frac{(0.552)^2 \times 0.1 + (0.139)^2 \times 1.0 + (0.257)^2 \times 0.1}{1.5}} = 0.16 \text{ N·m} < 0.318 \text{ N·m}$$

所需有效转矩小于电动机额定转矩,所选电动机可用。

根据上述步骤预选的伺服电动机在容量上符合使用条件。

(7) 位置精度控制确认

① PG 反馈脉冲的分频比——电子齿轮 $k = B/A$ 的设定

电子齿轮是常用的伺服控制参数,能够对伺服接收到的上位机脉冲频率进行放大或者缩小。其中一个参数为分子 $B$,为电动机编码器的分辨率;一个为分母 $A$,为电动机旋转一圈所需要的脉冲数。如果分子大于分母就是放大,如果分子小于分母就是缩小。

已知编码器分辨率为 20 位,则每转反馈脉冲数为 $2^{20}$,即:1 048 576 P/rev。根据电气停止精度 $\delta = \pm 0.01$ mm,将位置检测单位设为 $\Delta l = 0.01$ mm/pulse(毫米/脉冲),则丝杠转一周所需要的脉冲数为 $P_B/\Delta l$,引入电子齿轮 $k = (B/A)$,所以有:

$$\frac{P_B}{\Delta l} \times \frac{B}{A} = \frac{5}{0.01} \times \frac{B}{A} = 1\ 048\ 576$$

$$k = B/A = 1\ 048\ 576/500$$

② 指令脉冲频率。

$$v_s = \frac{1\ 000 v_L}{60 \times \Delta l} = \frac{1\ 000 \times 15}{60 \times 0.01} \text{ pulse/s} = 25\ 000 \text{ pulse/s}$$

③ 偏差计数器滞留脉冲。在保证位置环系统稳定工作,位置不超差(过冲)的前提下,增大位置环的增益,以减小位置滞后量。伺服单元位置环的响应性由位置环增益决定。位置环增益的设定越高,则响应性越高,定位时间越短。一般来说,不能将位置环增益提高到超出机械系统固有振动数的范围。

将位置环增益设为 $K_P = 500(1/\text{s})$,则 $\varepsilon = \frac{v_s}{K_P} = \frac{25\ 000}{500}$ pulse = 50 pulse。

④ 电气停止精度。

$$\pm \delta' = \pm \frac{\varepsilon}{\text{伺服单元控制范围} \times \frac{n_m}{n_L}} = \pm \frac{50}{5\ 000 \times \frac{3\ 000}{3\ 000}} \text{ mm} = \pm 0.01 \text{ mm},比较电气停止设$$

计精度 $\delta = \pm 0.01$ mm,满足定位精度要求。

通过上述步骤,在位置控制方面,预选的伺服电动机也可供使用。

4. 伺服电动机的使用

在使用交流伺服电动机时应注意以下方面的安全措施。

(1) 伺服电动机内安装有光电编码器,安装时严禁敲打电动机;用户不得擅自拆装光电编码器,否则有可能破坏光电编码器导致电动机无法正常运行。

(2) 电动机从速度为 0 到最高速空载运行过程中,应无异常噪声和震动,方可投入负载运行。

(3) 电动机在运转过程中,切勿触摸运转中的电动机轴以及电动机外壳。

(4) 只有专业人员才能调整、维护电动机。

(5) 确保电动机保护接地牢固可靠。

## 5.2.7 伺服驱动器的选型

高性能的伺服系统大多数采用永磁交流伺服系统,其中包括永磁同步交流伺服电动机和全数字交流永磁同步伺服驱动器两部分,如图 5-28 所示。

**1. 交流永磁同步伺服驱动器原理**

交流伺服电动机内部的转子是永磁铁,驱动器控制的 U/V/W 三相电形成电磁场,转子在此磁场的作用下转动,同时电动机自带的编码器反馈信号给驱动器,驱动器根据反馈值与目标值进行比较,调整转子转动的角度。伺服电动机的精度取决于编码器的精度(线数)。

交流永磁同步伺服驱动器主要有伺服控制单元、功率驱动单元、通信接口单元、伺服电动机及相应的反馈检测器件组成,其中伺服控制单元包括位置控制器、速度控制器、转矩和电流控制器等,其结构如图 5-29 所示。

图 5-28 永磁同步交流伺服电动机和全数字交流永磁同步伺服驱动器

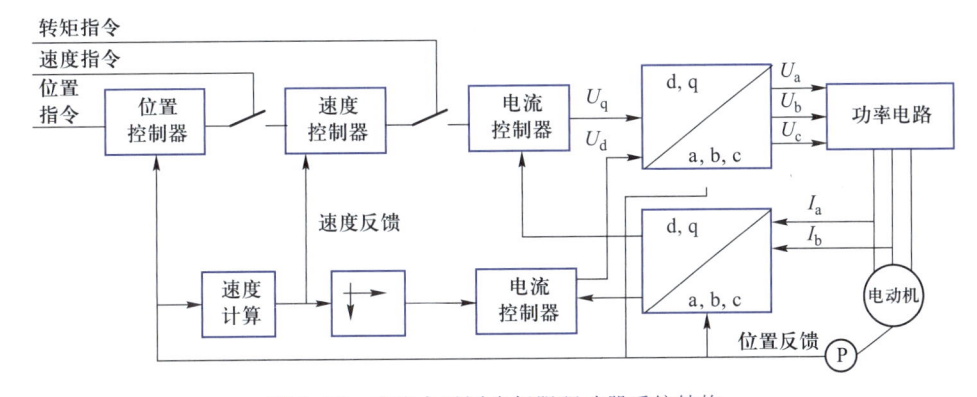

图 5-29 交流永磁同步伺服驱动器系统结构

功率驱动单元电路以智能功率模块(IPM)为核心,具有过电压、过电流、过热、欠压等故障检测保护电路,在主回路中还加入软启动电路,以减小启动过程对驱动器的冲击。

功率驱动单元首先通过整流电路对输入的交流电进行整流,得到相应的直流电;再通过三相正弦 PWM 电压型逆变器变频来驱动三相永磁式同步交流伺服电动机。

**2. 交流伺服驱动器的控制模式**

交流伺服驱动器通常有位置控制、速度控制和转矩控制 3 种控制模式。

(1) 位置控制模式。一般是通过外部输入脉冲的频率来确定转动速度的大小,通过脉冲的个数来确定转动的角度,也有些伺服驱动器可以通过通信方式直接对速度和位移进行赋值。位置模式对速度和位置都有很严格的控制,所以它是一个三闭环控制系统,两个内环分别是电流环和速度环。这样的系统结构提高了系统的快速性、稳定性和抗干扰能力。在足够高的增益下,系统的稳态误差接近为零。这就是说,在稳态时,伺服电动机以指令脉冲和反馈脉冲近似相等时的速度运行。应用领域如数控机床、印刷机械等。

(2) 速度控制模式。通过模拟量的输入或脉冲的频率进行电动机轴转动速度的控制。

(3) 转矩控制模式。是通过外部模拟量的输入或直接的地址赋值来设定电动机轴对外的输出转矩的大小。主要用在对材质的受力有严格要求的缠绕和放卷的装置中,如绕线装置或拉光纤设备,转矩的设定要根据缠绕的半径变化随时更改,以确保材质的受力不会随着缠绕半径的变化而改变。

### 3. 位置控制模式下电子齿轮的概念

在位置控制模式下,等效单闭环系统方框图如图 5-30 所示。

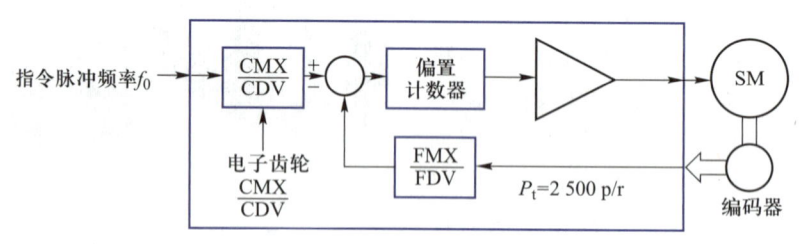

图 5-30 等效单闭环系统方框图

指令脉冲信号和电动机编码器反馈脉冲信号进入驱动器后,均通过电子齿轮变换才进行偏差计算。电子齿轮实际是一个分-倍频器,合理搭配它们的分-倍频值,可以灵活地设置指令脉冲的行程。指令脉冲和反馈脉冲之间的关系为:

$$CMR = \frac{反馈脉冲}{指令脉冲} \times DMR \tag{5-10}$$

式中:CMR 为指令倍乘比(指令脉冲电子齿轮),DMR 为检测倍乘比(反馈脉冲电子齿轮)。

例如,驱动器反馈脉冲电子齿轮分-倍频值为 4 倍频,电动机编码器反馈脉冲为 2 500 pulse/rev,则驱动器细分为 10 000。即 PLC 每输出 10 000 个脉冲,伺服电动机旋转一周。

### 4. 伺服驱动器的选型

(1) 选型原则

① 电动机类型。根据直流或交流伺服电动机配套相应的驱动器,如果是交流伺服电动机,首先要确定是 220 V 交流伺服电动机,还是 380 V 三相交流伺服电动机。

② 电动机额定电压。驱动器要配套电动机额定电压,电动机额定电压通常在电动机铭牌或数据手册上可找到。常见的电动机额定电压有 6 V、12 V、24 V、36 V、48 V、60 V、110 V、220 V、380 V 等。

③ 电动机额定电流或功率。电动机运行的电流要小于或等于驱动器额定电流,大功率驱动器可以带动小功率电动机,但是浪费。

电动机硬启动的启动电流约等于电动机堵转电流。堵转电流通常为额定电流的 3~5 倍。如额定电流 2 A 的电动机,堵转电流可能在 6 A 以上,如果超过了就可能烧毁驱动电路。

④ 控制方式。根据需求选用脉冲控制的或通信接口控制的驱动器。伺服驱动器

常采用的通信接口包括 CAN 总线、Modbus、RS 232/485、以太网等,需要根据实际通信需求选择合适的通信接口和伺服驱动器型号。

⑤ 控制精度。控制精度是伺服驱动器的重要性能指标之一,一般是以位置或速度为单位来衡量的。需要根据控制精度的要求选择合适的伺服驱动器,注意不要过度选择,以避免造成资源浪费。

⑥ 售后服务与维护。伺服驱动器的售后服务是选型时需要考虑的重要因素,需要考虑供应商提供的保修、技术支持和维修等服务,以确保使用过程中的顺利和可靠性。

(2) 确定伺服驱动器

本项目采用 PLC 脉冲控制模式,根据功率、电压等选用的原则选择驱动器,伺服电动机与相应的伺服驱动器的参数如表 5-6 所示。

表 5-6 伺服电动机与相应的伺服驱动器的参数

| 1 S-1FL6-01A 伺服电动机 ||||| 2 TSTA 15C 伺服驱动器 ||||
|---|---|---|---|---|---|---|---|---|
| | 额定功率/kW | 额定扭矩/Nm | 额定速度/(rpm) | 轴高/mm | 额定功率/kW | 电源电压 | 外形尺寸 | 订货号 |
| 高动态性能(低惯量) | 0.05 | 0.16 | 3000 | 20 | 0.10 | 200…240 V 1AC/3AC | FSA | 6SL3210-1U ☐ |
| | 0.10 | 0.32 | 3000 | | 0.10 | | | |
| | 0.20 | 0.64 | 3000 | 30 | 0.20 | | | 6SL3210-2U ☐ |
| | 0.40 | 1.27 | 3000 | | 0.40 | | FSB | 6SL3210-4U ☐ |
| | 0.75 | 2.39 | 3000 | 40 | 0.75 | | FSC | 6SL3210-8U ☐ |
| | 1.00 | 3.18 | 3000 | | 1.00 | 200…240 V 3AC | FSD | 6SL3210-0U ☐ |
| | 1.50 | 4.78 | 3000 | 50 | 1.50 | | | 6SL3210-5U ☐ |
| | 2.00 | 6.37 | 3000 | | 2.00 | | | 6SL3210-0U ☐ |

选择驱动器为东元 AC 伺服驱动器,型号为 TSTA 15 C,TSTA 为东元伺服 TSTA 系列;15 为驱动器种类,最大输出功率为 400 W;C 为驱动器输入电压,表示单/三相共用 AC 220 V 电压。

根据伺服电动机额定功率等参数,选择的具体型号为额定功率为 0.1 kW,电源电压为单/三相共用 AC 220~240 V 电压,订货号为 6SL3210 * * -1U。

5. 交流伺服驱动器的接线

本项目中伺服电动机用于定位控制,伺服驱动器选用位置控制模式即可。这里采用简化接线方式,接线如图 5-31 所示。

① R、S 电源输入接口:AC 220 V 电源连接到主电源端子 R、S,同时连接到控制电源端子 L、N 上。

② P;PC 端口:外置再生放电电阻器接口。

③ U、V、W 端子:用于连接电动机。

④ CN2 接口:连接到电动机编码器信号接口,连接电缆应选用带有屏蔽层的双绞电缆,屏蔽层应接到电动机侧的接地端子上,并且应确保将编码器电缆屏蔽层连接到插头的外壳 FG 上。

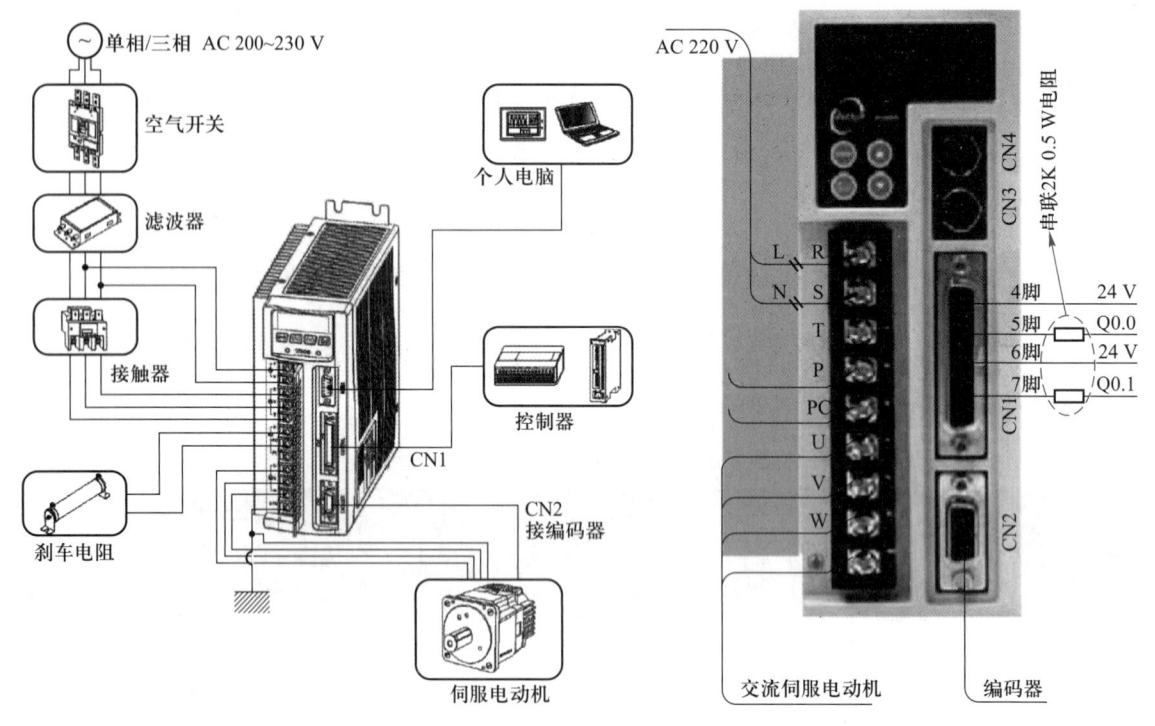

图 5-31 伺服驱动器接口和接线图

⑤ CN1 控制信号端口：PLC 可以通过高速口发脉冲，控制转速和转向。其部分引脚信号定义与选择的控制模式有关，不同模式下的接线参考 TSTA 系列伺服驱动器手册。

⑥ CN3 通信端口：用于工业总线或者工业以太网的连接，可以把设备接到电脑上或网络上。

接线注意事项：

（1）电动机输出端（端子 U、V、W）要正确连接；否则伺服电动机动作会不正常。交流伺服电动机的旋转方向不像感应电动机可以通过交换三相相序来改变。隔离线必须连接在 FG 端子上。

（2）接地应使用第 3 种接地（接地电阻值为 100 Ω 以下），而且必须单点接地。若希望电动机与机械之间为绝缘状态，应将电动机接地。

（3）伺服驱动器的输出端不要加装电容器，或过压（突波）吸收器及噪声滤波器。

（4）装在控制输出信号上的继电器，其过压（突波）吸收用的二极管的方向要连接正确，否则会造成故障，无法输出信号，也可能影响紧急停止的保护回路不产生作用。

（5）电动机接线：U 接红；V 接白；W 接黑。机械刹车控制线接细红 DC +24 V；细黄接 0 V。

（6）为了防止噪声造成的错误动作，应采取下列措施：

① 在电源上加入绝缘变压器及噪声滤波器等装置。

② 将动力线（电源线、电动机线等的强电回路）与信号线相距 30 cm 以上来配线，不要放置在同一配线管内。

③ 为防止不正确的动作，应设置"急停开关"以确保安全。

④ 在伺服电动机连接线及编码器连接线的极性方面要特别注意。

### 5.2.8 其他元器件的选型

根据任务要求分析,本项目主要是完成两个伺服电动机的速度和方向控制,此外还需要相应的输入、输出指示。主要元器件包括伺服电动机、伺服驱动器、断路器、熔断器、变压器、接触器、开关电源、PLC、中间继电器、按钮和指示灯等。

由于本项目电路设计与项目四有类似之处,在进行元器件选型时主要介绍与项目四不同之处。

#### 1. 中间继电器的选择

控制交流伺服电动机接触器通断的中间继电器,其额定电流较小,线圈电压为 24 V,可以选用普通型 JZ8-ZP 直流中间继电器,常开常闭触点各有 4 对,额定电流为 5 A,线圈电压为 24 V。

用于 PLC 急停控制的中间继电器,其额定电流很小,线圈电压为 24 V,选用普通型 JZ8-ZP 直流中间继电器,常开常闭触点各有 4 对,额定电流为 5 A,线圈电压为 24 V。

#### 2. 接触器的选择

根据接触器所控制负载回路的电压、电流及所需触点的数量来选择接触器。本项目用来控制交流伺服电动机(伺服驱动器)得电,伺服电动机额定功率为 100 W,额定电流为 1.1 A,堵转电流为 3~5 倍额定值,约 3.3~5.5 A。所以接触器电流选为 10 A,选择 CJ10-10 型接触器,主触点电流为 10 A,线圈电压为 220 V。

#### 3. 按钮的选择

上电按钮选择 LA18 型按钮,颜色为绿色;断电按钮选择 LA18 型按钮,颜色为红色;交流伺服电动机接通按钮,正反向移动按钮选择 LA18 型按钮,颜色为绿色;交流伺服电动机断开按钮选择 LA18 型按钮,颜色为红色。M1-SA1、M1-SA2 为通断钥匙开关,24 V 电压规格。M-SB1 为急停按钮。

#### 4. 电源部分元器件选型

电源部分的功能是把 AC 380 V 电源变为 AC 220 V 和 ADC 24 V 等控制用电,及短路、过载、过热、欠压等保护。包括断路器、熔断器、变压器和开关电源等元器件。在本项目中,开关电源主要为 PLC、伺服驱动器控制端和中间继电器等供电。计算选型过程参见交流电动机运动控制系统部分。

#### 5. 指示灯的选择

指示灯选用发光二极管,额定电压为 24 V,绿色、黄色、红色各一个,分别表示系统运行状态、停止状态和报警状态。

## 任务 3　程序设计与调试

### ■ 任务分析

根据本项目任务 1 的控制系统方案及电气原理图,以及本项目任务 2 的相应元器件选型,完成整个伺服运动控制系统的设计及调试。本任务包括 I/O 地址分配、编程,伺服驱动器参数设置与系统联调等工作，能够掌握编程、参数设置、系统调试的技能，并对整个伺服电动机控制系统项目的实施有一个完整的学习、实践过程。

■ **教学目标**

1. 知识目标
① 掌握 I/O 地址的分配规则；
② 熟悉 PLC 的软件编程及程序下载方法；
③ 掌握交流伺服驱动器的参数含义；
④ 掌握系统调试方法。

2. 技能目标
① 具有编程软件的应用能力；
② 具有交流伺服驱动器参数的设置与设备调试能力；
③ 具有系统联调与分析能力。

3. 素养目标
① 具有严谨、全面、高效、负责的职业素质；
② 具有查阅资料、勤于思考、勇于探索的良好作风；
③ 具有善于自学及归纳分析的学习能力。

## 任务实施

### 5.3.1 PLC 的 I/O 地址分配

本项目 I/O 地址分配表分为输入、输出两个部分，其中输入信号包括来自行程开关、传感器、按钮/开关等的主令信号，主要为伺服电动机常开接通按钮、常闭断开按钮、急停信号常开触点、伺服电动机正反向移动信号常开按钮和原点、行程开关信号；输出信号包括输出到伺服电动机的中间继电器的控制信号，输出到伺服电动机（驱动器）的脉冲信号和驱动方向信号，以及输出到反应系统工作状态的指示灯的信号。

基于前述方案及上述考虑，选用西门子 S7-1200 型 PLC。表 5-7 给出了 PLC 的 I/O 地址分配，I/O 接线原理见本项目任务 1。

表 5-7 I/O 地址分配表

| 序号 | 输入名称 | 输入地址 | 序号 | 输出名称 | 输出地址 |
| --- | --- | --- | --- | --- | --- |
| 1 | $X$ 方向正限位 | I1.0 | 1 | $X$ 轴电动机脉冲 | Q0.0 |
| 2 | $X$ 方向负限位 | I1.1 | 2 | $X$ 轴电动机方向 | Q0.1 |
| 3 | $X$ 轴原点 | I1.2 | 3 | $Y$ 轴电动机脉冲 | Q0.2 |
| 4 | $Y$ 方向正限位 | I1.3 | 4 | $Y$ 轴电动机方向 | Q0.3 |
| 5 | $Y$ 方向负限位 | I1.4 | 5 | 进给正常灯 | Q0.4 |
| 6 | $Y$ 轴原点 | I1.5 | 6 | 进给故障灯 | Q0.5 |
| 7 | $X$、$Y$ 轴电动机上电 | I2.0 | 7 | 进给系统上电 | Q2.0 |

续表

| 序号 | 输入名称 | 输入地址 | 序号 | 输出名称 | 输出地址 |
|---|---|---|---|---|---|
| 8 | 伺服电动机停止 | I2.1 | 8 | X轴电动机使能 | Q2.1 |
| 9 | X、Y轴电动机断电 | I2.2 | 9 | Y轴电动机使能 | Q2.2 |
| 10 | 进给系统回原点 | I2.3 | | | |
| 11 | 进给系统复位 | I2.4 | | | |
| 12 | 进给电动机启动 | I2.5 | | | |
| 13 | 急停 | I3.7 | | | |

### 5.3.2 梯形图设计

以下给出 X 轴运动的编程方法。X、Y 轴步进电动机联合运动编程不再赘述。冲压机床 X 轴的运动控制系统模型如图 5-32 所示。

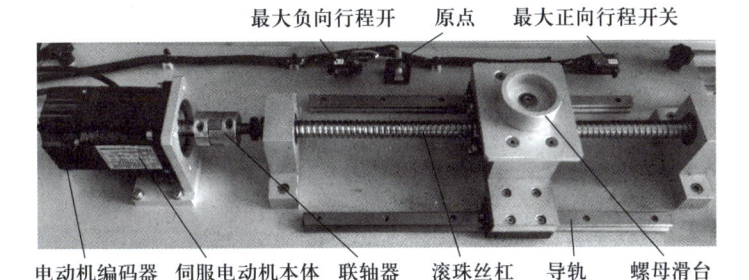

图 5-32 冲压机床 X 轴运动控制系统模型

1. 控制要求

① 系统上电,按"启动"按钮后,伺服电动机先正转,滑台向前移动 100 mm,达到目标位置后再反转,滑台向后移动 50 mm。周而复始,伺服电动机一直自动运行。

② 当向前超出正限位时,碰到行程开关自动停止。

③ 按"复位"按钮,再按"回原点"按钮,伺服电动机反转,滑台向后返回原点,达到原点位置后停止。

④ 伺服电动机的运动采用绝对位置控制方式。

2. 脉冲计算

**例 5-1** 假设滚珠丝杠的导程 $P=5$ mm,伺服电动机旋转一周,编码器的脉冲个数为 2 000 个,电子齿轮比为 1。电动机正转,螺母滑台行程正向移动 100 mm;电动机反转,螺母滑台行程负向移动 50 mm。计算需要的脉冲个数。

**解:**① 伺服驱动系统位移和控制脉冲个数公式为:

$$\chi = \frac{P}{\text{所需电脉冲个数}} \times \text{电子齿轮比} \times \text{导程} \tag{5-11}$$

由于伺服驱动器采用了 4 倍频技术,所以伺服电动机旋转一周,反馈到控制单元的电脉冲个数为 2 000×4 = 8 000 个。

② 滚珠丝杠转一圈,工作平台会移动 5 mm,若想使工作平台移动 100 mm,则需要旋转滚珠螺杆 100 mm/(5 mm/rev) = 20 圈。

③ 而电脉冲为 2 000 pulse/rev×4 = 8 000,即控制器发送 8 000 个电脉冲使伺服电

动机转一圈。

④ 因此上位控制器需下达 8 000 pulse/rev×20 rev = 160 000 pulse 的命令。

⑤ 若想使工作平台移动 50 mm,需下达 80 000 pulse 的命令

由于西门子博途软件对 1200PLC 轴工艺的集成,可以直接输入导程、编码器反馈分辨率和距离进行编程,不用计算脉冲个数。

3. 程序设计

根据工艺与动作要求,在 OB1 中输入梯形图程序。包括 6 个程序段,分别为启动与停止、电动机使能、电动机复位、电动机回原点、绝对正向运行 100 mm 和绝对负向运行 50 mm 指令,梯形图程序如图 5-33 所示。

(a) 启动与停止　　　　　　　　　　(b) 电动机使能

(c) 电动机复位　　　　　　　　　　(d) 回原点

(e) 正向运动100mm　　　　　　　　(f) 反向运动50mm

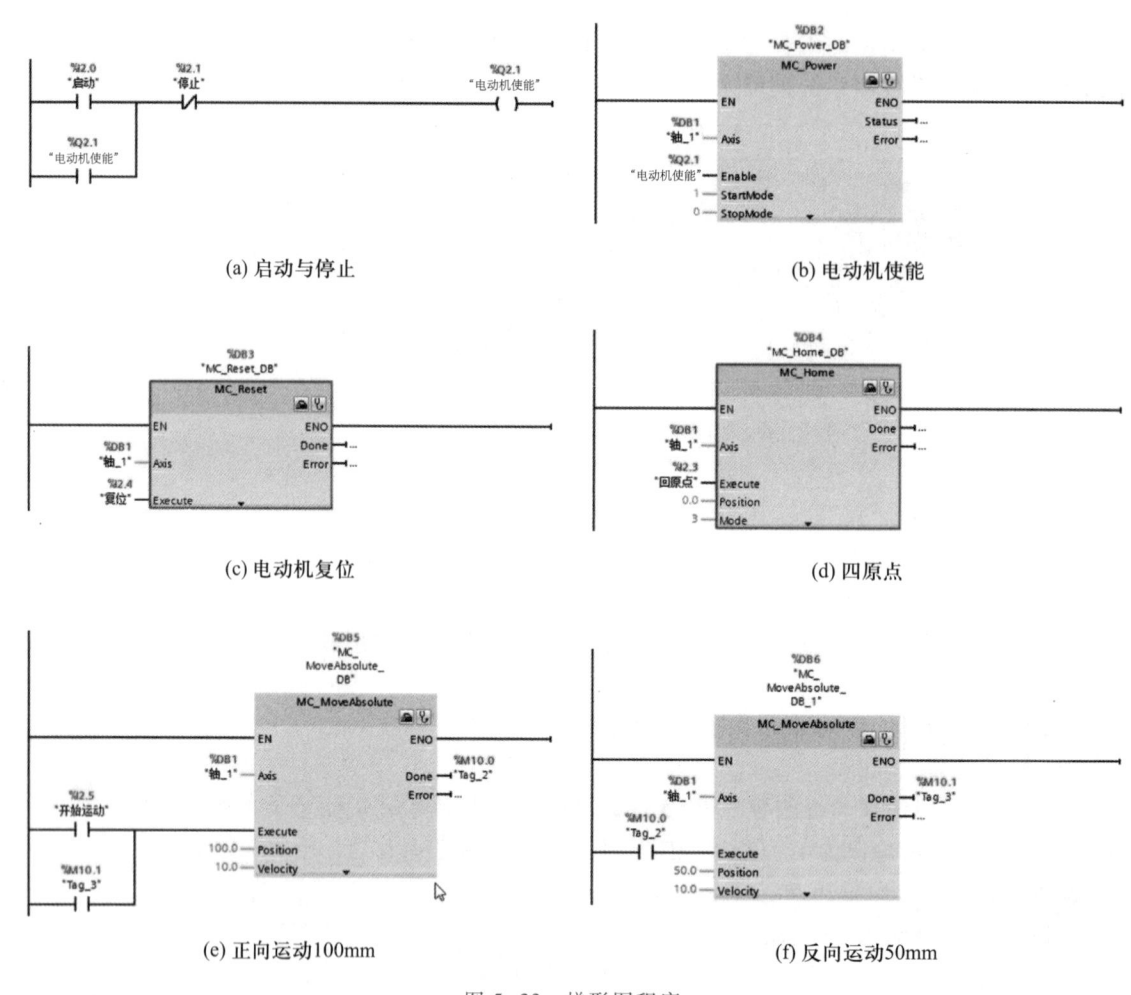

图 5-33　梯形图程序

① 程序段 1:按"上电"按钮"I2.0","M10.0"置 1 并保持;按"断电"按钮"I2.1","M10.0"为 0,电动机断电停止。

程序段 2、3、4 和步进电动机运动控制系统项目相同,参阅项目四。

② 程序段 5:"MC_MoveAbsolute"指令,相对于坐标原点电动机当前绝对位置。

Execute 为启动命令。脉冲上升沿有效。由"启动"按钮"I2.5",或者"程序段6"的"Done"已结束标志位"M10.1"启动。

Position 为定位操作的相对于原点坐标的绝对位置,本例为 100 mm。

Velocity 为轴的速度。单位在软件轴工艺中设定。

Done 为目标位置已到达。置标志位"M10.0",同时作为"程序段6"启动位。

③ 程序段6:"MC_MoveAbsolute"指令,相对于坐标原点电动机当前绝对位置。

Execute 为启动命令。脉冲上升沿有效。由"程序段5"的"Done"已结束标志位"M10.0"启动。

Position 为定位操作的相对于原点坐标的绝对位置,本例为 50 mm。

### 5.3.3 组态与程序调试

#### 1. SIMATIC S7-1200 软件简介

本项目采用西门子自动化产品 SIMATIC S7-1200 可编程控制器,搭配全集成化软件 TIA portal(博途)进行编程和调试。

软件组态编译过程包括:项目创建、硬件组态、添加工艺对象-轴、组态轴、编译下载、轴调试等过程。此处强调一些关键步骤,完整过程可以参照微课视频。

#### 2. 项目创建、组态调试与下载

项目创建、组态与下载过程与步进电动机运动控制系统项目相同。组态轴,设置扩展参数,机械,脉冲设置有所不同,如图 5-34 所示。

图 5-34 每转脉冲数与导程设置

轴调试时,点击工艺对象的轴诊断,选择运动状态选项,如图 5-35 所示。

图 5-35 轴诊断

本项目选择绝对坐标运动形式。第一步应回原点。操作方法为:程序监控界面的

电动机上电、电动机回原点，如图 5-36 所示。然后再按启动，进行程序调试。

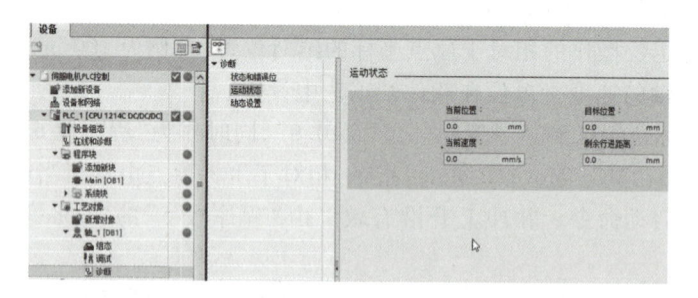

图 5-36　回原点状态

### 5.3.4　伺服驱动器的参数设置

TSTA15C 伺服驱动器有 3 种控制运行方式，即位置控制、速度控制、转矩控制。最常用的就是位置控制方式，它输入脉冲串来使电动机定位运行。但是要达到所需要的伺服性能，伺服驱动器应进行必要的参数设置。

**1. 参数设置面板说明**

TSTA15C 伺服驱动器的参数包括 10 种，其中常用的有基本控制参数 Cn 和 Pn、转矩设置参数 Tn、速度设置参数 Sn、状态显示参数 Un、诊断功能参数 dn 等。只要设置一些基本参数便可以使伺服系统正常运行，驱动器参数设置面板如图 5-37 所示。

图 5-37　驱动器参数设置面板

面板操作说明见表 5-8。

表 5-8　面板操作说明

| 按键符号 | 按键名称 | 按键功能说明 |
| --- | --- | --- |
| MODE | 模式选择键（MODE 键） | 1. 选择本装置所提供的 10 种参数，每按一次会依次循环变换参数<br>2. 在设定内容界面时，按一下跳回参数选择界面 |
| ▲ | 数字增加键（UP 键） | 1. 选择各种参数的项次<br>2. 改变数字资料<br>3. 同时按下 ▲ 及 ▼ 键，可清除异常报警状态 |
| ▼ | 数字减少键（DOWN 键） | |
| ENTER | 设定确认键（ENTER 键） | 1. 内容确认；参数项次确认<br>2. 左移可调整的位数<br>3. 结束设定内容 |

## 2. 参数设置过程说明

参数设置只需要用到表 5-8 中的 4 个按键,下面举例说明。在伺服驱动器应用时,还有一个重要的参数,即电子齿轮比,下面是电子齿轮比的设置步骤。

① 长按伺服驱动器上的"MODE"按键,直至屏幕上显示"Pn301"。
② 按"↑"键调至"Pn302"。
③ 长按"ENTER"键进入设置界面。
④ 电子齿轮比分子参数设置为"3"。
⑤ 按下"ENTER"键,等待 2 s。
⑥ 按"MODE"键恢复到初始"run"界面即可。

## 3. 重要参数和调试说明

(1) 应设置的基本参数

Cn001 = 2(位置控制模式)。

Cn002 = H0011(驱动器上电马上激磁,忽略 CCW 和 CW 驱动禁止机能)。

Pn301 = H0000(脉冲命令形式为脉冲+方向;脉冲命令逻辑为正逻辑)。

Pn302 = H0003(电子齿轮比分子 1)。

Pn306 = H0001(电子齿轮比分母)。

Pn314 = 1(0 表示顺时针方向旋转;1 表示逆时针方向旋转)。如果在运行时,方向相反,改变此参数的设定值。

注意:把 Cn029 设为 1 是对伺服驱动器参数进行了恢复出厂设置,重新上电后若出现 AL-05 报警,先把 Cn030 设为 H1121,断电再上电可排除 AL-05 报警;若还是无法排除 AL-05 报警,请仔细检查电动机到驱动器之间的编码器连接线是否有接触不良现象。

如果复位后显示 BB,是正常的,通入励磁即可消除。

(2) 脉波误差量的清除

在位置模式时,可使用 Pn315(脉波误差量清除模式)来定义输入接点 CLR 的动作方式,设定如下:

Pn315 = 0,当输入接点 CLR 动作时,清除脉波误差量;

Pn315 = 1,当输入接点 CLR 触发时,取消位置命令以中断电动机运转,重设机械原点,清除脉波误差量。

(3) 异常报警的处理

① 开关重置:可以利用以下两种方式清除异常警报。

输入接点重置:当异常排除后,先解除输入接点 SON 动作(亦即解除电动机激磁状态),再使输入接点 ALRS 动作,即可清除异常警报,使驱动器回复正常运作。

按键重置:当异常排除后,先解除输入接点 SON 动作(亦即解除电动机激磁状态),再同时按下上下方向键,即可清除异常警报,使驱动器恢复正常运作。

② 电源重置:当异常排除后,需重新开机(关闭电源后再重新输入电源),才能清除异常警报,使驱动器恢复正常运作。注意:使用电源重置来清除异常警报时,最好先解除输入接点 SON 动作(亦即解除电动机激磁状态)。

注意:异常警报清除前,需确认控制器没有发出命令给驱动器,以免造成电动机暴冲。(激活伺服电动机:将伺服激活接点(SON)接至低电位,激活伺服电动机,若伺服电动机缓缓转动,应执行 dn-07 自动调整修正模拟命令偏移量。

③ 输入接点 SON 功能选择:

Cn002.0(输入接点 SON 功能选择)= 0:由输入接点 SON 控制伺服启动。

Cn002.0(输入接点 SON 功能选择)= 1:不使用输入接点 SON 控制伺服启动,电源开启马上启动伺服。

## 拓展任务

### 5.3.5 伺服电动机控制系统安装及维护

**1. 安装要点**

① 交流伺服电动机的油水保护。伺服电动机不应当在水中或油浸的环境中放置或使用。

② 减轻伺服电动机电缆应力。拉伸和弯曲应力尽量减到最小。

③ 在安装和运转时,确保加到伺服电动机轴上的径向和轴向负载控制在每种型号的规定值以内。

④ 在安装或拆卸耦合部件到伺服电动机轴端时,不要用锤子直接敲打轴端。

⑤ 使轴端对齐到最佳状态,对不好可能导致振动或轴承损坏。

**2. 伺服电动机试运行前的检测**

① 检查伺服电动机,确保没有外部损伤。

② 检查伺服电动机固定部件,确保连接紧固。

③ 检查伺服电动机轴,确保旋转流畅(带油封伺服电动机轴偏紧是正常状态)。

④ 检查伺服电动机编码器、连接器以及电源连接器,确保接线正确并且连接紧固。

⑤ 安装环境是否良好。散热条件、灰尘、油污、水等其他因素对电动机是否有影响。

**3. 伺服电动机试运行检测**

① 空载点动试运行,确保电动机运行正常,无异响及其他不良现象。

② 负载运行前,确保机械连接可靠。使用带制动器的伺服电动机时,在确认制动器动作前,应预先实施防止机械自然掉落或因外力引起的振协等的措施,并确认伺服电动机的动作和制动器动作正常。

③ 确认伺服电动机的运行是否满足机械的动作规格。

④ 为防止操作中发生异常,确认紧急停止装置是否正确有效

⑤ 要谨慎操作,误操作不但可能会损坏机械装置,还会导致人身伤害事故。

**4. 伺服电动机运行检测**

① 运行方向是否正确。

② 控制是否恰当。

③ 电动机运行时是否有异响、抖动等不良现象。

④ 用驱动器监测,电压、电流、反电动势等是否正常。

⑤ 检查电动机运行温升是否正常。

**5. 日常例行检查与维护**

由于 AC 伺服电动机不带电刷,因此只需进行日常的简单检查,见表 5-9。

表 5-9　日常例行检查与维护

| 检查项目 | 检查时间 | 检查、保养要领 | 备注 |
| --- | --- | --- | --- |
| 振动与噪声的确认 | 每天 | 根据感觉及听觉判断 | 与平时相比没有增大 |
| 外观检查 | 根据污损状况 | 用布擦拭或用气枪清扫 | |
| 绝缘电阻的测量 | 至少每年 1 次 | 切断与伺服驱动器的连接,用 500 V 兆欧表测量绝缘电阻(测量伺服电动机动力线 U、V、W 分别与电动机外壳之间),电阻值超过 5 MΩ 则为正常 | 当电阻值为 5 兆欧以下时,应停止使用 |
| 油封的更换 | 至少每 5 000 h 一次 | 从机械上拆下伺服电动机,然后更换油封 | 仅限带油封的伺服电动机 |
| 综合检查 | 至少 20 000 h 或 5 年一次 | 各元件、连接及系统综合性能 | |

## 总结与测试

### 总　　结

本项目主要介绍了伺服电动机运动控制系统的概念、控制原理及应用。以冲压机床进给部分为切入点,完成位置伺服控制系统的方案设计、伺服电动机结构原理及应用、交流伺服驱动器结构原理及应用、电气原理图的绘制、元器件的选择、程序设计、系统调试等内容的学习与训练。在完成整个项目的同时,实现培养从事项目活动的行为能力以及安全、环保、成本、产品质量、团队合作等意识和能力的目的。

### 测试(满分 100 分)

一、选择题(共 12 题,每题 1 分,共 12 分)

1. 两相交流伺服电动机定子上的绕组在空间相隔(　　)。
   A. 30°　　　　　B. 60°　　　　　C. 90°　　　　　D. 180°

2. 在相同的体积和质量下,一定功率范围内空心杯形转子伺服电动机与笼型转子伺服电动机相比(　　)。

A. 产生的启动转矩和输出功率都小

B. 产生的启动转矩大、输出功率小

C. 产生的启动转矩小、输出功率大

D. 产生的启动转矩和输出功率都大

3. 一般把伺服电动机的转子电阻 $R$ 设计得很大,电动机在失去控制信号,成单相运行时,最大转矩将出现在(　　)附近。

A. $S<1$　　　　B. $S=1$　　　　C. $S>1$　　　　D. 都有可能

4. 下列不属于两相交流伺服电动机的控制方法的有(　　)。

A. 幅值控制　　B. 相位控制　　C. 幅相控制　　D. 频率控制

5. 伺服单元位置环增益越大,伺服系统的响应越(　　)。

A. 快　　　　　　　　　　　　B. 慢

C. 滞后　　　　　　　　　　　D. 响应与增益无关

6. 现代高性能的伺服系统中,多数进给交流伺服电动机采用(　　)。

A. 永磁式同步电动机　　　　　B. 笼型异步电动机

C. 步进电动机　　　　　　　　D. 有刷电动机

7. 闭环控制系统的反馈装置装在(　　)。

A. 电动机轴上　　　　　　　　B. 位移传感器上

C. 传动丝杠上　　　　　　　　D. 机床移动部件上

8. 进给伺服系统是一种(　　)系统。

A. 位置控制　　　　　　　　　B. 速度控制

C. 转速控制　　　　　　　　　D. 转矩控制

9. 交流伺服电动机铭牌一般包含电动机类型、额定功率、反馈方式等信息。铭牌为 110 SJT -B-M 040 30 交流伺服电动机的转矩是(　　)。

A. 40 N·m　　　B. 4 N·m　　　C. 40 N·mm　　　D. 4 N·mm

10. 通过伺服电动机上编码器测量工作台移动距离,称为(　　)。这种伺服系统称为(　　)。

A. 间接测量　半闭环系统

B. 直接测量　半闭环系统

C. 间接测量　闭环系统

D. 直接测量　闭环系统

11. 绝对移动指令"MC_ MoveAbsolute"的启动命令输入端口"Execute"(　　)。

A. 高电平有效　　　　　　　　B. 脉冲上升沿有效

C. 低电平有效　　　　　　　　D. 脉冲下降沿有效

12. TECO 伺服驱动器设置位置控制模式的参数是(　　)。

A. Cn001 = 2　　　　　　　　　B. Cn002 = H0011

C. Pn301 = H0000　　　　　　　D. Pn314 = 1

二、填空题(共 10 题,24 个空,每空 1 分,共 24 分)

1. 伺服电动机又称为_____电动机,在自动控制系统中,其任务是将输入的电信号转换为轴上的_____或_____,以带动控制对象。

2. 伺服电动机主要由_____、_____和_____构成。

3. 按照电流种类不同,伺服电动机可分为_____伺服电动机和_____伺服电动机。按照结构来分,又可以分为_____伺服电动机和_____伺服电动机。

4. 两相交流伺服电动机定子上装有两个绕组,一个是_____绕组,另一个是_____绕组。

5. 交流伺服电动机的转子结构形式有两种,包括高电阻率导条的_____转子和非磁性_____转子。

6. 两相交流伺服电动机工作时,_____绕组始终接在电源上。在单相供电时合成电磁转矩成为_____转矩。

7. 直流伺服电动机按励磁方式的不同可分为_____和_____两种。

8. 交流伺服驱动器通常有_____、_____和_____3种控制模式。

9. 伺服驱动器中的电子齿轮实际是一个_____。

10. 伺服电动机选型时,转矩选择的依据是电动机工作的负载,而负载可分为_____和_____两种。

三、简答题(共 8 题,选择 6 题,共计 30 分)

1. 简述冲压机床进给伺服系统的组成。(5 分)

2. 简述与笼型转子伺服电动机相比,空心杯形转子伺服电动机的优缺点。(4 分)

3. 与分相式单相异步电动机相比,两相交流伺服电动机的特点是什么?(5 分)

4. 请进行直流和交流伺服电动机的比较,简述相关要点。(4 分)

5. 交流伺服系统的性能指标主要包括哪几个方面?(6 分)

6. 交流伺服电动机与步进电动机性能相比,有哪些方面的不同?(6 分)

7. 伺服电动机的转矩、速度要到达系统的要求,转子惯量与负载惯量要相匹配。简述伺服电动机选型时应遵循的原则。(5 分)

8. 简述伺服驱动器的选型原则。(5 分)

四、计算题(共 2 题,每题 2 分,共 12 分)

1. 一进给轴由伺服电动机通过联轴器直接带动滚珠丝杠螺母副运动,如图 5-25 所示。已知伺服电动机的分辨率是 131072 P/R,滚珠丝杠导程 $PB=8$ mm。

① 计算反馈脉冲的当量 $\delta$(一个脉冲走多少)?

② 要求指令脉冲当量为 $\Delta l=0.1$ μm/pulse,电子齿轮比应为多少?

③ 电动机的额定速度为 3 000 r/min,脉冲频率 $f_c$ 应为多少?

2. 一进给轴由伺服电动机通过联轴器直接带动滚珠丝杠螺母副运动。如图 5-25 所示。电动机转子转动惯量 $J_M=0.066\ 5\times10^{-4}$ kg·m²,电动机轴换算负载转动惯量为 $J_L=1.25\times10^{-4}$ kg·m²,负载(摩擦)转矩为 $T_L=0.139$ N·m,电动机额定转速 $n_m=3\ 000$ r/min,加速时间和减速时间相等,$t_a=t_d=0.1$ s,摩擦(负载)转矩(一般为匀速运动)$T_L$ 时间为 $t_c=1$ s,往复运动周期为 $t=1.5$ s。计算所需要的有效转矩。

五、实训与设计题(共 2 题,共 22 分)

1. 完成伺服系统中交流伺服驱动器的接线,并阐述接线注意事项。

2. 冲压机床运动控制系统中,进给部分采用伺服电动机直接带动滚珠丝杠运动。PLC 与东元 TSTA 系列伺服驱动器及伺服电动机连接。

① 绘制 PLC、伺服驱动器、伺服电动机三者连接的电气原理图，只绘制 X 方向的电动机和驱动即可。

② 滚珠丝杠导程为 5，伺服电动机旋转一周编码器的脉冲个数为 2 000 个，伺服驱动器采用了 4 倍频技术。计算运行 10 cm 的相应脉冲数。

# 参考文献

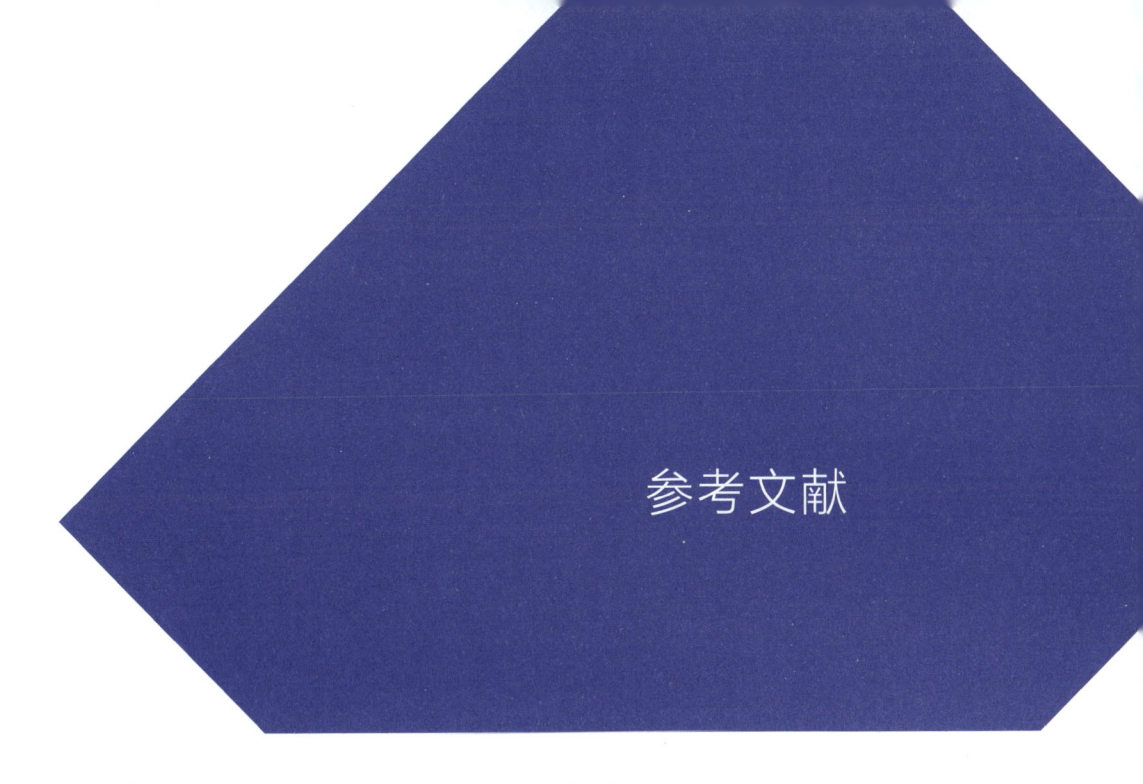

[1] 班华,李长友.运动控制系统[M].2版.北京:电子工业出版社,2019.
[2] 吴贵文.运动控制系统[M].2版.北京:机械工业出版社,2022.
[3] 杨新春,李金热.机电控制工程基础[M].2版.南京:东南大学出版社,2014.
[4] 夏燕兰.数控机床电气传动[M].北京:机械工业出版社,2018.
[5] 廖常初. S7-1200 PLC 编程及应用.[M].4版.北京:机械工业出版社,2021.
[6] 王建明.电机及机床电气控制[M].3版.北京:北京理工大学出版社,2020.

## 郑重声明

高等教育出版社依法对本书享有专有出版权。任何未经许可的复制、销售行为均违反《中华人民共和国著作权法》，其行为人将承担相应的民事责任和行政责任；构成犯罪的，将被依法追究刑事责任。为了维护市场秩序，保护读者的合法权益，避免读者误用盗版书造成不良后果，我社将配合行政执法部门和司法机关对违法犯罪的单位和个人进行严厉打击。社会各界人士如发现上述侵权行为，希望及时举报，我社将奖励举报有功人员。

反盗版举报电话　　（010）58581999　58582371

反盗版举报邮箱　　dd@hep.com.cn

通信地址　　北京市西城区德外大街4号
　　　　　　高等教育出版社知识产权与法律事务部

邮政编码　　100120

### 读者意见反馈

为收集对教材的意见建议，进一步完善教材编写并做好服务工作，读者可将对本教材的意见建议通过如下渠道反馈至我社。

咨询电话　　400-810-0598

反馈邮箱　　gjdzfwb@pub.hep.cn

通信地址　　北京市朝阳区惠新东街4号富盛大厦1座
　　　　　　高等教育出版社总编辑办公室

邮政编码　　100029

授课教师如需获得本书配套教辅资源，请登录"高等教育出版社产品信息检索系统"（https://xuanshu.hep.com.cn/）搜索下载，首次使用本系统的用户，请先进行注册并完成教师资格认证。